建筑施工与质量监督管理

杨瑜东　岳建勋　陶小忠　主编

吉林科学技术出版社

图书在版编目（CIP）数据

建筑施工与质量监督管理 / 杨瑜东，岳建勋，陶小忠主编．-- 长春 ：吉林科学技术出版社，2019.10

ISBN 978-7-5578-6177-3

Ⅰ．①建… Ⅱ．①杨… ②岳… ③陶… Ⅲ．①建筑工程—工程施工—质量管理 Ⅳ．①TU712.3

中国版本图书馆 CIP 数据核字（2019）第 232645 号

建筑施工与质量监督管理 JIANZHU SHIGONG YU ZHILIANG JIANDU GUANLI

主　　编　杨瑜东　岳建勋　陶小忠
出 版 人　李　梁
责任编辑　朱　萌
封面设计　刘　华
制　　版　王　朋
开　　本　185mm×260mm
字　　数　380 千字
印　　张　17
版　　次　2019 年 10 月第 1 版
印　　次　2019 年 10 月第 1 次印刷

出　　版　吉林科学技术出版社
发　　行　吉林科学技术出版社
地　　址　长春市福祉大路 5788 号出版集团 A 座
邮　　编　130118
发行部电话 / 传真　0431—81629529　81629530　81629531
　　81629532　81629533　81629534
储运部电话　0431—86059116
编辑部电话　0431—81629517
网　　址　www.jlstp.net
印　　刷　北京宝莲鸿图科技有限公司

书　　号　ISBN 978-7-5578-6177-3
定　　价　70.00 元

前　言

在建筑行业迅速发展的大背景下，建筑行业之间的竞争变得越来越大，所以建筑施工管理是需要提高建筑施工质量的。建筑工程施工管理是一个复杂的工程，是需要施工单位高度重视的。当前的建筑施工管理存在的问题是比较多的，影响了建筑施工的质量和效率。所以只有解决好建筑施工存在的问题才能提高建筑施工质量和效率。本书将主要从建筑施工过程中的土方、地基与基础工程、砌体工程、钢筋混凝土工程、预应力混凝土工程、结构吊装工程、钢结构工程、防水工程、装饰工程、冬期和雨期施工以及建筑工程中的质量监督管理进行了简要的讲述。

目　录

第一章　土方工程

第一节　土的种类和性质

一、土的分类

土的种类繁多，作为建筑物地基的土分为岩石、碎石土、砂土、粉土、黏性土和特殊土（如淤泥、泥炭、人工填土等）。岩石可分为硬质与软质以及微风化、中风化、强风化、全风化和残积土；碎石土分为漂石、块石、软石、碎石、圆砾和角砾碎石；砂土分为砺砂、粗砂、中砂、细砂和粉砂以及密实、中密、稍密和松散砂土；黏性土可分为黏土、粉质黏土以及坚硬、硬塑、可塑、软塑和流塑等黏性土。

在土方工程施工中，根据土的开挖难易程度，将土分为软松土、普通土、坚土、砂砾坚土、软石、次坚石、坚石、特坚石八类。前四类属一般土，后四类属岩石。

二、土的工程性质

不同类别的工程，对土的物理和力学性质的研究重点和深度都各自不同。对沉降限制严格的建筑物，需要详细掌握土和土层的压缩固结特性；天然斜坡或人工边坡工程，需要有可靠的土抗剪强度指标；土作为填筑材料时，其粒径级配和压密击实性质是主要参数。土的形成年代和成因对土的工程性质有很大影响，不同成因类型的土，其力学性质会有很大差别。各种特殊土（黄土、软土、膨胀土、多年冻土、盐渍土和红黏土等）又各有其独特的工程性质。

除土的粒径级配外，土中各个组成部分（固相、液相、气相）之间的比例，将影响到土的物理性质，如单位体积重，含水量，孔隙比，饱和度和孔隙度等。

黏性土中含水量的变化，还能使土的状态发生改变，阿太堡最早提出将土的状态分为坚硬、可塑和流动三种，并提出了测定区分三种状态的界限含水量的方法。从流动转到可塑状态的界限含水量称液性界限；从可塑转到坚硬状态时的界限含水量称塑性界限。两者之间的差值称土的塑性指数，它反映了土的可塑状态的范围。土的界限含水量和土中黏粒含量、黏土矿物的种类有密切关系。为反映天然黏性土的状态，常用液性指数，它等于天然含水量和塑性界限的差值（–）与其塑性指数的比值。≤ 0 时，土处于坚硬状态；>1 时，为流动状态，0 ≤土≤ 1 时，为可塑状态。

砂土的密实状态是决定砂土力学性质的重要因素之一，用相对密度表示：=（–）/（–）。为天然状态时孔隙比，为砂土最松状态时的孔隙比，则为最密状态时的孔隙比。大于 1 时，最密实；小于 0 时，最松散。

土的压缩和固结性质土在荷载作用下其体积将发生压缩，测定土的压缩特性可分析工程建筑物的地基沉降和土体变形。饱和黏土的压缩时间决定于土中孔隙水排出的快慢。逐渐完成土压缩的过程，即土中孔隙水受压而排出土体之外，同时导致孔隙压力消失的过程称土的固结或渗压。K. 泰尔扎吉最早提出计算土固结过程的一维固结理论，并指出某些黏土中超静孔隙水压力完全消失后，土还可能继续压缩，称次固结。产生次固结的原因一般认为是土的结构变形。反映土固结快慢的指标是固结系数，土层的水平向固结系数和垂直向的不一定相同。土的压缩量还和它的应力历史有关。土层在其堆积历史上曾受过的最大有效固结压力称先期固结压力。它与现今作用的有效覆盖压力相同时，土层为正常固结土；若先期固结压力大于现今的覆盖压力，则为超固结土；反之则为欠固结土。对于超固结土，外加荷载小于其先期固结压力时，土层的压缩很微小，外加荷载一旦超过先期固结压力，土的变形将显著增大。

土的强度性质通常指土体抵抗剪切破坏的能力，它是土基承载力、土压和边坡稳定计算中的重要指标之一。它和土的类型、密度、含水量和受力条件等因素有关。饱和或干砂或砂砾的强度表现为颗粒接触面上的摩阻力，它与作用在接触面的上法向有效应力 σ 和砂的内摩擦角有关，即 $= \sigma tg$。纯黏性土的不排水抗剪强度仅表现为内聚力，而与法向应力无关，即 =。一般土则既有内聚力又有摩阻力，即 $= +\sigma tg$。式中的和不是常量而是变量，不仅决定于土的基本状态，还和外加荷载速率、外加荷载条件、应力路线等有关。饱和土中的孔隙为水充满，受外加荷载作用时，控制土体强度的不是其所受的总应力 σ，而是有效应力 σ' （即总应力与孔隙压力 μ 之差）：$\sigma' = \sigma - \mu$。因而强度试验的条件不同，所得的强度指标亦异。试验时，不允许土样排水所得到的是土的总强度指标；如允许完全排水则得到的是土的有效强度指标。理论上用有效应力和有效强度指标进行工程计算较为合适，但正确判别实际工程土体中的孔隙水压水较困难，因而目前生产上仍多用总强度原理和总强度指标。土体的强度还因其沉积条件的影响而存在各向异性。

土的流变性质土工建筑物的变形和稳定是时间的函数。有些人工边坡在建成后数年甚至数十年才发生坍滑，挡土墙后的土压力也会随时间而增大等，都与土的流变性质有关。土的流变特性主要表现为：①常荷载下变形随时间而逐渐增长的蠕变特性；②应变一定时，应力随时间而逐渐减小的应力松弛现象；③强度随时间而逐渐降低的现象，即长期强度问题。三者是互相联系的。作用在土体上的荷载超过某一限值时，土体的变形速率将从等速转变至加速而导致蠕变破坏，作用应力愈大，变形速率愈大，达到破坏的时间愈短。通过试验可确定变形速率与达到破坏的时间的经验关系，并用以预估滑坡的破坏时间。产生蠕变破坏的限界荷载小于常规试验时土的破坏强度。从长期稳定性要求，采用的土体强度应小于室内试验值。土体强度随时间而降低的原因，当然不只限于蠕变的影响。土的蠕变变形因修建挡土墙或其他建筑物而被阻止时，作用在建筑物上的土压力就随时间逐渐增大。

土的压实性质对土进行人工压实可提高强度、降低压缩性和渗透性。土的压实程度与压实功能、压实方法和含水量有关。当压实方法和功能不变时，土的干容重随含水量的增加而增加，达到最大值后，再增加含水量，其干容重将逐渐下降。对应于最大干容重时的含水量称最佳含水量。压实功能不增大而仅增加压实次数或碾压次数所能提高土的压实度有一定限度，超过该限度再增加压实或碾压次数则无效果。填筑土堤，在最佳含水量附近可用最小的功能达到最大的干容重，因而要在室内通过压实试验确定填料的最佳含水量和最大干容重（见路基填土压实）。但压实的方法也影响压实效果，对非黏性土，振动捣实的效果优于碾压；对黏土则反之。研究土的压实性能，可选择最合适的压实机具。为改善土的压实性能，可铺撒少量添加剂。中国古代已盛行掺加生石灰来改善土的压实性能。此外，人工控制填料的级配，也可达到改善压实性能的目的。

土的应力－应变关系土的变形和强度是土的最重要的工程性质。60年代以前，在工程上通常分别确定土的变形和强度指标，不考虑强度与变形间的相互影响。因为土的应力－应变关系是非线性的并具有弹塑性、甚至黏弹塑性特征，而当时的计算技术，尚无法进行分析。随着计算机和数值分析法的普及，已可能把土的应力－应变关系纳入土工建筑物的分析计算中。正常固结黏土和松砂的剪应力和轴向应变的曲线呈双曲线型，在整个剪切过程中，土的体积发生收缩，这类土具有应变硬化的特性。超固结黏土和密实砂的应力－应变曲线则有峰值，其后应变再增大时，则土的强度下降，最后达稳定值。剪切过程中，土的体积先有轻微压缩，随后即不断膨胀，这类土具有应变软化的特征。为了使用数学方程描述各类土的应力－应变特性，现已有各种非线性弹性、弹塑性和黏弹塑性模型。利用这些模型和数值分析法，可以分析一些复杂边界条件和不均质土体的变形和稳定问题。但是这些模型中所对应的土的参数，目前尚难正确测定，土体的原始应力状态也难确定，因而还难于在工程中普遍应用。

土的动力性质土在岩爆、动力基础或地震等动力作用下的变形和强度特性与静荷载下有明显不同。土的动力性质主要指模量、阻尼、振动压密、动强度等，它与应变幅度的大小有关。应变幅度增大（<10），土的动剪切模量减小，而阻尼比例则增大。土的动模量和阻尼是动力机器基础和抗震设计的重要参数，可在室内或现场测试。1964年日本新潟大地震，大面积砂土液化造成大量建筑物的破坏，推动了对饱和砂土液化特性的研究。液化的主要机理是土的有效强度在动荷载作用下瞬时消失，导致土体结构失稳。一般松的粉细砂最容易发生液化，但砂的结构和地层的应力历史也有一定的影响。具有内聚力的黏性土一般不发生液化现象。

黄土的工程性质一般分为新黄土和老黄土两大类，其性质也有显著差异（见黄土地区筑路、路基设计）。

软土的工程性质软土一般指压缩性大和强度低的饱和黏性土，多分布在江、河、海洋沿岸、内陆湖、塘、盆地和多雨的山间洼地。软土的孔隙比一般大于 1.0，天然含水量常高出其液限，不排水抗剪强度很低，压缩性很高，因而常需加固处理。最简单的方法是预压加固法（见预压法）。软土强度的增加有赖于孔隙压力的消失，因而在地基中设置砂井以加快软土中水的排出，这是最常用的加固方法之一。预压加固过程中通过观测地基中孔隙水压力的消失来控制加压，这是保证施工安全和效率的有效方法。此外，也可用碎石桩（见振冲法）和生石灰桩等加固软土地基。

膨胀土的工程性质黏土中的黏土矿物（主要是蒙脱石），当遇水或失水时，将发生膨胀或收缩，引起整个土体的大量胀缩变形，给建筑物带来损害（见膨胀土地基）。

多年冻土的工程性质高纬度或高海拔地区，气温寒冷，土中水分全年处于冻结状态且延续三年以上不融化冻土称多年冻土。冻土地带表层土随季节气温变化有冻融交替的变化，季节冻融层的下限即为多年冻土的上限，上限的变化对建筑物的变形和稳定有重大影响（见冻土地基、多年冻土地区筑路）。

盐渍土的工程性质见盐渍土地区筑路。

红黏土的工程性质热带和亚热带温湿气候条件下由石灰岩、白云石、玄武岩等类岩石风化形成的残积黏性土。黏土矿物主要是高岭石，其活动性低。中国红黏土的特点一般是天然含水量高、孔隙比大，液限和塑性指数高，但抗水性强，压缩性较低，抗剪强度也较高，可用作土坝填料。

第二节　土方施工

一、施工准备

（一）作业条件

1. 土方开挖

（1）承建单位上报土方平衡方案和开挖方案，经建设单位和承建单位审批后实施。确定合理的开挖方式、施工顺序和边坡防护措施，选择适当的施工机械。根据工程的实际情况，做好土石方工程的车道设计和开挖设计。

（2）建设单位开发报建部报请规划局放样场地控制点（一般放样三个点，每个点标注纵横坐标，高程），承建单位对控制点进行测量放线的保护。对道路及场内的临时设施、周边建筑物等做好监测定位标记，以备观测。在开挖前，根据施工图纸、建筑轴线位置放出土方开挖放坡边线。将施工区城内的地上、地下障碍物清除和处理完毕。做好建筑物的标准轴线桩、标准水平桩，用白灰洒出开挖线，上述工作完成后，承建单位必须经过自检合格后，上报建设单位和监理单位进行验线。

（3）承建单位在施工区域域内做好排水设施，场地向排水沟方向应做成不小于 0.002 的坡度，使场地不积水，必要时设置截水沟，阻止雨水流入开挖基坑区域内。在排水沟和集水井施工的同时，进行现场临水、临电的施工，向排水泵的运作提供电源，为土方的全面铺开提供配合。

（4）承建单位正式开挖前按施工方案要求设置集水坑，在浇筑砼垫层时保留，确保在基坑浇筑时能随时抽排坑内集水。要提前采取降水措施，把地下水位降至低于开挖底面 0.5m 以下，然后再开挖。

（5）开挖过程中，施工机械不能施工作业不到之处，应用少量人工配合清坡，将松土清至机械作业半径范围内，再用机械运走。

（6）夜间施工时，应合理安排工序，防止错挖或超挖。施工场地应根据需要安装照明设施，在危险地段应设置明显标志。

（7）承建单位项目技术负责人对项目施工员、班组长、施工作业人员等进行工程技术交底并形成记录。

（8）土方开挖过程要注意对基坑的安全监测。

2. 土方回填

（1）承建单位上报土方平衡方案和开挖方案，经建设单位和承建单位审批后实施。确定合理的回填方式、施工顺序和边坡防护措施，选择适当的施工机械。根据工程的实际情况，做好土石方工程的车道设计和开挖设计。

（2）承建单位进行场内土方回填及地下车库顶板上土方回填前，必须清除场地内垃圾、杂物，排除场地内积水，并通过建设单位和监理单位对地下车库顶板的防水层、保护层、滤水层等进行检查验收，要求车库顶板的试水合格，且通过室外园区排水安装验收和试水试验，已办好各项隐检手续。

（3）承建单位场内土方回填及地下车库顶板上土方回填前，必须测量好场地标高控制线，并在明显部位做好水平标志，如在地下车库坡道墙、通风井墙、主楼墙上，并根据每层填土厚度画出水平控制线。

（4）承建单位必须确定好土方回填机械、外购土方车辆进场时行走路线，必须事先经过检查，必要时要进行加固加宽等准备工作。

（5）施工用具、机械设备已进场配备齐全，并经调试、维修试用，满足施工要求，场地内各种障碍物已清除干净，具备土方回填条件。

（6）土方回填前必须根据工程特点、填方土料种类、密实度要求、施工条件等，合理确定填方土料含水量控制范围、虚铺厚度和压实遍数等参数。

（7）土方回填前，先按 10m 间距做好方格网控制桩，用水准仪将回填土水平控制标高测量在控制桩上，以控制土方回填厚度。

（8）确定好土方机械、车辆的行走路线，对建筑物四周 5m 范围内，不得采用机械回填，必须采用人工进行回填。

（9）土方回填前，由工程部向分包作业班组、质检员、安全员进行详细的安全、技术交底，将回填区域划分、根据碾压试验确定的压实参数、施工方法等问题交代清楚。

（二）材料要求

现场内土方回填及地下室土方回填的土料必须符合要求，必须保证填方的强度和稳定性，本工程回填土料全部采用外购，并选择不具有膨胀性的黏性土，通过自卸车运送到土方回填区域进行土方回填，严禁选用淤泥、膨胀性土或有机质含量大于 5% 的土及建筑垃圾进行回填，回填土不得含有石块、碎砖，灰渣及有机质，素土回填前，必须先做干密度试验，最小干密度符合设计和施工规范要求，压实系数 0.94。

要求土方回填的土料必须严格控制含水量，施工前应检验，当水的含水量大于最优含水量时，采用翻松、晾晒、风干法降低含水量，若含水量偏低，可预先洒水湿润。

（三）施工机具

铲土机、自卸汽车、挖手推车、铁锹、3 ~ 5m 钢尺，20# 铅丝、胶皮管、尖、平头铁锹、手锤、手推车、梯子、钢尺、坡度尺、小线等。

二、质量要求

表 1-2-1　土方开挖工程质量要求

<table>
<tr><th rowspan="3">项</th><th rowspan="3">序</th><th rowspan="3">项目</th><th colspan="5">允许偏差或允许值（mm）</th></tr>
<tr><th rowspan="2">柱基、基坑、基槽</th><th colspan="2">挖方场地平整</th><th rowspan="2">管沟</th><th rowspan="2">地（路）面基层</th></tr>
<tr><th>人工</th><th>机械</th></tr>
<tr><td rowspan="2">主控项目</td><td>1</td><td>标高</td><td>−50</td><td>± 30</td><td>± 50</td><td>−50</td><td>−50</td></tr>
<tr><td>2</td><td>长度、宽度（由设计中心线向两边量）</td><td>+200
−50</td><td>+300
−100</td><td>+500
−100</td><td>+100</td><td>–</td></tr>
<tr><td rowspan="3">一般项目</td><td>3</td><td>边坡</td><td colspan="5">设计要求</td></tr>
<tr><td>1</td><td>表面平整度</td><td>20</td><td>20</td><td>50</td><td>20</td><td>20</td></tr>
<tr><td>2</td><td>基底土性</td><td colspan="5">设计要求</td></tr>
<tr><td colspan="8">注：地（路）面基层的偏差只适用于直接在挖、填土方上做地（路）面的基层。</td></tr>
</table>

表 1-2-2　土方开挖工程质量要求

项次	项目	允许偏差（mm）	检验方法
1	顶面标高	–50	用水准仪或拉线尺量检查
2	表面平整度	20	用 2 米靠尺和楔形塞尺尺量检查
3	分层厚度	± 50	水准仪
4	分层厚度及含水量	设计要求	按规定方法
5	回填土料	设计要求	取样检查或直观鉴别

三、工艺流程

（一）土方开挖

确定开挖的顺序和坡度→标记每层土方开挖深度控制点→分层开挖→修整基底。

（二）土方回填

场地内垃圾、杂物清理→地下车库顶板防水层验收、标高测量→外购土方进场、检验土质→分层铺土、机械平整及人工耙平→机械压实及人工配合机械夯打密实→环刀法回填土取样检验→修整找平验收。

四、操作工艺

（一）土方开挖注意事项

（1）土方开挖时，应在平面上分段、均匀对称开挖，竖向分层进行流水作业，每段开挖长度原则上一级基坑支护剖面土方每次开挖宽度不大于 15m，每次开挖深度不大于 1.5m，且开挖至每层锚索或锚杆标高下 0.5m，以作为锚索或锚杆的工作面基坑中心土方开挖边应距支护开挖边不小于 10m。

（2）必须在相应剖面的冠梁、腰梁、锚索、锚杆构件强度达到设计强度的 70% 时，方可开挖下一层。

（3）修坡时，需将上层接口处的松散砼凿除，并使钢筋网的钢筋露出足够的搭接或焊接长度，以便与本层的焊接。修坡时铲落的土不得堆积在坡脚，并沿坡脚挖一条临时排水沟。

（4）当开挖到支护桩周边的土时，挖掘机采用轻放，慢收铲的方式进行开挖，同时每台挖掘机指挥要严密监控挖掘机的运作，必要时采用人工修整。

（5）临时施工道路采用 40cm 厚砖碴路面，其他场地采用原厂区混凝土硬化路面。大门口均设置洗车槽或截流沟，所有车辆出施工场地前必须冲洗干净，以免对城市道路造成污染。

（6）坑顶及坑底土方开挖完成后，立即组织人力进行人工修理，首先在该段两端上下各用木枋或钢筋垂直于坡面各打设一个点，在其上标出设计坡面的位置，再挖深10cm，即为设计的土面，然后上下标志分别拉线作为修坡的控制线，同时人工用锄头、铲等工具铲土、修坡，直至两标志线可通视并且坡土面各点距离标志线10cm，即为合格。

（二）土方开挖

1. 场地内垃圾、杂物清理

地下车库顶板上土方回填前，必须将场地上土方回填区域的垃圾、杂物清除干净。

2. 地下车库顶板防水层验收、标高测量

地下车库顶板上土方回填前，必须通过项目质量检查工程师检查，并及时会同甲方、监理对地下车库顶板的防水层进行检查验收，地下车库顶板试水必须符合要求，并办好各项隐检签证手续。必须在回填时由甲方、监理对场地标高进行测量。

3. 外购土方进场、检验土质

外购土方进场、检验土质必须检验回填土的质量有无杂物。粒径是否符合规定，以及回填土的含水量是否在控制的范围内；如含水量偏高，可采用翻松、晾晒或均匀掺入干土等措施；如遇回填土的含水量偏低，可采用预先洒水湿润、增加压实遍数等措施。

4. 分层铺土、机械平整及人工耙平

工程地下车库顶板上土方回填均采用自卸汽车外购运送到场地回填土区域附近，集中堆放，回填时采用挖掘机、推土机与装载机配合进行场地及地下车库顶板上土方回填，大面积土方回填，要求边回填土方边采用装载机进行平整。地下车库坡道、风井、主楼周边5m范围内土方回填时，用手推车运送至各个回填部位，采用人工铺摊，并随之耙平。要求土方回填无论是机械回填还是人工回填，土方回填的表平整度都必须控制在±50mm内。要求在土方回填过程中，必须在人工回填与机械回填交接处、土方回填区域与已回填区域交接处，自然地面与场地土方回填交接处均按《建筑地基基础工程施工质量验收规范》（GB50202-2002）及《建筑安装工程分项工程施工工艺规程》工艺标准要求进行，必须在交接处边缘回填成阶梯形，以保持填方的稳定。当在主楼周边土方回填时，必须先回填墙根部或管道部位及易碰撞部位的土，采用人工夯实的方法，对墙根部或管道部位及易碰撞部位起到保护作用。

要求填土必须分层铺摊，每层铺土厚度必须根据土质、密实度要求和机具性能确定；当采用压路机碾压时，铺土厚度为250～300mm，采用蛙式打夯机为200～250mm；人工夯实时不大于200mm，要求铺完土在打夯前，必须用木耙找平。

5. 机械压实及人工配合机械夯打密实

（1）在靠近建筑物周边与压路机不能碾压的地方采用蛙式打夯机夯实，每步夯击不少于三遍，打夯时应一夯压半夯，夯夯相接，行行相接，纵横交叉；机械打夯完成后，靠墙边及转角处需人工用木夯夯实，打夯要领为“夯高过膝，一夯压半夯，夯排三次”。

（2）土方回填施工要求从场地最低处开始，水平分层整片回填碾压（夯实）。由于本工程土方回填划分多个区域分批次回填，同时在每个区域内分为建筑物周边与场地及建筑物周边的土方回填，因此土方回填在区域与区域间场地、地下车库与建筑物周边需要设置施工缝，施工缝不得在墙体转角处留接槎，要求每层接缝处必须做成斜坡形（倾斜度一般为 1 ∶ 1.5 ~ 2），碾压重叠 500 ~ 1000mm，上、下层错缝距离不小于 1m。

（3）为了保证填土压实的均匀性及密实度，避免滚子下陷，在压路机或其他重型碾压机械碾压之前，必须先用轻型压实机械推平，低速行驶 4 ~ 5 遍，使表面平实，即稳压。碾压机械在压实回填土方时，必须严格控制行驶速度，超过一定限度，压实效果显著下降，要求平碾、振动碾不超过 2km/h，羊足碾不得超过 3 km/h；并要控制压实遍数。采用压路机进行大面积碾压时，要求压路机从两侧逐渐压向中间，每次碾压轮迹必须保证有 150 ~ 200mm 的重叠度，避免漏压，轮子的下沉量一般压至不超过 10 ~ 20mm 为度，碾压不到之处，采用用人力夯或小型夯实机械配合夯实。

（4）在土方回填过程中，如遇降雨，要求在降雨前，必须及时压实作业面表层松土，并将作业面做成拱面或坡面以利排水，雨后应晾晒或对填土面的淤泥清除，合格后方可行下道工序。在整个回填过程中，设置专人保证观测仪器与测量工作的正常进行，并保护所埋设的仪器和测量标志的完好。

（5）找平与验收：土方回填最上一层完成后，应拉线或用靠尺检查标高和平整度，超高处用铁锹铲平；低洼处应及时补土，完成土方的回填施工。

（6）回填土每层夯（压）实后，根据相关的规范规定，分别按取样平面图的点位进行环刀取样，测出回填土的质量密度，达到设计要求或规范规定后，方可进行上层回填土的施工。用贯入度仪检查灰土质量时，必须先进行现场试验以确定贯入度的具体要求。本工程环刀取土的压实系数≥ 0.94。

6. 取样检验密实度

回填土必须分层夯实，且每层回填夯实后，必须严格按规范规定进行环刀取样，测出干土的质量密度，达到要求后，再进行上一层的铺土。

回填土方每层压实后，密实度检验方法如下：

检验数量：本工程按场地平整每 400 ~ 900m² 至少检取样验一点。取样的垂直部位应在每层表面下 2/3 厚度处，各层取样点应错开。取样时将检验点部位刨平，原位画一个直径 150mm 的圆或边长为 200mm 的正方形。用环刀将圆内或正方形内土样小心地挖出（挖深约 150mm），放至一干燥容器中。将一不漏水塑料袋放入已挖出土样部位，小心地注满水，使平检验点刨平面。用炒锅将容器中的土样炒干，测出土样的干土质量。用量筒或量杯测出塑料袋中的水的体积。算出干土的质量密度。当采用灌砂（或灌水）法取样时，取样数量可较环刀法适当减少，并注意正确取样的部位和随机性。

7. 修整、找平、验收

填土全部完成后，应进行表面拉线找平，凡是超过标准高程的地方，应及时依线铲平；凡是低于标准高程的地方，应补土夯实。冬期土方回填时，应预留比常温时增加的沉陷量，一般为填方高度的 3% 左右。

五、成品保护措施

1. 施工时，对定位标准桩、轴线引桩、标准水准点、降水井及管线等，填运土时不得撞碰，并应定期复测和检查这些标准桩点是否正确。

2. 夜间施工时，必须合理安排施工顺序，保证有足够的照明设施，防止铺填超厚，严禁汽车直接倒土，损坏结构，造成防水层及防水保护层的破坏。

3. 必须保证地下车库结构混凝土及防水保护层必须达到一定强度，并能保证混凝土车库顶板结构及混凝土防水保护层不因土方的回填而受损坏时，方可回填。

4. 场地内从建筑物伸出的各种管线，必须得到妥善保护后，再按相关规范规定回填土料，不得损坏、碰坏。

5. 不得在已回填好的回填土上随意挖掘，不得在其上行驶车辆或堆放重物。

6. 下层铺设完毕，必须尽快进行上一层的施工，防止长期暴露；如长时间不进行上部作业应进行遮盖和拦挡，并经常洒水湿润。

六、要注意的质量问题

1. 土方回填前，必须做好有针对性的各级安全技术交底工作。施工人员在施工现场必须戴好安全帽，不准穿拖鞋，高跟鞋、光膀、赤脚。

2. 要求上部楼层上的作业人员文明施工，不得随意乱扔施工材料及建筑垃圾。

3. 夯填回填土前，必须先检查打夯机械的电线绝缘是否完好，接地线、开关是否符合要求，打夯时，每台打夯机必须两人操作，一人操作夯机一人拖线，拖线者应随时将拖线整理通顺，盘圈送行，距夯机留有 3 ~ 4m 的余量，不要全长拉直，更不能拉得过紧或在夯下通行。操作者必须戴绝缘手套和绝缘胶鞋，操作手柄应采取绝缘措施，防止漏电伤人。两台打夯机在同一作业面夯实时，前后距离不得小于 5m，夯打时严禁夯打电线，以防触电，打夯机用后应切断电源，严禁在打夯机运转时清除积土。搬运时必须断电拆线，绑好夯头；打夯机手把上必须按规定装设开关，严禁施工时夯击电源线，严禁背着牵引。打夯工人必须按操作规程操作，所用的电器设备必须三级配电两级保护，使用三相五线制，严禁乱拉乱接。

4. 行夯时必须按规定夯机前后间距保持 10m 以上，不得平行作业，不得交叉穿插，严禁电源线缠在一起，对拐角及其他施工不便处必须采用人力夯填，不得采用夯机夯填。

5. 采用压路机械压实前，必须有专业机械工按规定进行检查、维修、保养，机械操作人员必须持证上岗。

6. 施工现场车辆车速必须≤ 5 公里 / 小时，必须派专人负责指挥疏导现场施工车辆。

7. 夜间施工作业地，必须有足够的照明条件，沟槽坑部位设防护栏及红色警示灯。

8. 土方回填施工时，必须注意现场协调与指挥工作，严禁乱抛物品，严禁汽车直接卸土破坏防水层及结构层。

9. 施工现场必须遵守一切有关安全规程，服从指挥，严禁破坏场内设施，严禁无证操作机械电器设备。

10. 在防护设施不全或无安全交底时施工作业人员有权拒绝违章操作、违章指挥。

11. 场地土方回填时，不仅要避开上部结构施工时的物体打击区域，而且在回填土操作区域上方用跳板设置硬质隔离层，避免交叉作业，以防发生事故。

12. 土方回填时，严禁汽车直接卸土；卸土时必须派专人指挥。

13. 建筑物四周采取封闭式施工，平面满铺安全网，安全网要铺设严密，避免有漏洞。在建筑物四周土方回填时，一定要避免上面交叉作业，防止掉物伤人。并设专人进行安全巡视，设明显的安全警示牌，确保土方在建筑物四周回填时安全。

14. 场照明灯具的架设高度必须符合有关安全规程的要求，不低于 2.5m。夜间施工必须有足够的照明设施。

15. 为防止噪音扬尘扰民，运土车辆进场时严禁鸣笛，且运土车辆须做好防尘措施，运土车辆在行车时，不得尘土飞扬影响市容，运土车辆出入场时须清理，不得带土入路。

16. 对扬尘的控制：配备洒水车，对干土等洒水或覆盖，防止扬尘。

17. 对机械的噪声控制：符合国家和地方的有关规定。

18. 要求运土车辆必须加以覆盖，防止遗洒。

19. 由于本工程建筑面积大，施工现场内车辆较多，回填土工作必须与其他工作统一协调安排，所有土方运输车辆进入现场，设专人指挥车辆，严格按现场平面布置所指定的堆土位置堆放土方。

20. 随时派专人清扫场区施工道路，适量撒水压尘，达到环卫要求。

21. 在土方回填及运土过程中，对施工道路上所造成的遗撒，必须及时清扫清理。

22. 区域责任工程师必须对施工班组作业区的现场文明负责，必须落实到人。

第三节　土方施工机械

施工机械的种类较多，按机械的自重可分为特大型、中型、小型等。按作业对象可分为土、石方机械；路面工程机械；混凝土及灰浆机械；水平运输机械；起重机及垂直运输机械等。按行走装置不同可分为履带式或轮胎式。按驱动力可分为机动或电动等。另还有起重机、卷扬机、打拔桩机、钻孔机械、水泵、金属加工机械、土木石加工机械、动力机械以及工程船舶等。

1. 推土机

推土机是一种自行式短距离铲土运输机械，一般分为固定式和回转式、机械操作和液压操作等类型。土石方施工的季节性很强，对工程量较为集中的土石方一般采用履带式推土机。推土机一般用于经济运距 50m ~ 100m 的短距离推运土方、石方、渣土等，也用于开挖河渠、填筑堤坝、平整场地、砍树挖根、堆集砂砾石等作业。此外，还用于进行局部碾压、给铲运机助铲和预松土，以及牵引机各种拖式土方机械作业。

第四节　基坑排水、降水方法

一、地面排水

（一）概述

施工排水包括排除地下自由水、地表水和雨水。在开挖基坑或沟槽时，土壤的含水层常被切断，地下水将会不断地涌入坑内。雨季施工时，地面水也会流入基坑内。为了保证施工的正常进行，防止边坡坍塌和地基承载力下降，必须做好基坑降水工作。

地下含水层内的水分有水气、结合水和自由水三种状态。结合水没有出水性。自由水又分为潜水和承压水两种，如图 1–4–1 所示。

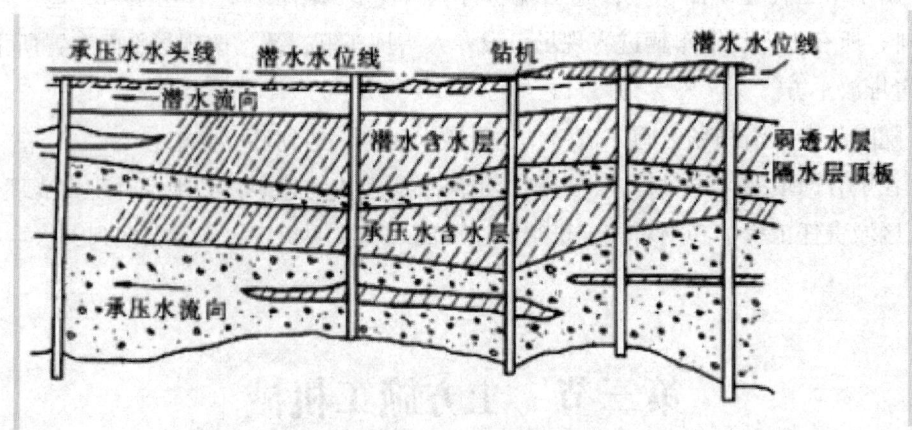

图 1–4–1　含水层的构造

潜水是存在于地表以下、第一个稳定隔水层顶板以上的地下自由水，有一个自由水面，其水面受当地地质、气候及环境的影响。雨季水位高，冬季下降，附近有河、湖等地表水存在时也会互相补给。承压水亦称层间水，是埋藏于两个隔水层之间的地下自由水。承压水有稳定的隔水层顶板，水体承受压力，没有自由水面。承压水一般不是当地补给的，其水位、水量受当地气候的影响较潜水为小。

（二）基坑施工时的地面排水

为保证施工顺进行，对施工现场的排水系统，应有一个总体规划，做到场地排水畅通，特别是雨期施工，应将地面水尽快排走，以保证场地土体干燥。地面水的排除可采取设置排水沟、截水沟或修筑土堤等设施来进行。在施工区域，考虑临时排水系统时，应注意与原排水系统相结合。原排水系统指原自然排水系统和已有的排水设施，临时排水设施应尽量与永久性排水设施相结合。

排水沟的设置应尽量利用自然地形，以便将水直接排至场外，或流入排水坑内，再用水泵抽走。主要排水沟最好设置在施工区域的边缘或道路的两旁，其断面大小由施工期内最大流量确定。一般横断面不小于 0.5 × 0.5m，纵向坡度一般不小于 2‰ ~ 3‰。

在山坡地形施工时，应在较高一面的坡上，先做好永久性（或临时）截水沟，阻止山坡水流入施工现场。在平坦地区施工时，除开挖排水沟外，必要时还应修筑土堤，以阻止场外水流入施工场地。出水口应设置在原有的排水系统进水口处，或远离建筑物或构筑物的低洼地点，并应保证排水畅通。

二、集水井降水

地下水的处理有多种可行的方法，从降水方式来说可总分为止水法和排水法两大类。止水阻挡法，即通过有效手段，在基坑周围形成止水帷幕，将地下水止于基坑之外，如沉井法、灌浆法、地下连续墙等；排水法是将基坑范围内地表水与地下水排除，如集水井降水、井点降水等。

止水法相对来说成本较高，施工难度较大；排水法施工简便、操作技术易于掌握，是一种行之有效的现代化施工方法，已广泛应用。这里重点介绍集水井降水法。

1. 集水井降水

这种方法是在基坑（槽）开挖过程中，当基底挖至地下水位以下时，沿基坑四周挖一定坡度的排水沟，设集水井，使地下水沿沟流入井内，然后用水泵抽走。抽水工作应持续到基础工程施工完毕进行回填土后才能停止。

集水井应该设置在基坑范围以外，地下水流的上游。根据地下水量、基坑平面形状及水泵的性能，集水井每隔 20m ~ 40m 设置一个，集水井的宽度一般为 0.6 ~ 0.8m，深度保持低于挖土面 0.8 ~ 1.0m，挖至设计标高后，井底应低于坑底 1 ~ 2m，并铺设碎石滤水层，以免在抽水时，将泥砂抽出，并防止井底土被扰动。排水沟一般设置在基坑周围或基槽的一侧或两侧。水沟截面应考虑基坑排水及邻近建筑物的影响，一般排水沟深度为

0.5 ~ 0.8m，最小 0.4 m，宽度等于或大于 0.4m，水沟的边坡为 1 ：1 ~ 1 ：0.5，排水沟应有 2‰ ~ 5‰的最小纵向坡度，使水流不致阻滞而淤塞。

排水沟和集水井应随挖土加深而加深，以保持水流畅通。集水井降水设备简单，使用广泛。但当地下水位较高涌水量较大或土质为细砂或粉砂，易产生流砂，边坡塌方及管涌等现象，影响正常施工，甚至会引起附近建筑下沉，此时应采用人工降低地下水位。

2. 流砂现象

当基底挖至地下水位以下时，有时坑底土会成流动状态，随地下水涌入基坑，这种现象称为流砂现象。发生流砂现象时，土完全丧失承载力，工人难以立足，土边挖边冒，难以达到设计深度，流砂严重时会引起基坑边坡塌方，附近建筑物因地基被掏空而下沉、倾斜，甚至倒塌。因此，流砂现象如果不能控制将对土方施工和附近建筑物产生很大的危害。

流砂现象产生的原因是动水压力大于等于土的浸水溶重。此时土粒失去自重，悬浮于水中，并随地下水一起流动。动水压力指的是流动中水对土产生的作用力，这个力的大小与水位差成正比，与水流的路径成反比，与水流的方向相同。因此，防治流砂现象的主要途径是改变动水压力的方向和减小动水压力，其具体措施主要有：

（1）选择在全年最低水位季节施工。因为地下水位低，坑里坑外水位差小，所以动水压力减小，也就不易产生流砂现象，至少可以减轻流砂现象。

（2）抛大石块。往坑底抛大石块，可增加土体的压重，减小或平衡动水压力。采用此法时应组织土方的抢挖，使挖土速度大于冒砂速度，挖至标高后应立即铺草袋等并抛大石块把砂压住。此法主要用于解于局部或轻微的流砂现象比较有效。如果坑底冒砂快，土已丧失承载力，则抛入坑内的石块就会沉入土中，无法阻止流砂现象。

（3）打钢板桩。沿基坑外侧打入超过基底以下深度的钢板桩，可以增加水流的路径，减小动水压力，同时可以改变水流的方向，使之向下从而达到防治流砂的目的。但施工成本较高。

（4）采用化学压力注浆或高压水泥注浆，固结基坑周围粉砂使之形成防渗帷幕。

（5）人工降低底下水位。使地下水位降低至基坑底下 0.5m 以下，使地下水流方向朝下，增大土粒间的压力，因而也就可以有效地制服了流砂现象。此法运用广泛。

三、井点降水

人工降水法（井点降水法），就是在基坑开挖前，预先在基坑四周埋设一定数量的滤水管（井），利用抽水设备连续不断地抽水，使地下水位降至基底以下，直至基础施工完毕为止。因此，在基坑土方开挖过程中保持干燥，从而根本上消除了流砂现象，稳定了边坡，改善了工作条件。由于基坑内土方干燥，有利机械化施工，缩短工期，保证工程质量与安全。同时，由于土层水分排出后，还能使土密实，增加地基土地承载能力。在基坑开挖时，土方边坡也可陡些，从而减少了挖方量。

目前国内常用的井点降水法有：轻型井点、喷射井点、电渗井点、管井井点及深井井点等。施工时可根据土层的渗透性，要求降低水位的深度、设备条件及经济比较等因素确定，可参照表 1-4-1。必要时应组织专家论证其可行性。

表 1-4-1　各种井点的适用范围

井点类别		土的渗透系数（m/d）	降水深度（m）
轻型井点	一级轻型井点	0.1 ~ 50	3 ~ 6
	多级轻型井点	0.1 ~ 50	视井点级数视而定
	喷射井点	0.1 ~ 50	8 ~ 20
	电渗井点	0.1	视选用的井点而定
管井点	管井井点	20 ~ 200	3 ~ 5
	深井井点	10 ~ 250	＞15

井点降水法具有下列优点：施工简便，操作技术易于掌握；适应性强，可用于不同几何图形的基坑；降水后土壤干燥，便于机械化施工和后续工作工序的操作；井点作用下土层固结，土层强度增加，边坡稳定性提高；地下水通过滤水管抽走，防止了流砂的危害；节省支撑材料，减少土方工程量等。井点降水法已成为目前在含水透水位土层实施的一种行之有效的方法。

（一）轻型井点降水

实际工程中，一般轻型井点应用广泛，下面介绍这类井点。

1. 轻型井点的主要设备

轻型井点的设备包括管路系统和抽水设备两部分（图 1-4-2）。

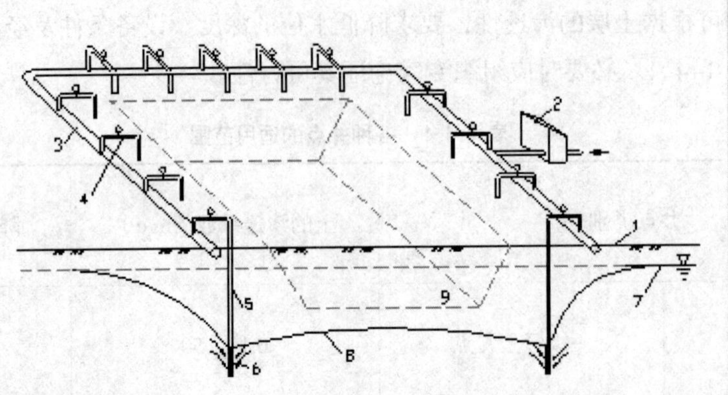

1—地面；2—水泵房；3—总管；4—弯联管；5—井点管；6—滤管；
7—原地下水位；8—降水后水位；9—基坑地面

图 1-4-2　轻型井点法降低地下水位全貌图

（1）管路系统包括：滤管、井点管、弯联管及总管等。

滤管（图 1-4-2）为进水口，采用长度 1.0 ~ 1.5m，直径 Φ38 ~ 55 的无缝钢管，管壁钻有直径 Φ12 ~ 18 梅花型的滤孔。管壁外包两层滤网，内层为细滤网，采用 30 ~ 50 孔 /c ㎡

黄铜丝布或生丝布，外层为粗滤网，采用 8 ~ 10 孔 /c ㎡的铁丝丝布或尼龙布。为使水流畅通，在管壁与滤网间用铁丝或塑料管隔开，滤网外面再绑一层粗铁丝保护网，滤管下端为一铸铁塞头，滤管上端与井点管连接。

井点管为 Φ38 ~ 51，长 5 ~ 7m 的钢管。井点管上端通过弯联管与总管连接。集水总管为 Φ100 ~ 127 的钢管，每段长 4m，其上装有间距 0.8m 或 1.2m 的短接头，并用皮管或塑料管与井点管连接。

（2）抽水设备是由真空泵、离心泵和集水箱（又叫水气分离器）等组成，其工作原理如图 1-4-4 所示。工作时先开动真空泵。集水箱内部形成一定程度的真空，使地下水及空气受真空吸力的作用沿总管进入集水箱。当集水箱内的水达到一定高度时，开动离心水泵将集水箱内水排出。

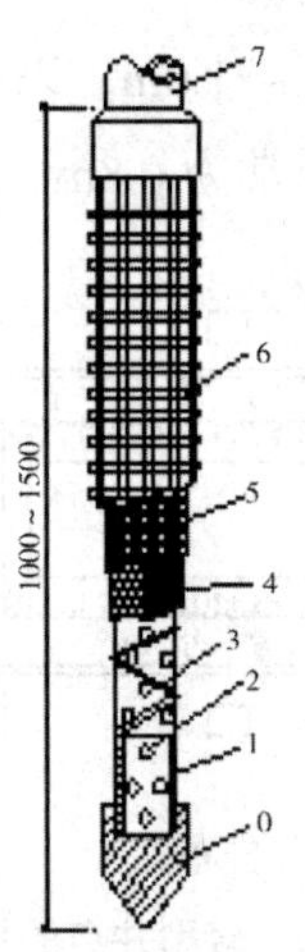

1—钢管；2—管壁上的小孔；3—塑料管；4—细滤网；
5—粗滤网；6—粗铁丝保护网；7—井点管；8—铸铁头

图 1-4-3　滤管构造

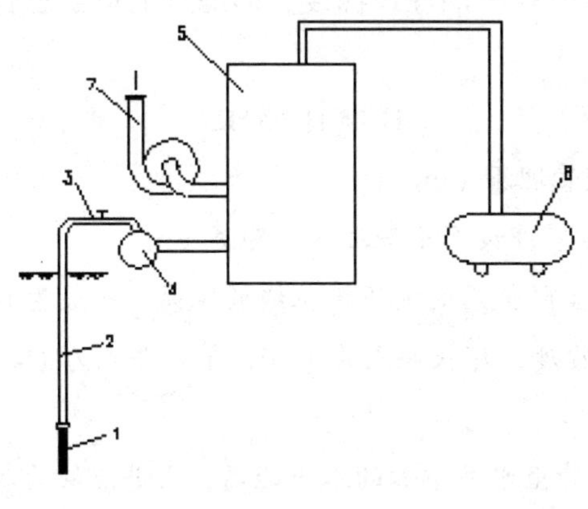

1—滤管；2—井点管；3—弯联管；4—总管；
5—集水箱；6—真空泵；7—离心水泵

图 1-4-4　轻型井点抽水设备工作原理图

2. 轻型井点的布置

根据基坑大小与深度、土质、地下水位高低与流向、降水深度与要求及设备条件等确定。

（1）平面布置：包括确定井点布置形式、总管的长度、井点管数量、水泵数量及位置等。

根据基坑（槽）形状，轻型井点可采用单排布置、双排布置及环状布置（图 1-4-5）

单排布置适用于基坑（槽）宽度小于 6m，且降水深度不超过 5m 的情况。井点布置在地下水流向的上游一侧，其两端的延伸长度一般不宜小于坑（槽）的宽度（图 1-4-5a）

双排布置适用于基坑（槽）大于 6m 或土质不良的情况。

环状布置适用于基坑面积较大的情况。

井点管距离基坑壁一般不小于 0.7 ~ 1.0m，以防局部发生漏气。井点管的间距应根据土质、降水深度、工程性质等确定，通常为 0.8m、1.2m、1.6m 或 2.0m。

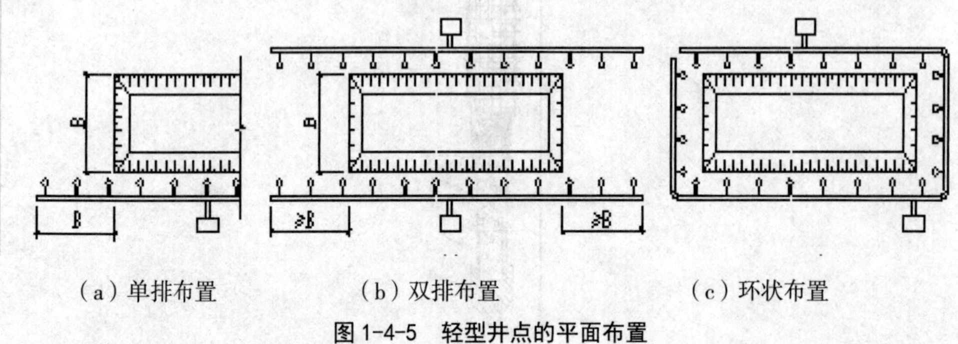

（a）单排布置　　（b）双排布置　　（c）环状布置

图 1-4-5　轻型井点的平面布置

一套抽水设备的负荷长度（即集水总管长度）一般 100 ~ 120m，泵的位置应在总管长度的中间。若采用多套抽水设备时，井点系统要分段，每段长度应大致相等，分段的位置应选在基坑拐弯处，以减少总管弯头数量，提高水泵抽吸能力。

（2）高程布置：确定井点管的埋设深度，即滤管上口至总管埋设面的距离可按下式进行计算（图 1-4-6）

$$H \geqslant H_1+h+IL$$

式中　H——井点管埋深（m）；

H_1——井点管埋设面至基坑底的距离（m）；

h——基底至降低后的地下水位线的距离，一般为 0.5 ~ 1m；

I——水力坡度，环状井点为 1/10，单排井点为 1/4 ~ 1/5，双排井点为 1/7；

L——井点管至水井中心的水平距离，当井点管为单排布置时，L 为井点管至边坡脚的水平距离（m）。

一般轻型井点的降水深度在管壁处达 6 ~ 7 m。当按上式计算出的 H 值，如大于 6 ~ 7 m 时，则应降低井点管抽水设备的埋置面，以适应降水深度的要求。

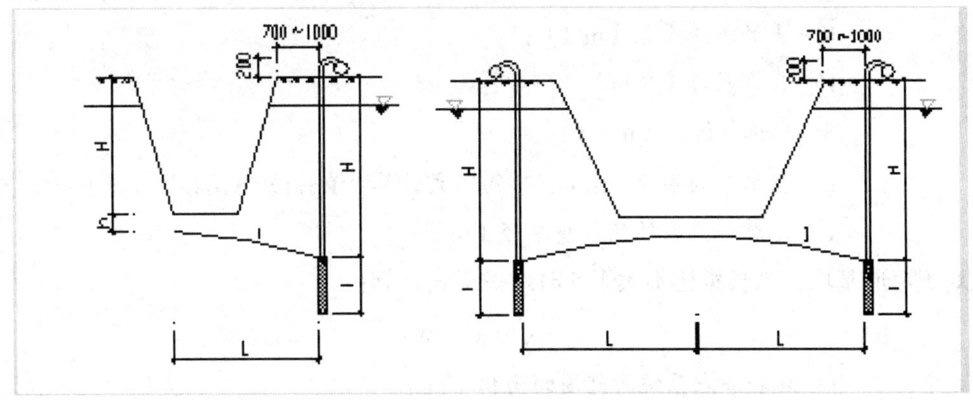

（a）单排井点　　　　（b）双排、环状井点

图 1-4-6　高程布置示意图

当一级轻型井点达不到降水深度要求时，可采用二级井点。

3. 轻型井点的计算

轻型井点计算的目的，是求出在规定的水位降低深度下，每天排出的地下水流量，从而确定井点管的数量、间距，并确定抽水设备等。

轻型井点计算由于受水文地质和井点设备等不易确定因数的影响，要想计算出准确的结果十分困难。根据工程实践积累的经验资料分析，按水井理论进行计算，比较接近实际。

根据井底是否达到不透水层，水井可分为完整井与不完整井；即当井底到达含水层下面的不透水层顶面的井称为完整井，否则称为不完整井。根据地下水有无压力，又分为承压井与无压井，各类水井见图 1-4-7 所示。各类水井的涌水量计算方法不同，其中以无压完整井的理论较为完善。

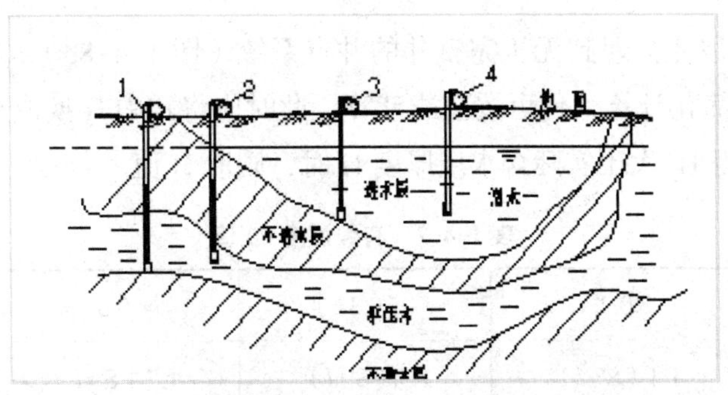

1—承压完整井；2—承压不完整井；3—无压完整井；4—无压不完整井

图 1-4-7　水井的分类

①涌水量的计算：对于无压完整井的环状井点系统（图 1-4-8a）。其涌水量计算公式为：

$$Q = 1.366K\frac{(2H - S)\ S}{\lg R - \lg x_0} \qquad (/d)$$

式中　　Q—井点系统的涌水量（/d）；

K—土的渗透系数（m/d）；

H—含水层厚度（m）；

S—水位降低值（m）；

R—抽水影响半径（m），可用下式计算：$R=1.95S\sqrt{H_0K}$（m）

x_0—环状井点系统的假想半径（m）

对于矩形基坑，当长宽比不大于 5 时可按下式计算：

$$x_0=\sqrt{F/\pi}\ \text{（m）}$$

式中　　F—环状井点系统所包围的面积（㎡）。

渗透系数 K 值，确定得是否准确，对计算结果影响较大。渗透系数的测定方法有：现场抽水试验与实验室测定两种。对大型工程，一般宜采用现场抽水试验，以获取较为准确的数据，具体方法是在现场设置抽水孔，并在同一直线上设置观察井，根据抽水稳定后，观察井的水深及抽水孔相应的抽水量计算 K 值。

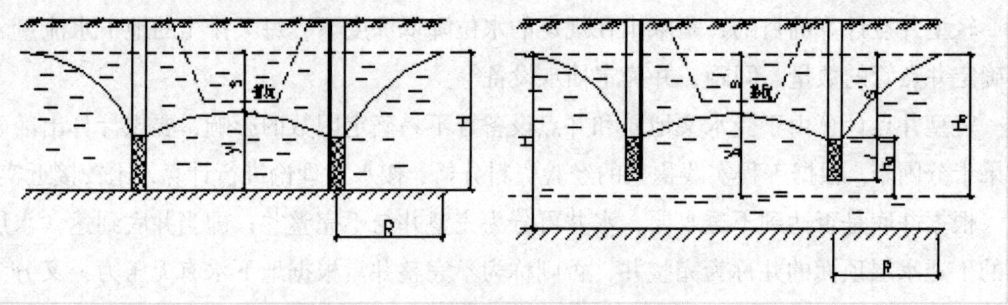

（a）无压完整井　　　　（b）无压不完整井

图 1-4-8　环状井点涌水量计算简图

在实际工程中往往会遇到无压完整井的井点系统（图 1-4-8b），其涌水量的计算相对比较复杂。为了简化计算，仍可按公式计算。此时应将式中 H 换成有效深度 H_0，H_0 可查表 1-4-2。当算得 H_0 大于实际含水层厚度 H 时，则取 H 值。

表 1-4-2　有效深度 H0 值

S'（S'+l）	0.2	0.3	0.5	0.8
H_0	1.3（S'+l）	1.5（S'+l）	1.7（S'+l）	1.85（S'+l）

承压完整井环状井点涌水量计算公式为：

$$Q=2.73K\frac{MS}{\lg R-\lg x_0}\quad \text{（/d）}$$

式中　　M—承压含水层厚度（m）；

K、R、x_0、S—同上公式。

②井点管数量与井距的确定

a. 单根井点管出水量由下式确定：

$$q = 120\pi rl\ \sqrt[3]{K}$$

式中　　r—滤管半径（m）；

l—滤管长度（m）；

K—渗透系数（m/d）。

b. 井点管数量由下式确定：

$$n \geqslant 1.1\frac{Q}{q}$$

式中　　Q—总涌水量（/d）；

q—单井出水量（/d）。

c. 井点管间距由下式确定：

$$D = \frac{L}{n}$$

式中　　L—总管长度（m）。

求出的井点管间距应大于15倍滤管的直径，以防由于井点管太密而影响抽水的效果，同时应尽量符合总管接头的间距模数（0.8.1.6.2.0）。最后根据实际情况确定出井点管的数量。

③选择抽水设备

定型的轻型井点设备配有相应的真空泵、水泵和动力机组。真空泵的规格主要根据所需的总管长度、井点管根数及降水深度而定，水泵的流量主要根据基坑井点系统涌水量而定。在满足真空高度的条件下，可从所选水泵性能表上查出一套满足涌水量要求的机组。

4. 轻型井点降水法的施工

包括井点系统的埋设、安装、运行及拆除等，井点管的埋设，一般用水冲法，并分为冲孔与埋管两个过程。冲孔时，利用起重设备将冲管吊起并插在（图1–4–9）井点的位置上，开动高压水泵将土冲松，冲管则边冲边沉。孔洞要垂直，直径一般为300 mm，以保证井管四壁有一定厚度的砂滤层，冲孔深度宜比滤管底深0.5 m左右，以防冲管拔出时，部分土颗粒沉于底部而触及滤管底部。

井孔冲成后，随即拔出冲管，插入井点管。井点管与孔壁之间应立即用粗砂灌实，距地面1.0 ~ 1.5m深处，然后用黏土填塞密实，防止漏气。在井点管与孔壁之间填砂时，如管内的水面上升，则认为该管埋设合格。

注：1—冲管；2—冲嘴；3—胶管；4—高压水泵；5—压力表
6—起重机吊钩；7—井点管；8—滤管；9—粗砂；10—黏土封口
a）冲孔　　　　　　　　b）埋管

图 1–4–9　井点管的埋设

轻型井点设备的安装程序为：先排放总管，再埋设井点管，然后用弯联管将井点管与总管连通，最后安装抽水设备。安装完毕后，先进行试抽，以检查有无漏气现象。轻型井点使用时，应连续抽水。若时抽时停，滤管易堵塞，也容易抽出土粒，使水浑浊，并引起附近建筑物由于土粒流失而沉降开裂。正常的排水是细水长流，出水澄清。轻型井点降水时，抽水影响范围较大，土层因水分排出后，土壤会产生固结，使得在抽水影响半径范围内引起地面沉降，往往会给周围的建筑物带来一定危害，要消除地面沉陷可采用回灌井点方法。即在井点设置线外 4 ~ 5m 处，以间距 3 ~ 5m 插入注水管，将井点中抽出的水经过沉淀后用压力注入管内，形成一道水墙，以防止土体过量脱水，而基坑内仍可保持干燥。

井点系统的拆除应在地下结构工程竣工后，并将基坑回填土后进行。拔出井点管可借助于倒链、起重机等。所留孔洞应用砂或土填塞，对地基有防渗要求，地面下 2m 范围内用黏土填塞压实。

（二）其他井点降水简介

1. 喷射井点降水

喷射井点系统能在井点底部产生 250mm 水银柱的真空度，其降低水位深度大，一般在 8 ~ 20m 范围。它适用的土层渗透系数与轻型井点一样，一般为 0.1 ~ 50m/d。但其抽水系统和喷射井管很复杂，运行故障率较高，且能量损耗很大，所需费用比其他井点法要高。

2. 电渗井点降水

电渗井点适用于渗透系数很小的细颗粒土，如黏土、亚黏土、淤泥和淤泥质黏土等。这些土的渗透系数小于 0.1m/d，用一般井点很难达到降水目的。

利用电渗现象能有效地把细粒土中的水抽吸排出。它需要与轻型井点或喷射井点结合应用，其降低水位深度决定于轻型井点或喷射井点。在电渗井点降水过程中，应对电压、电流密度和耗电量等进行量测和必要的调整，并做好记录，因此比较烦琐。

3. 管井井点降水

管井井点适用于渗透系数大的砂砾层，地下水丰富的地层，以及轻型井点不易解决的场合。每口管井出水流量可达到 50 ～ 100/h，土的渗透系数在 20 ～ 200m/d 范围内，降低地下水位深度约 3 ～ 5m。这种方法一般用于潜水层降水。

4. 深井井点降水

深井井点是基坑支护中应用较多的降水方法，它的优点是排水量大、降水深度大、降水范围大等。对于砂砾层等渗透系数很大且透水层厚度大的场合，一般用轻型井点和喷射井点等方法不能奏效，采用此法最为适宜。深井井点适用的土层渗透系数为 10 ～ 250m/d、降低水位深度可大于 15m，常用于降低承压水。它可以布置在基坑四周外围，必要时也可布置在基坑内。有时这方法与其他井点系统组合应用降低水位效果更好。

对于基坑底部有可能发生突涌、流砂、隆起的危险场合，深井点降低承压水位，有助于减除压力、保证基坑的安全性。深井点的缺点是：由于降水深度大、出水量大和水位降落曲线陡等原因，势必造成降水的影响范围和影响程度大，因此基坑周围建筑物的不均匀沉降要足够重视、慎重对待、定时观察，及时处理。

（三）基坑降水方法的选择

在采取上述处理方法对基坑进行降水处理时，对选择的降水方法还应该考虑以下因素：

1. 场地条件及该建筑物设计施工资料

场地条件制约着降水方案的制定，它主要包括场地四周已有建筑物的高度、分布、结构和离拟建工程的距离；地基四周的地下设施（包括给排水管道、光纤电缆、供气管道等）；向外抽水排水通道以及供电情况等。有关设计施工资料包括基坑开挖尺寸和分布；地下建筑物施工的有关要求等。这些条件决定了所采用降水方法和具体的设计施工方案，也决定了具体保证周边建筑物和地下设施安全的实施措施。

2. 地质情况

了解地基土分层地质柱状图及地质剖面图，各层岩土的物理力学性质，地下水类型及埋藏情况，水文地址情况，水质分析结果，特别是土层的渗透性。土的渗透系数取决土的形成条件、颗粒级配、胶体颗粒含量和土的结构等因素，因此场区土层的不同深度和不同方位的渗透系数是不同的。渗透系数计算结果的真实性，势必直接影响降水方案的选择。由于影响渗透系数的因数复杂，一般勘察报告提供的数值多是室内试验数据，误差往往较大，只能供降水设计时参考，对重要工程应做现场抽水试验加以确定。

3. 场地地下水情况

地下水分潜水和承压水两种。潜水储存于地表与第一层不透水层之间，是无压力重力水，可向四周渗透。从工程实践来看，潜水大多来源于大气降水和地下埋设的上下水管道破裂漏水，主要积存于地表下杂填土和老建筑物被冲刷掏空的地基中。承压水储存于两个不透水层之间含水层中，若水充满此含水层，则水具有压力。所以，要根据地质和水文资料，搞清楚场区各处透水层和不透水层向下沿深度的分布厚度和变化情况；掌握场区各处承压静止水位埋深，混合静止水位埋深和他们的年变化幅度及水位标高；查明场地地下水补给源的方位、距离和透水层的联系情况；搞清楚地下水层是否与江、河、湖、海等无限水源连通；不论潜水或承压水若与无限水源连通，都会造成降水困难甚至于降水无效。综上所述，在基坑工程降水存在许多缺陷如会引起邻近建筑物的不均匀沉降，施工时要采取措施防止不均匀沉降；根据场地条件及该建筑物设计施工资料；地质情况；场地地下水情况选择合适的降水方法，以减少基坑工程施工中的事故。

四、降水对周围环境的影响及措施

（一）降水对周围环境的影响

在地下水位以下含水丰富的土层中开挖大面积基坑时，若采用一般的明沟排水方法，常会遇到大量地下涌水，难以排干；当遇粉、细砂层时，还会出现严重的翻浆、冒泥、流砂现象，不仅使基坑无法挖深，而且还会造成大量水土流失，使边披失稳或附近地面出现塌陷，严重时还会影响附近建筑物的安全，这在以前的工程施工中也曾发生过。当遇这种地基情况时，一般应采用人工降低地下水位的方法施工，常用的为各种井点降水方法。井点降水方法施工若处置不当，在一定条件下也会引起周围建筑地基沉降。

基坑工程中对场区地下水处理采用排降法较止水阻挡法的最大缺陷是会引起邻近建筑物的不均匀沉降。

由于每个井点周围的水位降低是呈漏斗状分布，整个基坑周围的水位降落必然是近大远小呈曲面分布。水位降低一方面减小了土中地下水对地上建筑物的浮托力，使软弱土层受压缩而沉降；另一方面空隙水从土中排出，土体固结变形，本身就是压缩沉降过程。地面沉降量与地下水位降落量是对应的，地下水位降落的曲面分布必然引起邻近建筑物的不均匀沉降。

当不均匀沉降达到一定程度时，邻近建筑物就会裂缝、倾斜甚至于倒塌。因此配合基坑边坡支护进行降水设计和施工，必须高度重视降水对邻近建筑物的影响，把不均匀沉降限制在允许的范围内，以确保基坑及周围建筑物的安全。

（二）施工措施

在降水过程中，由于会随水流带出部分细微土粒，再加上降水后土体的含水量降低，使土壤产生固结，因而会引起周围地面的沉降，在建筑物密集地区进行降水施工，如因长时间降水引起过大的地面沉降，会带来较严重的后果。

为防止或减少降水对周围环境的影响，避免产生过大的地面沉降，可以从以下几方面制定减少不均匀沉降的措施：

1. 由于基坑周围的水位降落曲线随降水要求、降水方法和具体方案的不同而差别较大，因此不要提出过高的降水深度，在满足基本降水要求的前提下，对各种降水方法应分析和比较，筛选最佳的降水方案。

2. 在降水井点与重要建筑物之间设置回灌井、回灌沟，降水的同时把降水回灌其中，使靠近基坑的建筑物一侧地下水位降落大大减小，从而控制地面沉降。

（1）采用回灌技术：降水对周围环境的影响，是由于土壤内地下水流失造成的。回灌技术即在降水井点和要保护的建（构）筑物之间打设一排井点，在降水井点抽水的同时，通过回灌井点向土层内灌入一定数量的水（即降水井点抽出的水），形成一道隔水帷幕，从而阻止或减少回灌井点外侧被保护的建（构）筑物地下的地下水流失，使地下水位基本保持不变，这样就不会因降水使地基自重应力增加而引起地面沉降。

（2）采用砂沟、砂井回灌：在降水井点与被保护建（构）筑物之间设置砂井作为回灌井，沿砂井布置一道砂沟，将降水井点抽出的水，适时、适量排入砂沟、再经砂井回灌到地下，实践证明亦能收到良好效果。

3. 减缓降水速度，使建筑物沉降均。通常，在砂质粉土中降水影响范围可达 80m 以上，降水曲线较平缓，为此可将井点管加长，减缓降水速度，防止产生过大的沉降。亦可在井点系统降水过程中，调小离心泵阀，减缓抽水速度。在邻近建筑物一侧将井点间距加大以及调小抽水设备的阀门等，减小出水量以达到降水速度减缓的目的。

4. 提高降水工程施工质量，严格控制出水的含砂土量，以防止地下砂土流失掏空，导致地面建筑物开裂。为防止抽水过程中将细微土粒带出，可根据土的粒径选择滤网。另外确保井点管周围砂滤层的厚度和施工质量，亦能有效防止降水引起的地面沉降。

5. 布设观测井和沉降、位移、倾斜等观测点，进行定时观察、记录、分析，随时掌握水位降低和基坑周围建筑物变化动态。降水前首先在降水影响范围外建立水准点，对建筑物进行观测，并进行记录。降水开始阶段每天观测两次，进入稳定期后，每天可以只观测一次。

总之，施工降水措施不当，会引起周围地面的不均匀沉降，从而引发工程事故，造成经济损失，因此必须引起足够的重视。在实际施工中，降水施工前，应对因降水造成的地面沉降进行估算分析，如分析出沉降过大时，应该积极采取主动控制措施。另外，定期加强观测，分析观测结果，做到心中有数，发现问题及时采取措施，能够最大限度地预防事故发生。

第二章　地基与基础工程

第一节　地基处理与加固

一、冻结法

（一）起源

冻结法最早用于俄国金矿开采，1880年德国人彼茨舒提出了人工冻结法原理，1883年将这个原理首先用于人工冻结法凿井。冻结法施工技术起始于人工天然冻结，人们最初利用天然冻土开挖底下基础，后来有了人工制冷技术，人们才开始利用人工制冷技术来冻结含水土层，含水土层被冻结成冻土并达到一定的强度，人们利用冻土的结构掩护进行基坑施工。现在已广泛应用于地铁、深基坑、矿井建设等工程中。我国自1955年首次在开滦林西风井采用冻结法以来，主要应用于煤矿井筒特殊法施工，现已施工了500多个冻结井筒约901口n延米。已完工的山东龙固副井冲积层厚567.7m，冻结深度650 m，为国内之最。目前正在施工的郭屯主、副风井冻结深度已702 m。这50年中，我国人工制冷冻结技术经历了引进、推广、改进和发展几个阶段，其中具有代表性的工程主要有安徽潘三东风井、河南陈四楼主、副井、山东济西主、副井以及龙固副井。上述井筒的建成标志着我国冻结凿井技术已达到国家先进水平，当然也遇到了无数的困难。其中，两淮施工中经常遇到的冻结管断管，井壁破裂漏水，甚至淹井等事故，不仅危及井筒施工安全，还大大推迟了工期，经济损失重教训是深刻的，但也激励了几代工程技术人员的攻关积极性，为此，完成了多项重大科研项目，从而也获得了国家和省部级多项科研进步奖、无数工程技术人员增长了才干，成为高级工程师，有的还获得国家政府津贴。

（二）基本原理

冻结施工法是常用的施工方法之一，使用制冷技术使地层中的水冻结，将天然岩土冻结成冻土，从而把不稳定的台水土体固化，形成具有一定厚度的冻结结构体——冻结礁。当结构体具有相当的强度，可以抵抗周围的水土压力，隔绝地下水，形成封闭的不透水帐幕，地下工程于是可在冻结壁的保护下进行施工。它具有以下特点：

（1）有效隔绝地下水。其抗渗透性能是其他任何方法不能相比的，对于含水量大于10% 的任何含水、松散，不稳定地层均可采用冻结法施工技术；

（2）冻土帷幕的形状和强度可视施工现场条件，地质条件灵活布置和调整，冻土强度可达 5—10Mpa. 能有效提高工效；

（3）冻结法施工对周围环境无污染，无异物进入土壤，噪音小。冻结结束后 . 冻土墙融化，不影响建筑物周围地下结构；

（4）冻结施工用于桩基施工或其他工艺平行作业。能有效缩短施工工期。采用冻结法施工。冻土帷幕能满足受力要求 . 不需下沉庞大的钢护筒。也无须大吨位钻机，解决了起重设备能力不足的困难，降低了施工难度；而且能有效地隔绝了地下水，实现桩基干处施工。减小大直径桩浇注水下混凝土的风险；同时，能有效提高工效，比常规方法施工方法节约工程成本。

（三）设计计算

我国冻结法凿井的主要地层为冲积层。冻结壁的设计是指满足砂性土的强度和黏性土中变形要求的厚度。其厚度计算主要是根据地压、冻土热学和力学性质、井筒掘进直径、段高和裸露时间以及井壁结构与工艺等，实际上由于冻土热学和力学的耦合计算的影响因素很多，故一般采取热学与力学分别计算和相互检验的方法。在深井黏土层中冻结壁的厚度与强度，往往是造成许多重大事故的主要原因，因为黏性土强度低，流变特性显著，而过去的设计中很少考虑到。浅井常用拉麦公式和多姆克公式，均是按平面应变力学模型来计算的，同时也都没有考虑到冻土的流变特性（即与时间有关这一特征），对于深井中应采用苏联维亚诺夫和扎列茨基提出的小段高（空间结构）的强度和变形公式。这个公式不仅考虑了强度，也考虑到变形。龙固副井就是按此公式计算的，施工中也是顺利的。前述两个公式都是基于与时间有关的弹性或弹塑性理论，后一公式已考虑了冻土流变（参数 m，A）和掘砌工艺（参数 e，l，￡），施工中在支设时，必须做到大头朝下、保证垂直度误差小于 5 mm，底部支座要牢固，选用的支撑应材质均匀、无弯曲、缺陷少，使木支撑尽量符合最佳的受力状况，这样才能确保结构的安全性，并满足质量要求。

（四）施工工艺与设备

1. 冻结法的施工工艺

第一阶段是冻结管的排列，根据工程特征要求，可布置各种形状；第二阶段，开始土壤冻结，冻土首先从每个冻结管周围向外扩展，当各分离的圆柱冻结体联成一体时，该冻结阶段就告完成；第三阶段是继续降低冻结体的平均湿度和扩大冻土墙厚度使之达到设计要求；第四阶段是维持低温，保证开挖和做永久结构施工期间，冻土墙强度保持不变。完成使命后即开始强行解冻，拔除冻结管。

2. 冻结法的施工设备

冻结法施工旁通道所用设备主要有：

（1）螺杆冷冻机组（JYSGF300II 2 台 110KW 87500Kcal/h）

（2）盐水泵（IS125-100-200 2 台 45KW 200/h）

（3）冷却水泵（IS125-100-200C 4 台 15KW 120/h）

（4）冷却塔（NBL-50 4 台 15/h）

（5）钻机（MK-50 1 台）

（6）电焊机（BS-40 2 台）

（7）抽氟机（1 台）

说明：以上 1-4 项冻结设备均备用一台。

冻结法施工旁通道所用量测设备主要有：

（1）经纬仪（J2 1 台）

（2）测温仪（GDM8145 1 台测量冻土温度）

（3）精密水准仪（1 台）

（4）打压机（20MPa 1 台冻结器打压试漏）

（5）收敛仪（1 台冻土帷幕收敛）

（6）钢卷尺（20m 1 把）

（五）质量检测

工程监测的目的是根据量测结果，掌握地层及隧道的变形量及变形规律，以指导施工。由于旁通道施工位于地下十多米处，为防止施工时对地面周边建筑、地下管线、民用及公共设施带来不良影响，甚至严重破坏。对施工过程必须有完善的监测。

工程监测的内容工程监测贯穿整个施工过程，其主要监测内容为：地表沉降监测，隧道变形监视，通道收敛变形监测，冻土压力监测。

二、夯实水泥土桩法

（一）起源

夯实水泥土桩复合地基技术由 1991 年中国建筑科学研究院地基基础研究所开发研究，其后与河北建筑科学研究院一起，对该桩的力学特性、适用范围、施工工艺及其特点进行了详细研究。

夯实水泥土桩主要材料为土，辅助材料为水泥，水泥使用量为土的 1/8 ~ 1/4，成本低廉。承载力可提高 50% ~ 100%，沉降量减少。

1998 年，该项成果列为国家及科技成果重点推广计划，2000 年列为建设部科技成果专业化指南项目。

（二）基本原理

夯实水泥土桩是用人工或机械成孔，选用相对单一的土质材料，与水泥按一定配比，在孔外充分拌和均匀制成水泥土，分层向孔内回填并强力夯实，制成均匀的水泥土桩。桩、桩间土和褥垫层一起形成复合地基。其能够起到加固地基的机理有两方面：其一是夯实水泥土桩的化学作用机理，其二是该桩的物理作用。

1. 夯实水泥土桩的化学作用机理

（1）水泥的固化作用

夯实水泥土桩是将水泥与搅和土料充分搅和后逐层填入孔中。由于与水泥搅和的土料不同，其加固机理也有差异。当搅和土料为砂性土时夯实水泥的固化机理类似于建筑上的水泥砂浆，具有较高的强度，其固化时间也相对较短；当搅和料为黏性土或粉土时，由于水泥渗入比（一般为 8% ~ 20%），而且土料中的黏粒及粉粒都具有很大的比表面积并含有一定的活性物质，所以水泥固化速度比较缓慢，其固化机理比较复杂。

（2）水泥的水解反应

夯实水泥桩的桩体材料主要是固化剂（水泥）、搅和土料以及水。在将搅和料逐层夯入孔内形成桩体的过程中，水泥颗粒表面物质将与搅和料中的水分充分接触，从而发生水解反应，生成氢氧化钙、含水硅酸钙、含水铝酸钙以及含水铁酸钙等化合物。这些水化物形成胶体，进一步凝结硬化成水化物晶体，析出的凝胶粒子，有的自身硬化形成水泥石骨架，有的则与周围具有一定活性的黏粒发生反应。

（3）水泥化合物与土颗粒的作用

水泥化合物与土颗粒之间的作用表现在：一是水泥土的离子交换和团粒化作用；二是水泥土的凝硬作用。

2. 夯实水泥土桩的物理作用机理

夯实水泥土桩的强度主要由两部分组成：一是水泥胶结体的强度，二是夯实后因密实度增加而提高的强度。根据桩体材料的夯实实验原理，将混合料均匀搅拌填料后，随着夯击次数即夯击能的增加，混合料的干密度逐渐增大，强度明显提高。在夯实能确定后，只要施工时能将桩体混合料的含水量控制到最佳含水量，就可获得施工桩体的最佳干密度和桩体的最佳夯实强度。

桩体的密实和均匀是由夯实水泥桩夯实机的夯锤质量及其起落高度决定的。当夯锤质量和起落高达一定，夯击能为常数时，桩体就密实均匀，强度就会提高，质量可得到有效保证。

（三）设计计算

1. 桩长的确定

首先根据工程地质勘查报告确定桩端持力层。桩端持力层应为较硬土层，桩端伸入持力层不应少于 1.5d（d 为桩直径）。确定桩长时应使复合地基同时满足承载力和沉降要求。如果考虑满足承载力需求，桩长可能较短，但较短的桩会造成地基沉降量增大，无法满足沉降要求。同时，桩受到荷载作用时，桩顶应力比较集中，受力较大，桩顶的质量必须达到设计要求。所以进行桩长设计时还应该预留足够的桩顶保护长度，只有这样，才能保证桩顶的夯实效果，从而保证桩顶水泥强度和质量。

2. 单桩竖向承载力特征值计算

水泥土桩承载力依据《建筑地基处理规范》中夯实水泥土桩竖向承载力设计计算和关于水泥桩计算的有关资料来确定。单桩承载力设计特征值确定后，应特别注意，该值必须满足下式要求：

$$R_a = u_p \sum_{i=1}^{n} q_{si} l_i + q_p A_p$$

且要满足

$$R_a \leqslant \eta f_{cu} A_p$$

式中 u_p——桩的周长（m）；

n——桩长范围内所划分的土层数；

q_{si}、q_p——桩周第 i 层土的侧阻力、端阻力特征值（kPa）；

f_{cu}——桩体混合料试块标准养护 28 天立方体抗压强度平均值（kPa）；

η——桩体强度折减系数，取 0.35 ~ 0.5。

3. 桩径的确定

桩径宜为 300 ~ 600mm，常用的为 350 ~ 400mm，可根据设计及所选用的成孔方法确定。选用的夯锤应与桩径相适应。

4. 单桩影响面积及桩间距的计算

在地基处理中，一般设计单位给定的是地基经处理后的地基承载力特征值和变形要求，因此根据工程地质勘查报告和相关规范、规程确定出桩深度和单桩承载力后，应该计算单桩影响面积，以便确定布桩间距。单桩影响面积可用下式计算：

$$A_i = \frac{R_a - \alpha \times f_{ak} \times A_p}{f_{spk} - \alpha \times f_{ak}}$$

式中 A_i——单桩影响面积（包括单桩）（m^2）；

R_a——单桩竖向承载力特征值（kPa）；

f_{spk}——复合地基承载力特征值（kPa）；

A_p——桩体截面面积（m^2）；

f_{ak}——天然地基承载力特征值（kPa）；

α——天然地基发挥能力系数，一般为 0.85 ~ 0.95。

计算出单桩影响面积后再进行桩间距计算。已知单桩影响面积求布桩间距的公式如下:

正三角形布桩桩间距为：$S_d = 1.07457\sqrt{A_i}$

正方形布桩桩间距为：$S_d = \sqrt{A_i}$

最后还要核验置换率（5% ~ 15%）是否在规定的范围内，要合理选择置换率，桩深较浅者取小值，桩深较深者取大值。布桩实际是应遵循均匀布桩的原则，以使加固后的地基承载力分布均匀。布桩时，桩距应在合理的范围内，桩距过大，会给基础增加集中应力，桩距太小，施工时容易互相干扰，从而影响施工进度和工程质量。且桩距一般为桩径的 2 ~ 4 倍。

5. **复合地基承载力的确定**

一般根据下列公式计算：

$$f_{sqk} = \frac{mR_k}{A_p} + \beta(1-m)f_{sk}$$

式中　f_{sqk}——复合地基承载力标准值（kPa）；

m——面积置换率；

R_k——单桩承载力标准值（kN）；

β——桩间土强度折减系数，可取 0.8 ~ 1.0;

f_{sk}——天然地基承载力标准值（kPa）。

6. **垫层**

基础与桩和桩间土之间设置一定厚度李庄散体材料组成的褥垫层，厚度为 100 ~ 300mm，在荷载作用下，基础通过褥垫层始终与桩间土保持接触，保证桩和土体共同承担荷载，减少基础底面应力集中度，调整桩土垂直和水平荷载分担的作用，可提高处理后的复合地基强度和抗变形能力。垫层材料可选用中砂、粗砂、砾砂、碎石或级配砂石等，最大粒径不宜大于 20mm。

7. **桩身材料**

水泥掺和量以掺和比表示，即每立方米土的水泥掺和量与地基土的湿密度的比值。水泥土的强度随掺和比增大而增大，设计时根据工程要求、土料性质以及采用的水泥品种，由配合比实验确定。为便于施工，水泥与土的比例一般选用体积比，常取用的比例为水泥:土的体积比为 1 ∶ 5 ~ 1 ∶ 8。

8. **沉降计算**

加固区的沉降变形可采用分层总和法计算，复合土层的分层与天然地基相同，各复合土层的压缩模量等于该层天然地基压缩模量的 n 倍，n 为复合地基承载特征值与基础地面下天然地基承载力特征值的比值。

（四）施工工艺与设备

1. 施工设备

夯实水泥桩成孔机具：成孔是夯实水泥土桩加固地基的第一步，成孔机具的优劣直接影响着加固地基的质量和施工效率。目前常用的成孔机具主要有排土法成孔机具和挤土法成孔机具

水泥土桩夯实机械：夯实水泥土桩的夯实机械可借用土桩和灰土桩夯实机，也可根据实际情况研制或改造。目前我国夯实水泥土桩处人工夯实外，主要有以下几种：吊锤式夯实机、夹板锤石夯实机、Sh30 型地质钻改装式夯实机，夯锤。

2. 施工工艺

夯实水泥土桩的施工工艺主要可分为沉管成孔、填料、夯实等三个阶段。施工的程序分为：成孔、制备水泥土（填料）、夯填成桩（夯实）等几项。

（1）成孔

根据成孔过程中取土与否，成孔可分为排土法和及突发成孔两种。排土成孔法过程中对桩间土没有扰动，而挤土成孔则对桩间土有一定挤密作用，对于处理地下水位以上，有振密和挤密效应的土应选用挤土成孔。而含水量超过 24%，呈流塑状或含水量低于 14% 呈坚硬状态的地基宜选用排土成孔。

（2）制备水泥土

制备水泥土就是把水泥和土按照一定配合比进行拌和，水泥一般采用 32.5 级普通硅酸盐水泥或矿渣水泥，土料可就地取材，基坑挖出的粉细砂、粉质土均可用作水泥土的原料。淤泥、耕土、冻土、膨胀土以及有机物含量超过 5% 的土不得使用，土料应过 25mm × 25mm 筛。施工时，应将水泥土拌和均匀，控制含水量，如土料水分过多或者不足时，应晒干或洒水湿润，一般应按照经验在现场直接判断。其方法为手握成团，两指轻弹即碎，这时水泥土基本上接近最佳含水量。水泥土拌和可用强制式混凝土搅拌机，搅拌时间不低于 1min。拌和好的水泥要及时用完，放置时间超过 2h 不宜使用。

（3）夯填成桩

桩孔夯填可用机械夯实也可用人工夯实。机械夯实时，夯锤质量宜大于 100kg，夯锤提升高度大于 900mm。人工夯锤一般为 25kg，提升高度不小于 900mm。桩孔填料前应清底并夯实，然后根据确定的分层回填厚度和夯实次数逐次填料夯实。当地基土含水量过大或者遇有砂层时，夯实的震动会引起塌孔，这时可用螺旋反压法进行压填。

（五）质量检验

（1）施工过程中，对夯实水泥土桩的成桩质量应及时进行抽样检验，抽样检验的数量不得少于总桩数的 2%。对于一般工程，可检验桩的干密度和施工记录。干密度的检验方法可在 24h 内采用取土样测定或采用轻型动力触探击数 N10 与现场试验确定的干密度

进行比较，以判断桩身质量。成桩 2h 内轻便动力触探的锤击数 N10 一般不小于 40 击。

（2）夯实水泥桩地基竣工验收时，承载力检验应采用单桩复合地基荷载试验。对重要或大型工程，尚应进行多桩复合地基荷载试验。

（3）夯实水泥土桩地基检验数量应为总桩数的 0.5% ~ 1%，且每个单体工程不应少于 3 点。

（4）当以相对变形确定行水水泥土桩复合地基的承载力特征值时，对以卵石、圆砾、密实粗中砂为主的地基可取荷载试验沉积比等于 0.008 所对应的压力，对以黏性土、粉土为主的地基可取荷载试验沉降比为 0.01 所对应的压力。

第二节 条形基础施工

一、施工准备

（一）作业条件

1. 由建设、监理、施工、勘察、设计单位进行地基验槽，完成验槽记录及地基验槽隐检手续，如遇地基处理，办理设计洽商，完成后由监理、设计、施工三方复验签认。

2. 完成基槽验线手续。

（二）材料要求

1. 水泥：根据设计要求选水泥品种、强度等级；若遇有侵蚀性介质，要按设计要求选择特种水泥；有产品合格证、出厂检验报告及快测试验报告。

2. 砂、石子：有进场复验报告，质量符合现行标准要求。

3. 水：采用饮用水。

4. 外加剂、掺合料：根据设计要求通过试验确定。

5. 预拌混凝土所用原材料须符合上述要求，必须具有出厂质量证明文件、检测报告、原材试验报告。

6. 钢筋要有产品合格证、出厂检验报告和进场复验报告。

（三）施工机具

搅拌机、磅秤、手推车或翻斗车、铁锹、振捣棒、刮杆、木抹子、胶皮手套、串桶或溜槽等。

二、操作工艺

（一）清理及垫层浇筑

地基验槽完成后，清除表层浮土及扰动土，不得积水，立即进行垫层混凝土施工，混凝土垫层必须振捣密实，表面平整，严禁晾晒基土。

（二）钢筋绑扎

垫层浇筑完成达到一定强度后，在其上弹线、支模、铺放钢筋网片。上下部垂直钢筋绑扎牢，将钢筋弯钩朝上，按轴线位置校核后用方木架成井字形，将插筋固定在基础外模板上；底部钢筋网片应用与混凝土保护层同厚度的水泥砂浆或塑料垫块垫塞，以保证位置正确，表面弹线进行钢筋绑扎，钢筋绑扎不允许漏扣，柱插筋除满足冲切要求外，应满足锚固长度的要求。当基础高度在 9mm 以内时，插筋伸至基础底部的钢筋网上，并在端部做成直弯钩；当基础高度较大时，位于柱子四角的插筋应伸到基础底部，其余的钢筋只需伸至锚固长度即可。插筋伸出基础部分长度应按柱的受力情况及钢筋规格确定。与底板筋连接的柱四角插筋必须与底板筋成 45° 绑扎，连接点处必须全部绑扎，距底板 5cm 处绑扎第一个箍筋，距基础顶 5cm 处绑扎最后一道箍筋，作为标高控制筋及定位筋，柱插筋最上部再绑扎一道定位筋，上下箍筋及定位箍筋绑扎完成后将柱插筋调整到位并用井字木架临时固定，然后绑扎剩余箍筋，保证柱插筋不变形走样，两道定位筋在打柱混凝土前必须进行更换。钢筋混凝土条型基础，在 T 字形与十字形交接处的钢筋沿一个主要受力方向通长放置。

（三）模板安装

钢筋绑扎及相关专业施工完成后立即进行模板安装，模板采用小钢模或木模，利用架子管或木方加固。锥形基础坡度＞30° 时，采用斜模板支护，利用螺栓与底板钢筋拉紧，防止上浮，模板上部设透气及振捣孔，坡度≤30° 时，利用钢丝网（间距 30cm），防止混凝土下坠，上口设井字木控制钢筋位置。

不得用重物冲击模板，不准在吊帮的模板上搭设脚手架，保证模板的牢固和严密。

（四）清理

清除模板内的木屑、泥土等杂物，木模浇水湿润，堵严板缝及孔洞，清除积水。

（五）混凝土搅拌

根据配合比及砂石含水率计算出每盘混凝土材料的用量。认真按配合比用量投料，严格控制用水量，搅拌均匀，搅拌时间不少于 90s。

（六）混凝土浇筑

浇筑现浇柱下条型基础时，注意柱子插筋位置的正确，防止造成位移和倾斜。在浇筑开始时，先满铺一层 5 ~ 10cm 厚的混凝土并捣实，使柱子插筋下段和钢筋网片的位置基本固定，然后对称浇筑。对于锥型基础，应注意保持锥体斜面坡度的正确，斜面部分的模板应随混凝土浇捣分段支设并顶压紧，以防模板上浮变形；边角处的混凝土必须捣实。严禁斜面部分不支模，用铁锹拍实。基础上部柱子后施工时，可在上部水平面留设施工缝。施工缝的处理应按设计要求或规范规定执行。条型基础根据高度分段分层连续浇筑，不留施工缝，各段各层间应相互衔接，每段长 2 ~ 3m，做到逐段逐层呈阶梯形推进。浇筑时先使混凝土充满模板内边角，然后浇注中间部分，以保证混凝土密实。分层下料，每层厚度为振动棒的有效振动长度。防止由于下料过厚，振捣不实或漏振、吊帮的根部砂浆涌出等原因造成蜂窝、麻面或孔洞。

（七）混凝土振捣

采用插入式振捣器，插入的间距不大于振捣器作用部分长度的 1.25 倍。上层振捣棒下层 3 ~ 5cm。尽量避免碰撞预埋件、预埋螺栓，防止预埋件移位。

（八）混凝土找平

混凝土浇筑后，表面比较大的混凝土，使用平板振捣器振一遍，然后用木杆刮平，再用木抹子搓平。收面前必须校核混凝土表面标高，不符合要求处立即整改。

（九）混凝土浇筑

浇筑混凝土时，经常观察模板、支架、螺栓、预留孔洞和管有无走动情况，一经发现有变形、走动或位移时，立即停止浇筑，并及时修整和加固模板，然后再继续浇筑。

（十）混凝土养护

已浇筑完的混凝土，常温下，应在 12h 左右覆盖和浇水。一般常温养护不得少于 7d，特种混凝土养护不得少于 14d。养护设专人检查落实，防止由于养护不及时而造成混凝土表面裂缝。

（十一）模板拆除

侧面模板在混凝土强度能保证其棱角不因拆模板而受损坏时方可拆模，拆模前设专人检查混凝土强度，拆除时采用撬棍从一侧顺序拆除，不得采用大锤砸或撬棍乱撬，以免造成混凝土棱角破坏。

第三节　桩基础施工

一、大型设备基础施工

（一）施工工序

大型设备基础是土建工程施工的核心部分，也是土建工程最早开工的部分，主要集中在反应器、塔楼下基础，以桩基施工为前道重点工序，以联合基础钢筋砼施工为关键工序组织施工，确保大型设备吊装按期进行。主要包括以下施工阶段和程序：

桩基试验 → 桩基施工 → 桩基检验 → 测量放线 → 土方施工 →

复测　　检查

砼垫层破桩头 → 模板、预埋螺栓、钢筋施工 →

放线　　验收

砼浇注 → 砼养护 → 局部小型基础施工

（二）施工方法：

1. 泥浆护壁灌注桩施工

泥浆护壁成孔灌注桩

钻孔机就位 → 钻孔 → 注泥浆 → 下套管 → 继续钻孔 → 排渣 →

清孔 → 吊放钢筋笼 → 射水清底 → 插入砼导管 → 浇筑砼 →

拔出导管 → 插桩顶钢筋

（1）钻孔机就位：钻孔机就位时，必须保持平稳，不发生倾斜、位移，为准确控制钻孔深度，应在机架上或机管上做出控制的标尺，以便在施工中进行观测、记录。

（2）钻孔及注泥浆：调直机架挺杆，对好桩位（用对位圈），开动机器钻进，出土，达到一定深度，（视土质和地下水情况）停钻，孔内注入事先调制好的泥浆，然后继续进钻。

（3）下套管：钻孔深度到 5m 左右时，提钻下套管。套管内径应大于钻头 100mm。套管位置应埋设正确和稳定，套管与孔壁之间应用黏土填实，套管中心与桩孔中心线偏差不大于 50mm。套管埋设深度：在黏性土中不宜小于 lm，在砂土中不宜小于 1.5m，并应保持孔内泥浆面高出地下水位 lm 以上。

（4）继续钻孔：防止表层土受震动坍塌，钻孔时不要让泥浆水位下降。施工中应经常测定泥浆相对密度。

（5）孔底清理及排渣：根据不同的土质，应控制泥浆的相对密度。

（6）吊放钢筋笼：钢筋笼放前应绑好砂浆垫块；吊放时要对准孔位，吊直扶稳，缓慢下沉，钢筋笼放到设计位置时，应立即固定，防止上浮。

（7）射水清底：在钢筋笼内插入砼导管（管内有射水装置），通过软管与高压泵连接，开动泵水即射出。射水后孔底的沉渣即悬浮于泥浆之中。

（8）浇注砼：停止射水后，应立即浇筑混凝土，随着混凝土不断增高，孔内沉渣将浮在混凝土上面，并同泥浆一同排回贮浆槽内。水下浇筑混凝土应连续施工；导管底端应始终埋入混凝土中 0.8 ~ 1.3m，导管的第一节底管长度应≥ 4m。

（9）砼的配制：配合比应根据试验确定，在选择施工配合比时，砼的试配强度应比设计强度提高 10% ~ 15%。砼要有良好的和易性，在规定的浇筑期间内，坍落度应为 16 ~ 22cm；在浇筑初期，为使导管下端形成混凝土堆，坍落度宜为 14 ~ 16cm。

（10）拔出导管：混凝土浇筑到桩顶时，应及时拔出导管。但混凝土的上顶标高一定要符合设计要求。

（11）插桩顶钢筋：桩顶上的插筋一定要保持垂直插入，有足够锚固长度和保护层，防止插偏和插斜。

2. 豫制桩打桩施工

预制桩打桩

定位放线 → 就位桩机 → 起吊预制桩 → 稳桩 → 打桩 → 接桩 → 送桩→ 中间检查验收 → 移桩机至下一个桩位

（1）就位桩机：搭桩机就位时，应对准桩位，保证垂直稳定，在施工中不发生倾斜、移动。

（2）起吊预制桩：先拴好吊桩用的钢丝绳和索具，然后应用索具捆住桩上端吊环附近处，一般不宜超过 30cm，再起动机器起吊预制桩，使桩尖垂直对准柱位中心，缓缓放下插入土中，位置要准确；再在桩顶扣好柱帽或桩箍，即可除去索具。

（3）稳桩：桩尖插入桩位后，先用较小的落距冷锤 1 ~ 2 次，桩入土一定深度，再使桩垂直稳定。10m 以内短柱可目测或用线坠双向校正；10m 以上或打接桩必须用线坠或经纬仪双向校正，不得用目测。桩插入时垂直度偏差不得超过 0.5%。桩在打入前，应在桩的侧面或桩架上设置标尺，以便在施工中观测、记录。

（4）打桩：用落锤或单动锤打桩时，锤的最大落距不宜超过 1.0m；用柴油锤打桩时，应使锤跳动正常。

打桩宜重锤低击，锤重的选择应根据工程地质条件、桩的类型、结构、密集程度及施工条件来选用。

打桩顺序根据基础的设计标高，先深后浅；依桩的规格宜先大后小，先长后短。由于桩的密集程度不同，可自中间向两个方向对称进行或向四周进行；也可由一侧向单一方向进行。

（5）接桩

在桩长不够的情况下，采用焊接接桩，其预制桩表面上的预埋件应清洁，上下节之间的间隙应用铁片垫实焊牢；焊接时，应采取措施，减少焊缝变形；焊缝应连续焊满。

接桩时，一般在距地面 1m 左右时进行。上下节桩的中心线偏差不得大于 10mm，节点折曲矢高不得大于 1% 桩长。

接桩处入土前，应对外露铁件，再次补刷防腐漆。

（6）送桩：设计要求送桩时，则送桩的中心线应与桩身吻合一致，才能进行送桩。若桩顶不平，可用麻袋或厚纸垫平。送桩留下的桩孔应立即回填密实。

（7）检查验收：每根桩打到贯入度要求，桩尖标高进入持力层，接近设计标高时，或打至设计标高时，应进行中间验收。在控制时，一般要求最后三次十锤的平均贯入度，不大于规定的数值，或以桩尖打至设计标高来控制，符合设计要求后，填好施工记录。如发现桩位与要求相差较大时，应会同有关单位研究处理。然后移桩机到新桩位。

3. 承台基础施工

（1）采取机械挖土，人工清理施工基坑及边坡，机械挖土深度控制在设计坑底标高 +200mm 处，边坡由人工铲齐，拍实形成 1 ： 1 放坡系数止。基坑内四周设 300 × 500 排水沟，对角设两个 1000 × 1000 × 500 排水沟。土方开坑后直到浇注砼前，必须保证坑内无积水。

（2）先浇注砼垫层，再破桩头，破桩头前对桩进行大小应变检测。垫层砼达到 30% 强度后对基础进行放线，包括基础上螺栓位置均清楚地进行标识，并由不同的测量人员进行复检，确保基础轴线位置准确，预埋螺栓数量、位置正确。

（3）承台基础钢筋采用机械连接，即采用等强镦粗直螺栓连接。钢筋现场集中预制完后运至基坑内进行安装、接头。同时安装基础上螺栓，承台上下网片采用 Φ20 钢筋马凳支撑。

（4）承台周围模板采用定型钢模板支设，四周采用双排脚手架牢固固定。螺栓采用定型钢板螺栓架，螺栓底脚与砼垫层上预埋铁件用钢性连件焊接，钢板螺栓架与相邻螺栓架钢性焊接连接，保证相对尺寸准确。

（5）采用低热矿渣水泥搅拌砼，施工现场设立移动式砼搅拌站；全自动搅拌计量系统供应砼，砼罐车运输，泵车浇注砼，砼施工前进行试配，由试验室发出配合比搅拌通知单。

（6）砼浇注从一侧分层推进，每层厚度保证振捣棒能够振捣到位，一般不超过 600mm 厚，现场制作试块，砼终凝前对所有螺栓进行复测，及时纠正施工误差。

（7）大体积砼采取先散热后保温养护的方法，保证砼内外温差不大于 25° C 为宜。砼内部采用电子测温仪进行测温，砼表面采取蓄水双层保温养护。

（8）大体积砼浇注前，必须进行水化热检复，采取专项施工技术措施。砼入模温度控制在最小范围内。

（三）质量控制要求

（1）采取测量复检两班分别进行，互相监督，增加轴线标高，坐标点的复测次数。在保证测量仪器完好的前提下，测量放线和复测工作必须是两班不同人员操作。

（2）基坑边坡必须拍打压实，修理规范，坑边上檐设 200×300 寺堰，防止雨水灌入坑内。

（3）预埋螺栓的精度是施工的关键。必须保证螺栓钢性连接加固可靠，浇注砼时不位移。

（4）采取降低砼入模温度和砼内部水化热，加强砼表面蓄水保温养护，是保证砼施工质量的关键。

（5）砼终凝前必须对所有预埋螺栓进行复检。砼浇注完毕后，养护期内对其尺寸误差复测完毕后，要保护好螺栓头抹黄油，用牛皮纸包扎好。

（6）回填土必须分层回填、夯实，先将最佳含水率保证回填土的最大密实度为原则。

（7）设备安装前向安装单位提交承台施工有关资料，包括螺栓的误差记录等。

二、压缩机厂房施工

（一）施工工序

压缩机厂房主要包括桩基础施工、杯口基础及地梁施工、柱子吊装、吊车梁、屋面板吊装、围护结构，以及室内设备基础施工等，施工工序如下：

测量放线 → 打桩 → 挖土 →

砼杯口基础施工，室内设备基础施工 → 柱子吊装、剪刀撑连接 →

吊车梁、连系梁安装 → 屋面板吊装　　围护结构砌筑 →

设备吊装 → 封山墙

（二）施工方法

1. 桩基础施工同上内容。

2. 测量放线后及时进行复测，采取 1 ：1 放坡，机械沿轴线整体挖土，人工清理槽底及边坡，土方运至甲方指定地点，预留部分可利用的回填土，堆放在基坑两侧。

3. 杯口基础采用定型组合钢模板一次组装成型，用脚手架钢管加固。杯口采用木模封底，斗形悬模形成杯口，待砼浇注完终凝后，拨出悬模。杯口底标高低于设计标高 30mm 左右为宜。厂房内深基础同时施工，设备基础螺栓采用钢板螺栓架可靠固定。

4. 砼搅拌、浇注。钢筋现场集中预制，杯口钢筋预制深度不小于 70%。

5. 预制柱采用现场预制，水泥砂浆铺底，双层重叠预制法，待基础施工完毕，土方回填场地平整后进行预制，预制桩采用早强砼浇注，保证七天内能够起吊。

6. 根据压缩机厂房柱子的重量选择一台 100 吨汽车吊进行柱子吊装，吊装前在杯口基础上弹出柱子轴线，同时在柱子上弹出中心线，沿轴基础轴线从一侧到另一侧进行吊装。柱子用夹板绑扎，吊起插入杯口后，用铁楔子、两台经纬仪，四台千斤顶对位校正。采用灌浆料二次灌浆法固定柱。一次灌浆至楔底，待灌浆料强度达到 75% 时，拨出楔子进行二次灌浆，二次灌浆至杯口，并洒水养护。

7. 柱间支撑在柱子固定后及时进行施工，吊车梁、天沟板、屋面板在厂外砼构件厂内进行预制，现场吊装。采用 80 吨汽车吊进行吊装。

8. 厂房围护结构及时限进施工，注意在山墙处留出压缩机运输通道，待压缩机安装后进行封墙。电气、给排水管道配合土建施工。

（三）质量控制要求

1. 严格进行测量复测工作。保证每个环节的复测及时，并及时处理存在误差。

2. 现场预制构件台面平整牢靠。保证构件的外观质量达到规范要求标准。

3. 构件吊装必须待砼强度达到 100% 设计强度方可吊装。柱子牛腿标高是其控制重点，只能是负误差，不可超出标高。

4. 围护结构与柱子可靠连接。采用柱预留钢筋法连接，保证结构的整体性。

5. 厂房内设备基础螺栓固定。

三、管廊及管廊下设备基础、预留设备基础施工

（一）施工工序

在保证装置区内土建施工及大型设备吊装施工基本完成后，再进行管廊土建施工。所有管廊基础及设备基础遵循先深后浅，先内后外的施工顺序，一切为设备安装创造条件，路口及管架基础预留后施工。管廊下设备基础后施工。

测量放线 ——→ 土方施工 ——→ 基础施工 ——→ 土方回填 ——→
管架安装、设备基础施工 ——→ 土方回填 ——→ 管线施工 ——→

（二）主要施工方法

1. 进行核实后，对设备安装无影响的前提下，进行管廊土建施工、测量放线、土方开挖，待土方回填完毕后进行管架安装。

2. 钢筋现场集中预制，砼采用现场集中搅拌供应。

3. 砼管架及钢结构采取厂外构件厂集中预制运往现场汽车吊安装，采用早强灌浆料进

行柱角杯口灌浆。管架柱梁吊装前，基础土方回填完毕。

（三）质量控制要求

1. 轴线测量采取测量和复测两班人马“双控”，保证轴线位置准确。

2. 加强砼、钢柱的预制质量，严格实行进厂验收制度，预制构件外观良好，质量保证资料齐全、可靠。

3. 预制砼梁柱强度达到 100% 后方可运输安装。

4. 梁、柱焊接点必须满焊，梁顶标高符合管线安装要求，所有焊点及预埋铁件必须经过防腐处理。

第三章　砌体工程

第一节　砌体材料

一、烧结多孔砖与空心砖

在以往的实际工作和文献中，多孔砖和空心砖常被混淆，如我国第一个多孔砖的标准《承重黏土空心砖》（JC 196—75）。而按照 GB/T 18968—2003《墙体材料术语》的规定，多孔砖（Perforated brick）是指孔洞率大于或等于 25%，孔的尺寸小而数量多的砖，常用于承重部位。空心砖（Hollow brick）是指空洞率等于或大于 40%，孔的尺寸大而数量少的砖，常用于非承重部位。

现行标准 GB 13544—2000《烧结多孔砖》规定：以黏土、页岩、煤矸石、粉煤灰为主要原材料经焙烧而成，分为黏土多孔砖（N）、页岩多孔砖（Y）、煤矸石多孔砖（M）和粉煤灰多孔砖（F）。该标准对多孔砖的规格规定为：到空转的外形为直角六面体，其长度、宽度、高度尺寸应符合下列要求：290mm，240mm，190mm，180mm，175mm，140mm，115mm，90mm。对多孔砖孔洞尺寸规定为：圆孔直径≦ 22mm，非圆孔内切圆直径≦ 15mm，手抓孔直径：（30 ~ 40）×（75 ~ 85）mm。同时，出于对提高多孔砖保温隔热性能的考虑，规定孔形为矩形条孔或矩形孔者才为优等品和一等品，圆形孔只能是合格品。

江苏地区常用的烧结多孔砖主要有：KP1.KM1. 页岩模数砖。

KP1 砖于 1963 年研制成功，其主砖规格为：240mm × 115mm × 90mm，配砖规格一般为：175mm × 115mm × 90mm，配砖约占总产量的 12.5%。空洞率在 25% ~ 31 不等，孔形有：矩形、圆形不等，密度在 1003kg/ ~ 1350kg/ 不等。由于其规格特点，易与标准砖配合使用而不用专用配砖，故使用广泛。KP2 砖规格为 240mm × 180mm × 115mm，不常用。

KM 砖即为模数多孔砖，20 世纪 60 年代由南京首先推出。当时采用 190mm × 190mm × 90mm 的主规格和 190mm × 90mm × 90mm 的配砖作为承重墙，修建南京火车站建筑群，包括候车大厅、站台建筑、旅馆、饭店、邮局、住宅等。1975 年在部颁标准 JC196—75《承重黏土空心砖》中，把 190mm × 190mm × 90mm 多孔砖定名为

KM1（承重空心模数砖一号），后来有 K ㎡（190mm×90mm×90mm）型。该类砖孔洞率 18% ~ 35% 不等，孔形有矩形、棱形、圆形等。由于其规格尺寸，不能与标准砖配合使用，需用专用配砖。

页岩模数砖是以页岩、尾矿为主要原材料经焙烧而成的多孔砖，其主规格为：190mm×240mm×90mm，190 mm×290mm×90mm。 配 砖：140mm×240mm×90mm，90mm×240mm×90mm，90mm×290mm×90mm。孔洞为 11 或 13 矩形孔，孔洞率约 36%，密度约 1200kg/。其热阻大，保温性能好于 KP 砖。

二、水泥标准砖

该砖以水泥为胶凝材料，以砂、碎石或卵石等普通集料为主要原料，经原料制备，加压或振动加压、养护而制成，是免烧砖，其外形规格普通黏土实心砖相同。水泥砖的一个缺点是与抹面砂浆结合不如红砖，容易在墙面产生裂缝，影响美观。施工时应充分喷水，要求较高的别墅类可考虑满墙挂钢丝网，可以有效防止裂缝。同时，由于水泥砖未经焙烧，所以受潮、遇水后存在酥化，且变形收缩大。

三、加气砼砌块

加气砼砌块是以硅、钙为原材料，以铝粉（膏）为发气剂，经过蒸压养护而制成的多孔实心混凝土砌块

该砌块具有质轻、保温、防火、可锯能刨、加工方便等优点。目前我国主要生产两个品种的加气混凝土制品，即硅质材料为粉煤灰的灰加气砌块和硅质材料为石英砂（或尾矿）的砂加气砌块。常用的规格为：600×240×150mm，密度从 300kg/ 至 850kg/ 不等。由于其具有干密度低、热导率小的特点，故可实现墙体（或屋面及其他部位）的保温。以往常用的是灰加气砼砌块，采用普通砂浆砌筑（湿法施工）。由于砌块之间的接触面大，为保证砂浆密实度，故以往的规范规定水平灰缝 15mm、垂直灰缝 20mm。而国家标准 JGJ/T17–2008《蒸压加气混凝土建筑应用技术规程》（自 2009 年 5 月 1 日起执行）则规定，水平缝、垂直缝的厚度均不宜大于 15mm，同时说明对于灰缝的宽度，取决于砌块尺寸的精确度，精确砌块（用专用砂浆）可控制在小于等于 3mm。灰缝厚度的规定是参照砖石结构规范和砌块尺寸的特点而拟定的，灰缝太大，易在灰缝处产生热桥，且影响砌体强度。近年来，出现的砂加气砼砌块尺寸精度上得到保证，故采用专用砂浆砌筑，灰缝较薄，仅 3 ~ 4mm，节点部位采用特制的 L 形铁件连接（干法施工）。

四、材料的造价比较

以上几种砌体材料，作为墙体用材应用较广，以下通过套用 2004 年江苏省计价表的相关子目（定额），对其造价做一分析。为便于比较，主材价格统一采用 2011 年 2 月的

南京建材指导价格，人工及其他费用标准按 2011 年 3 月底以前的标准执行。下表 3–1–1 为各种种类砌体材料价格比较：

表 3–1–2

材料名称	规格尺寸（mm）	单位价格（元/块）	每立方米单价（元/）	价格百分比比较
普通黏土砖	240 × 115 × 53	0.3413	233.32	116
KP1 砖	240 × 115 × 90	0.5	201.29	100
KM1	190 × 190 × 90	0.6	184.67	92
页岩模数砖	190 × 240 × 90	1.4136	344.44	171
水泥砖	240 × 115 × 53	0.4	273.45	136
（灰）加气砼砌块	600 × 240 × 150	4.65	215.28	107

以上可以看出，KM1.KP1 价格最低，而页岩模数砖单位价格最高，与其他材料相比高出了近 70% 左右。下表 3–1–2 为套用江苏省计价表后各种材料砌体（墙体）的工程造价，此造价包含了措施费、各项规费等一切费用。

表 3–1–2

材料名称	单块体积（ ）	单块体积百分比比较	每墙体造价（元/）	造价百分比比较	每墙体造价（预拌砂浆）（元/）	造价上升幅度（%）	造价百分比比较
普通黏土砖	0.00146	59	379.88	110	472.76	25%	113
KP1 砖	0.00248	100	344.2	100	417.33	21%	100
KM1 砖	0.00325	131	309.34	90	365.11	18%	88
页岩模数砖	0.0041	165	467.37	136	523.52	12%	126
水泥砖	0.00146	59	415.19	121	508.07	22%	122
加气砼砌块	0.0216	871	340.74	99	364.91	7%	88
砂加气砼砌块	0.03	1210	462.91	135	/	/	/

注：砂加气砼砌块选用规格为：600 × 250 × 200，单价为：286 元/。

从上表可以看出，墙体造价和表 3–1–1 稍有不同，首先页岩模数砖墙的造价高出幅度减少至 36%，其次加气砼砌块墙造价基本与 KP1 砖墙相同。而砂加气砼砌块采用干法施工，增加了专用连接铁件及专用黏结砂浆，同时，砂加气砼砌块材料单位达到 286 元 /，远高于普通灰加气砼砌块（215.28 元 /），因此造价较高，接近页岩模数砖墙体造价。

使用预拌砂浆（干拌散装）后，各类砌体材料的墙体造价均有 7% ~ 25% 幅度不等的上升。由于砂浆在普通黏土砖墙、水泥砖墙中所占比例较大（砌块个体体积越小，砌筑灰缝数量则越多），所以上升幅度达到 20% 以上。

再考虑到砌体体积占建筑物建筑面积得百分比，别墅、多层住宅等砖混结构建筑砌体占百分比高一些，可以达到 0.3 ~ 0.4/ ㎡。而小高层、高层等框架结构建筑砌体百分比则小一些，有的甚至只有前者的十分之一。为便于比较，按 0.3/ ㎡考虑：

表 3–1–3

材料名称	每墙体造价（元 /）	每m^2建筑面积砌体造价（元 / ㎡）	每墙体造价（预拌砂浆）（元 /）	每m^2建筑面积砌体造价（元 / ㎡）
普通黏土砖	379.88	114	472.76	142
KP1 砖	344.2	103	417.33	125
KM1	309.34	93	365.11	110
页岩模数砖	467.37	140	523.52	157
水泥砖	415.19	125	508.07	154
加气砼砌块	340.74	102	364.91	110
砂加气砼砌块	462.91	139	/	/

以上的比较仅就砌体本身而言，若考虑到节能、保温、环保等要求，则墙体外侧尚需进行额外的处理如增加保温板等措施。这些措施也自然会增加造价，如何选用砌体材料还是要根据实际情况综合比选。同时，近年来随着“禁实限粘”规定的深入和免烧砖的推广，也开始有学者、专家意识到非烧结砖存在的一些弱点或先天缺陷，如“吸水性差，粉糊空鼓，蠕动变形导致墙体裂缝，容重大热阻小、传热系数大不节能，室内无舒适感，且砌体内富含水泥释放出的氡和防电磁性能不好，对健康不利”“（水泥制品）可回收利用性差”“资源消耗高”等。这些问题还都需要在实际工作中去总结和探索。

第二节　砌体施工工艺

一、施工准备

1. 材料

（1）砖：防火隔墙和防火墙采用强度等级不低于 A5.0 蒸压加气混凝土砌块，砌筑砂浆采用强度等级不低于 Ma5.0; 厕所、盥洗间、消防泵房、废水泵房、电缆引入室、电缆井道、污水泵房、强弱电房的墙体、墙壁挂重物的房间墙体及公共区的隔墙采用强度等级不低于 MU15 蒸压灰砂砖，墙体砌筑砂浆采用强度等级不低于 M10。

（2）混凝土：圈、过梁、构造柱、地梁采用 C25 商品混凝土。

（3）钢筋：圈、过梁、构造柱、拉结筋采用 HPB300 级、HRB400 级钢筋。

2. 作业条件：

（1）地梁浇筑和格构柱钢筋已经施工完毕；

（2）砌体砌筑前应调配砂浆，蒸压灰砂砖砌体砂浆的黏稠度 50 ~ 70mm，蒸压加气混凝土砌块砌体砂浆的黏稠度 60 ~ 80mm；

（3）蒸压灰砂砖在砌筑前 1 ~ 2 天应浇水湿润，湿润后蒸压灰砂砖含水率宜为 40% ~ 50%。严禁采用干砖或处于吸水饱和状态的砖砌筑。

（4）蒸压加气混凝土砌块在砌筑当天对砌块砌筑面喷水湿润，蒸压加气混凝土砌块的相对含水率 40% ~ 50%。

（5）砌体施工应弹好建筑物的主要轴线及砌体的砌筑控制边线，经技术部门进行技术复线，检查合格，方可施工。

（6）砌体施工：应设置皮数杆，并根据设计要求，砖块规格和灰缝厚度在皮数杆上标明皮数及竖向构造的变化部位；

（7）根据皮数杆最下面一层砖的标高，可用拉线或水准仪进行抄平检查，如砌筑第一皮砖的水平灰缝厚度超过 20mm 时，应先用细石混凝土找平，严禁在砌筑砂浆中掺填砖碎或用砂浆找平，更不允许采用两侧砌砖、中间填心找平的方法。

二、工艺流程

弹线→找平→立皮数杆→排砖→盘角→挂线→砌筑及放预埋件→勾缝。

三、操作工艺

1. 拌制砂浆

（1）根据图纸要求购买专用干粉砂浆，人工加水拌和。

（2）砂浆应随拌随用，水泥砂浆和水泥混合砂浆必须分别在拌成后 3h 和 4h 内使用完毕。

2. 组砌方法

（1）砖墙厚度在一砖或一砖以上，可采用一顺一丁、梅花丁或三顺一丁的砌法。砖墙厚度 3/4 砖时，采用两平一侧的砌法。砖墙厚度 1/2 砖或 1/4 砖时，采用全顺砌法。

（2）砖墙（砖砌体）砌筑应上下错缝，内外搭砌，灰缝平直，砂浆饱满，水平灰缝厚度和竖向灰缝宽度一般为 10mm，但不应小于 8mm，也不应大于 12mm。

（3）砖墙的转角处和交接处应同时砌筑，对不能同时砌筑而又必须留置的临时间断处应砌成斜槎，实心砖墙的斜槎长度不应小于高度的 2/3。如临时间断处留斜槎确有困难时，除转角处外，也可留直槎，但必须做成阳槎，并加设拉结筋，拉结筋的数量按每 12cm 墙厚放置一条直径 6mm 的钢筋，间距沿墙高不得超过 50cm，埋入长度为墙体通长，末端应有 90° 弯钩。

注：抗震设防地区建筑物的临时间断处不得留直槎。

（4）隔墙和填充墙的顶面与上部结构接触处宜用侧砖或立砖斜砌挤紧。

3. 基础地梁

基础墙砌筑前，基层表面应清扫干净，洒水湿润。立模板浇筑 C25 素砼，混凝土面要高出装修面 100mm。

4. 砖墙砌筑

（1）选砖：砌清水墙应选择棱角整齐、无弯曲裂纹、颜色均匀、规格基本一致的砖。对于那些焙烧过火变色，轻微变形及棱角碰损不大的砖，则应用于不影响外观的内墙或混水墙上。

（2）盘角：砌墙前应先盘角，每次盘角砌筑的砖墙角度不要超过五皮，并应及时进行吊靠，如发现偏差及时修整。盘角时要仔细对照皮数杆的砖层和标高，控制好灰缝大小使水平灰缝均匀一致。每次盘角砌筑后应检查，平整和垂直完全符合要求后才可以挂线砌墙。

（3）挂线：砌筑一砖厚及以下者，采用单面挂线；砌筑一砖半厚及以上者，必须双面挂线。如果长墙几个人同时砌筑共用一条通线，中间应设几个支线点；小线要拉紧平直，每皮砖都要拉线看平，使水平缝均匀一致，平直通顺。

（4）砌砖：砌砖宜采用挤浆法，或者采用三一砌砖法。原形一砌砖法的操作要领是一铲灰、一块砖、一挤揉，并随手将挤出的砂浆刮去。操作时砖块要放平、跟线，经常进行自检，如发现有偏差，应随时纠正，严禁事后采用撞砖纠正。砌混水墙应随砌随将溢出砖墙面的灰迹块刮除。

（5）构造柱做法：凡设有钢筋混凝土构造柱的混合结构，在预放墙身轴线及边线时同时按设计图纸施放好柱的平面尺寸，到砌筑时把构造柱的竖钢筋处理顺直，砖墙与构造柱联结处砌成马牙槎；每一马槎沿高度方向的尺寸不宜超过 300mm。砖墙与构造柱之间应沿墙高每 500mm 设置 2ф6 水平拉接钢筋联结。

（6）过梁：

钢筋砖过梁：砌筑时所配置的钢筋数量、直径应按设计图纸规定，每端伸入支座的长度不得少于 240mm，端部并有 90° 弯钩埋入墙的竖缝内。

5. 砌块墙的砌筑

（1）砌筑

砌块墙体的砌筑，应从外墙的四角和内外墙的交接处砌起，然后通线全墙面铺开。砌筑时应采用满铺满坐的砌法，满铺砂浆层每边宜缩进砖边 10 ~ 15mm（避免砌块坐压砂浆流溢出墙面），用摩擦式夹具吊砌块依照立面排列图就位。待砌块就位平衡并松开夹具后好用垂球或托线板调整其垂直度，用拉线的方法检查其水平度。校正时可用人力轻微推动或用撬杠轻轻撬动砌块。重量在 150kg 以下的砌块可用木槌敲击偏高处，切锯砌块（采用专用工具）补缺工作与安装坐砌紧密配合进行。竖向灰缝可用上浆法或加浆法填塞饱满，随后即通线砌筑墙体的中间部分。

（2）砌块与实心墙柱相接

砌块与实心墙柱相接位置，应按设计图纸规定处理。如设计没规定时，可预留 2ф6 钢筋作拉结筋，拉结筋沿墙高的间距为 500mm，两端伸入墙（柱）内各不少于 15d。铺浆时将钢筋理直铺平。

（3）砌块墙的加固措施

墙体的加固措施，应按设计图说明进行处理，若设计无明确规定时，当墙体高度大于 4m 时，宜在墙体半高处设置与柱连接且沿墙全长贯通的现浇钢筋混凝土水平系梁，梁截面高度不小于 60mm。构造柱和圈梁应在砌墙后才进行浇注，以加强墙体的整体稳定性。

（4）门窗过梁的构造

填充墙门窗洞口（洞宽≧ 300mm 时）顶部应设置钢筋混凝土过梁；洞宽 <300mm 时，在洞顶设 3Φ8 钢筋，钢筋长度为 800mm。

当洞口上方有梁通过，且该梁底与门窗洞顶的距离过近、放不下过梁时，可直接在梁下挂板。

当过梁遇柱其搁置长度不满足要求时，柱应预留过梁钢筋。

（5）门窗构造要求

当设备洞口宽度大于 0.5m 时，洞边应设抱框；当门窗洞口宽度大于等于 2.1m 时，洞边应设构造柱。

外墙窗洞下部做法图纸未明确时，可设水平现浇带，截面尺寸为墙厚 *60mm，纵筋 2 根 2 级 12 的螺纹钢，横向钢筋直径 6 的圆钢间距 300mm，纵筋应锚入两侧构造柱或与抱框可靠拉结。

（6）砌块墙顶支承预制构件的处理

砌块墙顶需承托预制构件梁、檩条、楼板等时，其上砌筑的灰砂砖墙皮数高度除按设计规定外，顶上的一皮砖应用丁砖砌筑。

（7）当填充墙墙肢长度小于 240mm 无法砌筑时，可采用 C20 混凝土浇筑。

四、质量标准

1. 主控项目：

（1）蒸压灰砂砖和蒸压加气混凝土砌体的强度等级必须符合设计要求。

（2）施工中砌筑的砂浆必须采用 Ma5.0 和 M10。

2. 砖砌体工程一般项目：

（1）砖砌体组砌方法应正确，内外搭砌，上、下错缝。清水墙、窗间墙无通缝；混水墙中不得有长度大于 300mm 的通缝，长度 200mm ~ 300mm 的通缝每间不超过 3 处，且不得位于同一面墙体上。砖柱不得采用包心砌法。

（2）砖砌体的灰缝应横平竖直，厚薄均匀。水平灰缝厚度及竖向灰缝宽度宜为 10mm，但不应小于 8mm，也不应大于 12mm。

（3）砖砌体尺寸、位置的允许偏差及检验应符合下表的规定：

表 3–1–4　砖砌体尺寸、位置的允许偏差及检验

<table>
<tr><th>项</th><th colspan="3">项目</th><th>允许偏差（mm）</th><th>检验方法</th><th>抽检数量</th></tr>
<tr><td>1</td><td colspan="3">轴线位移</td><td>10</td><td>用经纬仪和尺或用其他测量仪器检查</td><td>承重墙、柱全数检查</td></tr>
<tr><td>2</td><td colspan="3">基础、墙、柱顶面标高</td><td>± 15</td><td>用水准仪和尺检查</td><td>不应小于 5 处</td></tr>
<tr><td rowspan="3">3</td><td rowspan="3">墙面垂直度</td><td colspan="2">每层</td><td>5</td><td>用 2m 托线板检查</td><td>不应小于 5 处</td></tr>
<tr><td rowspan="2">全高</td><td>10m</td><td>10</td><td rowspan="2">用经纬仪、吊线和尺或其他测量仪器检查</td><td rowspan="2">外墙全部阳角</td></tr>
<tr><td>10m</td><td>20</td></tr>
</table>

续表

项	项目		允许偏差（mm）	检验方法	抽检数量
4	表面平整度	清水墙、柱	5	用 2m 靠尺和楔形塞尺检查	不应小于 5 处
		混水墙、柱	8		
5	水平灰缝平直度	清水墙	7	拉 5m 线和尺检查	不应小于 5 处
		混水墙	10		
6	门窗洞口高、宽（后塞口）		± 10	用尺检查	不应小于 5 处
7	外墙下下窗口偏移		20	以底层窗口为准，用经纬仪或吊线检查	不应小于 5 处
8	清水墙游丁走缝		20	以每层第一皮砖为准，用吊线和尺检查	不应小于 5 处

3. 混凝土砌体工程一般项目

（1）填充墙砌体尺寸、位置的允许偏差及检验方法应符合下表的规定。

表 3–1–5　填充墙砌体尺寸、位置的允许偏差及检验方法

序	项目		允许偏差（mm）	检验方法
1	轴线位移		10	用尺检查
2	垂直度（每层）	≤ 3m	5	用 2m 托线板或吊线、尺检查
		＞ 3m	10	
3	表面平整度		8	用 2m 靠尺和楔形尺检查
4	门窗洞口高、宽（后塞口）		± 10	用尺检查
5	外墙上、下窗口偏移		20	用经纬仪或吊线检查

（2）填充墙砌体的砂浆饱满度及检验方法应符合下表的规定。

表 3–1–6　填充墙砌体的砂浆饱满度及检验方法

砌体分类	灰缝	饱满度及要求	检验方法
空心砖砌体	水平	≥ 80%	采用百格网检查块体底面或侧面砂浆的黏结痕迹面积
	垂直	填满砂浆、不得有透明缝、瞎缝、假缝	
蒸压加气混凝土砌块、轻骨料混凝土小型空心砌块砌体	水平	≥ 80%	
	垂直	≥ 80%	

（3）填充墙留置的拉结钢筋或网片的位置应与块体皮数相符合。拉结钢筋或网片应置于灰缝中，埋置长度应符合设计要求，竖向位置偏差不应超过一皮高度。

（4）砌筑填充墙时应错缝搭砌，蒸压加气混凝土砌块搭砌长度不应小于砌块长度的1/3；轻骨料混凝土小型空心砌块搭砌长度不应小于 90mm；竖向通缝不应大于 2 皮。

（5）填充墙的水平灰缝厚度和竖向灰缝宽度应正确。蒸压加气混凝土砌块砌体当采用水泥砂浆、水泥混合砂浆或蒸压加气混凝土砌块砌筑砂浆时，水平灰缝厚度及竖向灰缝宽度不应超过 15mm。

五、施工注意事项

1. 砌体施工质量控制按照《砌体结构工程施工质量验收规范》（GB50203-2011）等级要求为 B 级。

2. 设备管道安装完毕后按照《建筑防火封堵应用技术规程》CECS154：2003 对防火墙上的孔洞空隙进行封堵。

3. 施工时如遇到需要增设非标准断面构造柱的特殊情况，请及时与设计院联系。

4. 大型设备运输通道内的墙体可先预留构造柱插筋，待设备就位后施工。构造柱遇设备孔洞时截断，孔洞上下的构造柱纵筋锚入抱框。

5. 小系统通风机房、厕所、消防泵房、污水泵房、废水泵房等有水房间，楼面做2mm 厚单组份聚氨酯防水涂膜，室内洞口周围做 C25 混凝土防水挡台，高出建筑面层200mm；消防泵房应设排水沟，有水房间应从门口向地沟或地漏方向找不小于 0.5% 的坡，地面应比门口底 20mm。

6. 厕所墙面做 15mm 厚聚合物水泥基复合防水涂料防水层。

7. 与变电所、配电室、通信和信号机房等重要设备用房紧邻的污水、废水泵房、消防泵房和卫生间等潮湿房间的内墙均两面分层抹 10mm 厚聚合物水泥砂浆，确保其防水性能后，再按装修施工下一道工序。

8. 建筑图纸及沟槽管洞表仅包含结构板及 3m 以下的隔墙孔洞。隔墙孔洞应按综合管线图、环控、给排水、动照等专业施工图预留孔洞尺寸进行施工。各专业施工图如与建筑图有出入，请及时提出协调。施工中各专业应密切配合，沟槽管洞做好预留不得后凿。3m以上的隔墙待管线敷设完毕后再砌筑并按要求封堵密实。凡涉及大型设备的开孔或安装处，施工单位应待设备厂家确定后，与实际设备尺寸核实后方可施工。

9. 所有涉及水沟穿墙处均预留直径150mm镀锌钢管，遇防火墙不能穿，采用反坡处理，注意排水沟挡水槛需与中板同期浇筑。排水沟如遇孔洞，需注意孔洞与排水沟之间做挡水槛进行隔绝。

10. 避免工程质量通病：

（1）砖墙砌筑：

1）墙身轴线位移。造成原因：在砌筑操作过程中，没有检查校核砌体的轴线与边线的关系，以及挂准线过长而未能达到平直通光一致的要求。

2）水平灰缝厚薄不均。造成原因：在立皮数杆（或框架柱上画水平线）标高不一致，砌砖盘角的时候每道灰缝控制不均匀，砌砖准线没拉紧。

3）同一砖层的标高差一皮砖的厚度。造成原因：砌筑前由于基础顶面或楼板面标高偏差过大而没有找平理顺，皮数杆不能与砖层吻合；在砌筑时，没有按皮数杆控制砖的皮数。

4）混水墙面粗糙。造成原因：砌筑时半头砖集中使用造成通缝，一砖厚墙背面平直度偏差较大；溢出墙面的灰渍（舌头灰）未刮平顺。

5）构造柱未按规范砌筑。造成原因：构造柱两侧砖墙没砌成马牙槎，没设置好拉结筋及从柱脚开始先退后进；当齿深120mm时上口一皮没按进60mm后再上一皮才进120mm；落入构造柱内的地灰、砖渣杂物没清理干净。

6）墙体顶部与梁、板底连接处出现裂缝。造成原因：砌筑时墙体顶部与梁板底连接处没有用侧砖或立砖斜砌（60°）顶贴挤紧。

（2）砌块墙砌筑：

1）墙体强度降低出现裂纹。造成原因：砌筑时将已断裂或零星碎砌块夹杂混砌在墙中或镶砖组砌不合理。

2）砂浆黏结不牢。造成原因：砌筑砂浆拌制不合理，或砌块过于干燥，砌筑前没有洒水湿润。

3）灰缝厚度、宽度不均。造成原因：砌筑时没挂准线或挂线过长而没收紧，造成水平灰缝厚度不均。砌前没进行排砖试摆，或试摆后在砌筑过程没有经常检查上下皮砖层错缝一致，导致竖向灰缝宽度相差较大。

4）门窗洞口构造不合理。造成原因：过梁两端压接部位没按规定砌放混凝土切割小块；门洞顶没加设钢筋混凝土过梁。

5）砌体不稳定。造成原因：砌筑时排块及局部做法没按规定排列，构造不合理。拉结钢筋规格、长度没按设计规定位置埋设，墙顶与天花及梁、板底连接不好。

七、成品保护

（1）砖墙砌筑

1）墙体的拉结钢筋、抗震构造柱钢筋（框架结构柱预留锚固筋）。大模板混凝土墙体与砌砖墙体交接处拉结钢筋及各种预埋件、各种预埋管线等，均应注意保护，严禁任意拆改或损坏。

2）砂浆稠度应适宜，砌砖操作时应防止砂浆流淌弄脏墙面。

3）在吊放操作平台脚手架或安装模板时，应防止碰撞已砌结完成后墙体。

4）砖过梁底部的模板，应在灰缝砂浆强度达到设计规定 50% 以上时，方可拆除。

5）砖筒拱在养护期内应防止冲击和振动；砖筒拱模板应在保证横向推力不产生有害影响的条件下，方可拆除。

6）预留有脚手眼的墙面，应用与原墙相同规格和色泽的砖嵌砌严密，不留痕迹。

7）在垂直运输上落井架进料口周围，应用塑料编织布或木板等遮盖，保持墙面洁净。

（2）砌块墙的砌筑：

1）砌块在装运过程中，应轻装轻放，计算好各房间及各层间数量按规格分别堆放整齐。

2）搭拆脚手架时应防止碰坏已砌筑完成的墙体和门窗洞口棱角。

3）墙体砌筑完成后，如需增加留孔洞或槽坑时，开凿后墙体有松动或砌块不完整时，必须立即进行处理补强。

4）落地砂浆及碎块应及时清除，保持施工场地清净，以免影响下道工序施工。

5）门框安装后应将门口框两侧从地（楼）面起 300 ~ 600mm 高度范围钉临时铁皮保护，防止推车子时撞损。

第三节　脚手架

一、脚手架材质及规格要求

1. 脚手架钢管应采用现行国家标准《直缝电焊钢管》（GB/T3793）或《低压流体输送用焊接钢管》（GB/T3092）中规定的 3 号普通钢管，其质量要符合现行国家标准《碳素结构钢》（GB/T700）中 Q235-A 级钢的规定。

2. 脚手架钢管采用外径 48mm，壁厚 3.5mm 厚的焊接钢管，横向水平杆选用 1.5 ~ 2.2m 长的钢管，立杆、斜杆和纵向水平杆选用 4.5 ~ 6m 的钢管。钢管上严禁打孔。

3. 脚手架扣件应采用可锻铸铁制成，其材质符合现行国家标准《钢管脚手架扣件》（GB15831）的规定，在螺栓拧紧扭力达 65N•m 时，不得发生破坏。严禁使用变形、裂损、滑丝、砂眼等疵病的扣件。

4. 脚手架选用木（杉木或松木）、竹（毛竹或楠竹）材料制作，厚度不小于 5cm，宽度不小于 20cm，每块重量不大于 30kg。木质脚手架不得腐朽，裂劈，两端应用镀锌钢丝扎紧。

二、脚手架的构造要求

脚手架主要由立杆，横向水平杆、纵向水平杆、扫地杆、剪刀撑、横向斜撑及脚手板等组成，各构件必须符合以下要求：

1. 立杆：立杆为双排设置。立杆的地基在墩台的基础以外部分，必须平整夯实，有排水设施，底部要设置可靠的底座或垫板。立杆的地基旁边不许随意开挖。立杆纵向间距（纵距）不大于 1.8m，横向间距（横距）一般为 1.0 ~ 1.5m，内排立杆距桥梁墩台身模板不小于 20cm，以互不影响安装，使用为宜。相邻立杆接头应错开 50cm，立杆接头必须采用对接扣件连接，立杆垂直偏差不得超过 5cm。

2. 扫地杆：脚手架必须设置纵，横向扫地杆。纵向扫地杆要采用直角扣件固定在距底座上皮不大于 20cm 处的立杆上。横向扫地杆应采用直角扣件固定在紧靠纵向扫地杆下方的立杆上。

3. 纵向水平杆：纵向水平杆设置在立杆内侧，其长度不小于 3 跨。相邻水平杆竖向间距（步距）不大于 1.8m。接长采用对接或搭接。对接连接时，对接扣件要相互交错布置，两根相邻的纵向水平杆的接头不应设置在同步或同跨内，不同步或不同跨两个相邻接头在水平方向错开的距离不小于 50cm，各接头中心至最近主接点的距离不大于跨距的 1/3。搭接连接时，搭接长度不应小于 1.0m，应等间距设置 3 个旋转扣件固定，端部扣件边缘至搭接水平杆端部距离不小于 10cm。

4. 横向水平杆：主节点出必须设置一根横向水平杆，甩直角扣件扣接且严禁拆除。作业层上非主节点处的横向水平杆，根据支承脚手板的需要等间距设置，最大间距不大于纵距的 1/2。

5. 剪刀撑：高度在 24m 以下的单，双排脚手架，均必须在外侧立面的两端各设置一道剪刀撑，并由底至顶连续设置。中间各道剪刀撑之间的净距不应大于 15m。高度在 24m 以上的双排脚手架应在外侧立面整个长度和高度范围连续设置剪刀撑。剪刀撑斜杆应用旋转扣件固定在与之相交的横向水平杆的伸出端或立杆上，旋转扣件中心线至主节点的距离不宜大于 15cm。每道剪刀撑宽度不应小于 4 跨，跨越立杆的根数为 5 ~ 7 根，斜杆与地面的倾角为 60° ~ 45° 。剪刀撑随脚手架同步搭设和拆除。

6. 横向斜撑：双排脚手架应设置横向斜撑。高度在 24m 以上的封闭型脚手架，除拐角应设置横向斜撑外，中间应每隔 6 跨设置一道。高度在 24m 以下的封闭型双排脚手架可不设横向斜撑。

7. 脚手板：作业层脚手板应铺满，铺稳，离开墩台身模板 20cm。当使用木脚手板，竹串片脚手板时，纵向水平杆应作为横向水平杆的支座，用直角扣件固定在立杆上。当使用竹笆脚手板时，应按其主竹筋垂直于纵向水平杆方向铺设，纵向水平杆应采用直角扣件固定在横向水平杆上，并应等间距设置，间距不大于40cm；竹笆脚手板采用对接平铺，四个角应用直径1.2mm的镀锌钢丝固定在纵向水平杆上。脚手板对接平铺时，接头处必须设俩根横向水平杆，脚手板端部外伸长度不大于15cm。脚手板搭接铺设时，接头必须支在横向水平杆上，搭接长度应大于20cm，其伸出横向水平杆的长度应大于10cm。作业层端部脚手板探头长度不大于15cm，其板长两端均要与支撑杆可靠地固定。

8. 斜道：人行并兼作材料运输的斜道，当高度不大于6m时，宜采用一字型斜道：当高度大于6m时，宜采用之字型斜道。运料斜道宽度不宜小于1.5m，坡度宜采用1 ∶ 6；人行斜道宽度不宜小于1m，坡度宜采用1 ∶ 3。拐弯处应设置平台，其宽度不应小于斜道宽度。斜道两侧及平台外围均应设置栏杆及挡脚板。栏杆高度应为1.2m，挡脚板高度不小于18cm。人行斜道和运料斜道的脚手板上每隔25 ~ 30cm设置一根防滑木条，木条厚度2 ~ 3cm。

9. 安全网：作业层脚手架设置全封闭式密目网。立网应搭设在纵向水平杆的内侧。若作业层脚手板未能全封闭，则必须在脚手板底部设置一道平网，防止工具及杂物坠落。安全网必须采用合格产品。

10. 缆风绳：脚手架四角应设置缆风绳，其地锚应设置稳固坚实，以防止脚手架倾覆。缆风绳应选用直径14mm的钢丝绳，其与地面的夹角不小于45° 。

11. 脚手架扣件应与钢管管径相匹配。

12. 同一脚手架中，不同材质、规格的材料不得混用。

三、脚手架的搭设及使用要求

1. 脚手架搭设顺序为：地基处理→定位放线→摆放垫木→摆放扫地杆→树立杆并与扫地杆扣牢→上纵向水平杆并与各立杆扣牢→上横向水平杆并与各杆扣牢→加临时斜撑→上二、三、四…步纵向水平杆→上二、三、四…步横向水平杆→接长立杆→加设剪刀撑→拉缆风绳→铺斜道→铺脚手板→挂安全网。

2. 脚手架必须配合施工进度搭设，每搭设一步后，按质量要求进行校正，包括步距、跨距、横距及立杆的垂直度等。

3. 搭设中扣件螺栓拧紧扭力矩为40 ~ 65N•M，应采用扭力扳手抽样检查，不合格的必须重新拧紧。

4. 脚手架在使用过程中的均布荷载不得超过2.0KN/ ㎡。

四、脚手架的拆除要求

1. 脚手架拆除前，消除脚手架上杂物及地面障碍物后，方可进行脚手架拆除工作。

2. 拆除作业必须由上而下逐层进行，后搭先拆，先搭后拆，严禁上下同时作业。

3. 拆除顺序依次为先拆栏杆，脚手板，剪刀撑，而后拆横向水平杆，纵向水平杆，最后拆立杆。拆除中英严格按照一步一清的原则一次进行。

4. 纵向水平杆及剪刀撑先拆中间扣件，后拆两端扣件。

5. 当脚手架拆至下部最后一根长立杆的高度（约 6.5m）时，应先在适当位置搭设临时抛撑加固后再拆除其他杆件。

6. 拆除脚手架时应统一指挥，上下呼应动作协调。拆除前应对电线，机具等采取隔离措施。拆下的我材料应用滑轮，绳索等机具下运，禁止往下抛掷任何材料。拆除的各种材料应运送到指定的地方，分类存放，堆马整齐，集中回收。当天拆除的各种材料应当天清理干净。

7. 拆除过程应连续进行，如确需中断，则应将拆除部分清理干净，并检查剩余部分是否稳定，确认安全后方可停歇。

8. 在拆除过程中，不准许中途换人，防止盲目乱拆，心中无数。

五、脚手架安全要求

1. 搭设脚手架人员必须戴安全帽，系安全带，穿防滑鞋。

2. 脚手架的构配件与搭设质量按规定进行检查验收，合格后方准使用。

3. 脚手架上严禁悬挂起重设备，不得将模板支架，泵送混凝土的输送管道等固定在脚手架上。

4. 脚手架上临时施工用电，接地及避雷措施等，按有关标准规定执行。

5. 在脚手架上进行电，气焊作业时，必须有防火措施和专人看守。

6. 脚手架使用期间，严禁拆除主节点处的水平杆，扫地杆。

7. 搭拆脚手架时，地面设置围栏和警戒标志，并安排专人看守，严禁非操作人员入内。

8. 当有六级及六级以上大风和雾，雨，雪天气是停止脚手架搭设和拆除作业。雨雪后上架作业应先扫除积雪，并采取防滑措施。

9. 夜间施工时，必须确保足够亮度的夜间照明灯光，现场电工加强值班巡视，几时修复损坏的灯具。

10 、脚手架搭设应高于墩顶端或操作面 1.5m 以上，并加设围护。

11. 搭设完毕的脚手架上的钢管，扣件，脚手板等构件，不得随意拆除。施工镇中确有必要时，必须经过工地负责人同意，并采取有效措施加固补强后进行；一旦该工序完成后，立即恢复。

12. 脚手架在使用过程中应安排专人检查，维修和管理，并定期进行沉降观察，发现异常应及时采取加固措施。

第四章　钢筋混凝土工程

第一节　模板工程

一、麻绳

（一）麻绳的性能和种类

1. 麻绳的特点与用途

麻绳具有质地柔韧、轻便、易于捆绑、结扣及解脱方便等优点，但其强度较低，一般麻绳的强度，只为相同直径钢丝绳的 10% 左右，而且易磨损、腐烂、霉变。

麻绳在起重作业中主要用于捆绑物体；起吊 500kg 以下的较轻物件；当起吊物件或重物时，麻绳拉紧物体，以保持被吊物体的稳定和在规定的位置上就位。

2. 麻绳的种类

按制造方法，麻绳分为土法制造和机器制造两种。

土法制造麻绳质量较差，不能在起重作业中使用。

机制麻绳质量较好，它分为吕宋绳、白棕绳、混合绳和线麻绳四种。

（二）麻绳的许用拉力计算

麻绳绳正常使用时允许承受的最大拉力为许用拉力，它是安全使用麻绳的主要参数。由于工地无资料可查，为满足安全生产，方便现场计算，麻绳的许用拉力一般采用以下经验公式估算：

$$S= 45d2/K$$

式中　S—许用拉力（N）；

d—麻绳直径（mm）；

K—安全系数。

麻绳的额安全系数 k 取值，作一般吊装用时取≥ 3，吊装及缆风绳用≥ 6。

旧绳使用时许用拉力应适当拆减。

（三）麻绳的安全使用与管理

麻绳的安全使用与管理应注意下列问题。

1. 机动的起重机械或受力较大的地方不得使用麻绳；

2. 在使用前必须对麻绳仔细认真检查，对存在问题要妥善处理。局部腐蚀、触伤严重时，应截去损伤部分，插接后继续使用；

3. 使用中的麻绳，尽量避免雨淋或受潮，不能在纤维中央杂泥砂和受油污等化学介质的浸蚀。麻绳不要和酸、碱、漆等化学介质接触，受化学介质腐蚀后的麻绳不能使用；

4. 麻绳不得在尖锐和粗糙物质上拖扎，为防止小石子、砂子、硬物进入绳内，也不得在地面上拖拉；

5. 捆绑时，在物体的尖锐边角处应垫上保护性软物；

6. 和麻绳配用的卷筒和滑车的直径，机动时应大于麻绳直径的 30 倍；使用人力时，应大于麻绳直径的 l0 倍。

二、钢丝绳

钢丝绳具有断面相同、强度高、弹性大、韧性好、耐磨、高速运行平稳并能承受冲击荷载等特点。在破断前一般有断丝、断股等预兆，容易检查、便于预防事故，因此，在起重作业中广泛应用，是吊装中的主要绳索，可用作起吊、牵引、捆扎等。

1. 钢丝绳的构造特点和种类

钢丝绳按捻制的方法分为单绕、双绕和三绕钢丝绳三种，双绕钢丝绳先是用直径 0.4 ~ 3mm，强度 1400 ~ 2000N / m m^2的钢丝围绕中心钢丝拧成股，再由若干股围绕绳芯，拧成整根的钢丝绳。双绕钢丝绳钢丝数目多，挠性大，易于绕上滑轮和卷筒，故在起重作业中应用的一般是双绕钢丝绳：

（1）按照捻制的方向钢丝绳分为同向捻、交互捻、混合捻等几种。钢丝绳中钢丝搓捻方向和钢丝股搓捻方向一致的称同向捻（顺捻）。同向捻的钢丝绳比较柔软，表面平整，与滑轮接触面比较大，因此，磨损较轻，但容易松散和产生扭结卷曲，吊重时容易旋转，故在吊装中一般不用。交互捻（反捻）钢丝绳，钢丝搓捻方向和钢丝股搓捻方向相反。交互捻钢丝绳强度高，扭转卷曲的倾向小，吊装中应用得较多。混合捻钢丝绳的相邻两股钢丝绳的捻法相反，即一半顺捻，一半反捻：混合捻钢丝绳的性能较好，但制造麻烦，成本较高，一般情况用得很少。

（2）钢丝绳按绳股数及一股中的钢丝数多少可分为 6 股 19 丝；6 股 37 丝；6 股 61 丝等几种。日常工作中以 6 × 19+1，6 × 37+1，6 × 61+1 来表示。在钢丝绳直径相同的情况下，绳股中的钢丝数愈多，钢丝的直径愈细，钢丝愈柔软，挠性也就愈好。但细钢丝捻制的绳没有较粗钢丝捻制的钢丝绳耐磨损。因此，6 × 19+1 就较 6 × 37+1 的钢丝绳硬，耐磨损。

（3）钢丝绳按绳芯不同可分为麻芯（棉芯）、石棉芯和金属芯三种。用浸油的麻或棉纱作绳芯的钢丝绳比较柔软，容易弯曲，同时浸过油的绳芯可以润滑钢丝，防止钢丝生锈，又能减少钢丝间的摩擦，但不能受重压和在较高温度下工作：石棉芯的钢丝绳可以适应较高度下工作，不能重压。金属芯的钢丝绳可以在较高温度下工作，而耐重压，但钢丝绳太硬不易弯曲，在个别的起重工具中应用。

2. 钢丝绳的安全负荷

（1）钢丝绳的破断拉力

所谓钢丝绳的破断拉力即是将整根钢丝绳拉断所需要的拉力大小，也称为整条钢丝绳的破断拉力，用 Sp 表示，单位：千克力。

求整条钢丝绳的破断抗力 Sp 值，应根据钢丝绳的规格型号从金属材料手册中的钢丝绳规格性能表中查出钢丝绳破断拉力总和 ∑S 值，再乘以换算系数 ψ 值。即：

$$Sp = \sum S \cdot \psi$$

实际上钢丝绳在使用时由于搓捻的不均匀，钢丝之间存在互相挤压和摩擦现象，各钢丝受力大小是不一样的，要拉断整根钢丝绳 . 其破断拉力要小于钢丝破断拉力总和，因此要乘一个小于 1 的系数，即换算系数 ψ 值。

破断拉力换算系数如下：

当钢丝绳为 6×19+1 时，ψ=0.85

当钢丝绳为 6×37+1 时，ψ=0.82

当钢丝绳为 6×61+1 时，ψ=0.80

用查表来求钢丝绳破断拉力，虽然计算较准确，且必须要先查清钢丝绳的规格型号等。再查有关的手册，进行计算，但在工地上临时急用时，往往不知道钢丝绳的出厂说明规格，无手册可查，无法利用上述公式计算时，可利用下式估算：

$$Sp = 1/2d^2$$

式中　Sp—钢丝绳破断拉力（t）；

d—钢丝绳的直径（英分）。

为了便以应用，以上公式可用口诀“钢丝直径用英分，破断负荷记为吨，直径平方被二除，即为破断负荷数”帮助记忆。

（2）钢丝绳的允许拉力和安全系数

为了保证吊装的安全，钢丝绳根据使用时的受力情况，规定出所能允许承受的拉力，叫钢丝绳的允许拉力。它与钢丝绳的使用情况有关。

钢丝绳的允许拉力低于了钢丝绳破断拉力的若干倍，而这个倍数就是安全系数。钢丝绳的安全系数见表 4–1–1。

表 4-1-1　钢丝绳安全系数 K 值表

钢丝绳用途	安全系数	钢丝绳用途	安全系数
作缆风绳	3.5	作吊索受弯曲时	6 ~ 7
缆索起重机承重绳	3.75	作捆绑吊索	8 ~ 10
手动起重设备	4.5	用于载人的升降机	14
机动起重设备	5 ~ 6		

3. 钢丝绳破坏及其原因

（1）钢丝绳的破坏过程

钢丝绳在使用过程中经常受到拉伸、弯曲，容易产生“金属疲劳”现象，多次弯曲造成的弯曲疲劳是钢丝绳破坏的主要原因之一。经过长时间拉伸作用后，钢丝绳之间互相产生摩擦，钢丝绳表面逐渐产生磨损或断丝现象，折断的钢丝数越多，未断的钢丝绳承担的拉力越大，断丝速度加快，断丝超过一定限度后，钢丝绳的安全性能已不能保证，在吊运过程中或意外因素影响下，钢丝绳会突然拉断，化工腐蚀能加速钢丝绳的锈蚀和破坏。

（2）钢丝绳破坏原因

造成钢丝绳损伤及破坏的原因是多方面的。概括起来，钢丝绳损伤及破坏的主要原因大致有四个方面。

1）截面积减少：钢丝绳截面积减少是因钢丝绳内外部磨损、损耗及腐蚀造成的。钢丝绳扯滑轮、卷筒上穿绕次数愈多，愈容易磨损和损坏。滑轮和卷筒直径愈小，钢丝绳愈易损坏；

2）质量发生变化：钢丝绳由于表面疲劳、硬化及腐蚀引起质量变化。钢丝绳缺油或保养不善；

3）变形：钢丝绳因松捻、压扁或操作中产生各种特殊形变而引起钢丝绳变形；

4）突然损坏：钢丝绳因受力过度、突然冲击、剧烈振动或严重超负荷等原因导致其突然损坏。

除了上面的原因之外，钢丝绳的破坏还与起重作业的工作类型、钢丝绳的使用环境、钢丝绳选用和使用以及维护保养等因素有关。

4. 钢丝绳的安全使用与管理

为保证钢丝绳使用安全，必须在选用、操作维护方向做到下列各点：

（1）选用钢丝绳要合理，不准超负荷使用；

（2）切断钢丝绳前应在切口处用细钢丝进行捆扎，以防切断后绳头松散。切断钢丝时要防止钢丝碎屑飞起损伤眼睛；

（3）在使用钢丝绳前，必须对钢丝绳进行详细检查，达到报废标准的应报废更新，严禁凑合使用。在使用中不许发生锐角曲折、挑圈，防止被夹或压扁；

（4）穿钢丝绳的滑轮边缘不许有破裂现象，钢丝绳与物体、设备或接触物的尖角直接接触处，应垫护板或木块，以防损伤钢丝绳；

（5）要防止钢丝绳与电线、电缆线接触，避免电弧打坏钢丝绳或引起触电事故；

（6）钢丝绳在卷筒上缠绕时，要逐圈紧密地排列整齐，不应错叠或离缝。

5. 钢丝绳的报废

钢丝绳在使用过程中会不断地磨损、弯曲、变形、锈蚀和断丝等，不能满足安全使用时应予报废，以免发生危险。

（1）钢丝绳的断丝达到表 4–1–2 所列断丝数时应报废；

（2）钢丝绳直径的磨损和腐蚀大于钢丝绳的直径 7%，或外层钢丝磨损达钢丝的 40% 时应报废。若在 40% 以内时应按表 4–1–3 予以折减；

表 4–1–2 钢丝绳的报废标准

钢丝绳结构形式	钢丝绳检查长度范围	断丝根数		
		6*19+1	6*37+1	6*61+1
交捻	6d 30d	10 19	19 38	29 58
顺捻	6d 30d	5 10	10 19	15 30

表 4–1–3 折减系数

钢丝表面磨损量或锈蚀量	10	15	20	25	30 ~ 40	大于 40
折减系数	85	75	70	60	50	0

（3）使用中断丝数逐渐增加，其时间间隔越来越短；

（4）钢丝绳的弹性减少，失去正常状态，产生下述变形时应报废：

1）波浪形变形；

2）笼形变形；

3）绳股挤出；

4）绳径局部增大严重；

5）绳径局部减小严重；

6）已被压偏；

7）严重扭结；

8）明显的不易弯曲。

三、化学纤维绳

化学纤维绳又叫合成纤维绳。目前多采用绵纶、尼龙、维尼纶、乙纶、丙纶等合成纤维制成。

1. 化学纤维绳的性能和分类

（1）特点和用途

化学纤维绳具有重量轻、质地柔软、耐腐蚀、有弹性、能减少冲击的优点，它的吸水率只有 4%，但对温度的变化较敏感。

在吊运表面光洁的零件、软金属制品、磨光的销轴或其他表面不许磨损的物体时，应使用化学纤维绳。

为了起最吊装方便，常用尼龙帆布制成带状吊具，有单层、双层带状吊具，最多达到 8 层。

（2）化学纤维绳的分类

1）尼龙绳

尼龙绳的强度在化学纤维绳中最大，有特殊的承受冲击载荷的能力，不易受碱和油类影响，但易受酸类介质浸蚀，且价格昂贵。

2）涤纶绳

涤纶绳的强度次于尼龙绳，其伸长率最小，不易受酸和油类介质影响，但易受碱类介质浸蚀。

3）维尼纶绳

维尼纶绳强度最小，它能在水上漂浮，不易受酸、碱及油类介质浸蚀，价格便宜，但熔点低。

4）丙纶绳（聚丙烯）

丙纶绳强度比维尼纶绳强度大，重量轻，漂浮性能较好，不易受酸、碱和油类介质影响，价格便宜。

2. 化学纤维绳的安全使用与管理

使用化学纤维绳时，必须注意下列安全要求：

（1）化学纤维绳要远离明火和高温，化学纤维绳具有易燃性能，不得在露天长期暴晒，严禁将烟头等明火扔在绳堆中，不准靠近纤维绳动用明火，应远离高温和明火点（区）：

（2）上滚筒收紧时，圈数不宜太多，也不得在缆桩上溜缆，以防摩擦产生高温而熔化；

（3）化学纤维绳伸长率大，尼龙绳最大伸长率可达 40%，使用时有弹性，有利于吸收冲击载荷，应利用这一特性起缓冲使用，避免剧烈振动；

（4）化学纤维绳伸长率大，断裂时，猛烈回抽，易造成伤害事故。操作时，有关人员不得站在受力方向或可能引起的抽打方向处。

四、链条

链条有片式链和焊接链之分：片式链条一般安装在设备中用来传递动力；焊接链是一种起重索具，常用来做起重吊装索具。此处只介绍焊接链条。

1. 焊接链的特点

焊接链挠性好，可以用较小直径的链轮和卷筒，因而减少了机构尺寸。对焊接链的缺点小可忽略，它弹性小，自重大，链环接触处易磨损，不能承受冲击载荷，运行速度低，安全性较差等。

当链条绕过导向滑轮或卷筒时，链条中产生很大的弯曲应力，这个应力随 D（滑轮或卷筒直径）与 d（链条元钢直径）之比 D / d 的减少而增大。因此，特要求：

人力驱动：D ≥ 20d 机械驱动：D ≥ 30d

2. 链条的安全使用

为保证链条使用安全，必须做好下列各点：

（1）焊接链在光滑卷筒上工作时，速度 V < lm / s；在链轮上工作时，V<0.1m / s；

（2）焊接链不得用在振动冲击量大的场合，不准超负荷使用；

（3）使用前应经常检查链条焊接触处，预防断裂与磨损；

（4）按链条报废标准进行报废更新。

五、卡环

卡环又叫卸扣或卸甲，用于吊索、构件或吊环之间的连接，它是起重作业中用得广泛且较灵便的栓连工具。

1. 卡环的种类

卡环分为销子式和螺旋式两种，其中螺旋式卡环比较常用（图 4–1–1）。

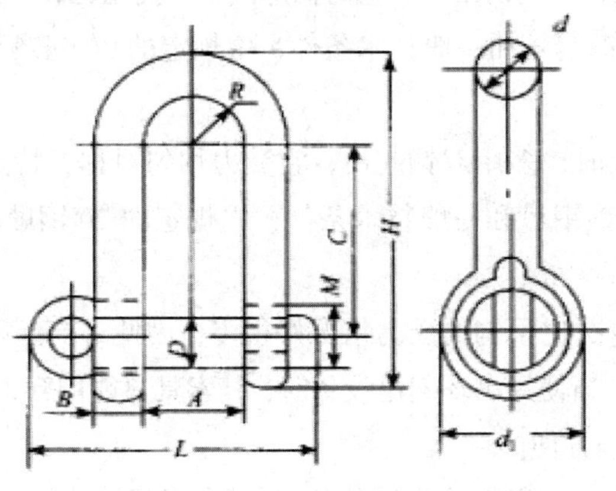

图 4–1–1　螺旋式卸扣

2. 卡环的安全使用

（1）使用卡环时，不得超负荷使用；

（2）为防止卡环横向受力，在连接绳索和吊环时，应将其中一根套在横销上，另一根套在弯环上，不准分别套在卡环的两个直段上面；

（3）起吊作业进行完毕后，应及时卸下卡环，并将横销插入弯环内，上满螺纹，以保证卡环完整无损；

（4）不得使用横销无螺纹的卡环，如必需使用时，要有可靠的保障措施，以防止横销滑出。

六、吊钩

吊钩、吊环、平衡梁与吊耳是起重作业中比较常用的吊物工具。它的优点是取物方便，工作安全可靠。

1. 吊钩与吊环的形式

吊钩有单钩、双钩两种形式（图 4–1–2）。

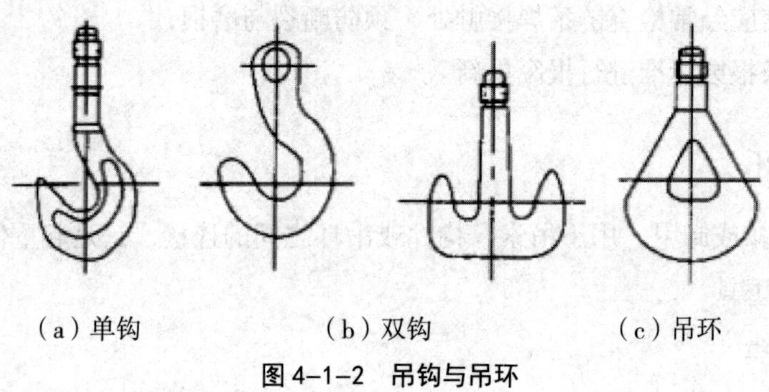

（a）单钩　　（b）双钩　　（c）吊环

图 4–1–2　吊钩与吊环

（1）单钩这是一种比较常用的吊钩，它的构造简单，使用也较方便，但受力比较小。材质多用《优质碳素结构钢钢号和一般技术条件》中规定的 20 钢锻制而成。最大起重量不超过 80t。

（2）双钩起重量较大时，多用双钩起吊，它受力均匀对称，特点能充分利用。其材质也是用《优质碳素结构钢钢号和一般技术条件》中规定的 20 钢锻成。一般大于 80t 的起重设备，都采用双钩。

（3）吊环它的受力情况比吊钩的受力情况好得多，因此，当起重相同时，吊环的自重比吊钩的自重小。但是，当使用吊环起吊设备时，其索具只能用穿入的方法系在吊环上。因此，用吊环吊装不如吊钩方便。

吊环通常用在电动机、减速机的安装，维修时作固定吊具使用。

2. 吊钩、吊环的使用要点

（1）在起重吊装作业中使用的吊钩、吊环，其表面要光滑，不能有剥裂、刻痕、锐角、接缝和裂纹等缺陷。

（2）吊钩、吊环不得超负荷进行作业。

（3）使用吊钩与重物吊环相连接时，必须保证吊钩的位置和受力符合要求。

（4）吊钩不得补焊。

3. 绳夹的分类

绳夹主要用来夹紧钢丝绳末端或将两根钢丝绳固定在一起。常用的有骑马式绳夹、U 形绳夹、L 形绳夹等，其中骑马式绳夹是一种连接力强的标准绳夹，应用比较广泛。

2. 绳夹的应用标准

在起重作业中，对于钢丝绳的末端要加以固定，通常使用绳夹来实现。用绳夹固定时，其数量和间距与钢丝绳直径成正比，见表 4–1–4。一般绳夹的间距最小为钢丝绳直径的 6 倍。绳夹的数量不得少于 3 个。

表 4–1–4　绳夹的使用表准

钢丝绳经	11	12	16	19	22	25	28	32	34	38	50
绳夹个数	3	4	4	5	5	5	5	6	7	8	8
绳夹间距（mm）	80	100	100	120	140	160	180	200	230	250	250

3. 绳夹使用的要点

（1）每个绳夹应拧紧至卡子内钢丝绳压扁 1 / 3 为标准。

（2）如钢丝绳受力后产生变形时，要对绳夹进行二次拧紧。

（3）起吊重要设备时，为便于检查，可在绳头尾部加一保险夹。

根据现场施工要求以及设备的特殊形体，必要时可制作一些专门的吊具，以满足起重吊装的需要。常用的几种特制吊具主要有三角架吊具、可调杠杆式吊具、起吊平放物体吊具、四杆式吊具、四杆机构吊具。

第二节　钢筋工程

钢筋在主体施工中是直接关系到整个施工进度及质量的关键工序。是施工管理的一个重要环节，为确保本工程安全、质量、工期及效益，必须在钢筋体系上采取各种有效措施，并加强施工技术管理。

一、前期准备工作

1. 按照流水施工的原则，合理对施工平面进行施工段划分，以便最大限度利用周材、劳动力，各个施工段同时平行流水施工，双等节拍、步距进行交叉穿插作业施工。

2.. 组织现场管理人员及操作班组讨论熟悉主体钢筋工程主要施工工艺。制定适合该工程的钢筋体系及主要钢筋制作、安装、焊接方法。

3. 最大限度提高劳动生产率，将责任落实到施工班组。

二、现浇钢筋结构施工

（一）钢筋工程

1. 施工准备

（1）检查钢筋是否有出厂证明和复检报告。

（2）钢筋外表面如有铁锈的应在绑扎前清除干净，锈蚀严重侵蚀断面的钢筋不得使用。

（3）应将绑扎钢筋地点清扫干净。

（4）按图纸和操作工艺标准向班组进行安全、技术交底。

（5）钢筋制作实行挂牌制，按图纸要求及规范要求，按进场钢筋的实际长度进行配筋设计，合理的使用原料，所进行配筋设计的钢筋焊接接头位置、焊接长度、搭接长度、锚入支座的长度等都必须满足图纸及施工验收规范要求，钢筋按配筋设计进行配料、下料，焊接制作成型，半成品加工的顺序应满足现场绑扎的顺序，并按要求进行有序堆码，防止顺序混乱造成多次往返搬运损坏，影响工程的质量。

（二）钢筋加工

钢筋统一由业主方供货到现场，在钢筋加工房下料加工后，再由塔吊配合吊至各楼层工作面，减少人工搬运劳动强度，加快施工进度。制作工艺严格按四川省工程建设地方标准 DB51/T32.4–91 执行。

（三）钢筋接头

根据设计要求，本公称直径≥ 18 的钢筋优先采用机械滚轧，套筒挤压连接技术，其余钢筋接长，水平筋采用电弧焊，竖向筋优先采用电渣压力焊。按照设计要求，楼板钢筋采用绑扎接头；其次采用双面搭接焊接头。采用双面搭接焊接头钢筋事先预弯，以保证钢筋同心；柱纵向钢筋采用电渣压力焊对焊接头，层层焊接。以上焊接接头的质量标准应符合现行《混凝土结构工程施工及验收规范》（GB50204–92）和《钢筋焊接及验收规程》（JGJ18–86）的要求和进行接头试验。接头位置及接头数量严格按设计要求。

（1）钢筋电渣压力焊的施工

1）现浇钢筋混凝土结构中 ≥Φ16 的竖向钢筋的连接应采用电渣压力焊。

2）电渣压力焊工艺过程应符合下列要求：

A. 焊接夹具的上下钳口应夹紧于上、下钢筋上；钢筋一经夹紧不得晃动。

B. 引弧应采用铁丝圈或焊条头引弧法，亦可采用直接引弧法。

C. 引燃电弧后，应进行电弧过程。然后，加快上钢筋下送速度，使钢筋端面与液态渣池接触，转变为电渣过程，最后在断电的同时，迅速下压上钢筋，挤出熔化金属和熔渣。

D. 接头焊毕，应停歇后，方可回收焊剂和卸下焊接夹具，并敲去渣壳; 四周焊包应均匀，凸出钢筋表面的高度应≥ 4mm。

E. 电渣压力竖焊两钢筋的同心度不得大于 0.1d 且小于 2mm，钢筋接头处的弯折角不得大于 3 度。

3）在焊接生产中应进行自检，当发现偏心、弯折、烧伤等焊接缺陷时，应查找原因和采取措施，及时消除。

4）安全防火，焊剂防潮

（2）钢筋闪光对焊的施工

1）采用钢筋闪光对焊，其焊接工艺方法宜按下列规定选择：

A. 当钢筋直径较小（Φ12），钢筋级别较低，可采用“连续闪光焊”。

B. 当钢筋直径大于 Φ12，且钢筋端面较平整，宜采用“预热闪光焊”。

2）闪光对焊时，应选择调伸长度、烧化留量、顶锻流量。连续闪光焊时的应包括烧化留量、有电顶锻流量和无电顶锻流量; 闪光 - 预热闪光焊时的留量应包括: 一次烧化留量、预热留量、二次烧化留量、有电顶锻流量和无电顶锻流量。

3）调伸长度的选择，应随着钢筋级别的提高和钢筋直径的加大而增大。

4）烧化留量的选择，应根据焊接工艺方法确定。

5）顶锻流量应为 4 ~ 10mm，并应随着钢筋直径的增大和钢筋级别的提高而增大。

6）在闪光对焊生产中，当出现异常现象或焊接缺陷时，应查找原因和采取措施，及时消除。

（四）滚轧直螺纹钢筋接头

1. 材料

（1）被连接钢筋必须符合 GB1499 或 GB13014 的有关规定。

（2）连接套筒必需宜选用 45 号优质碳素网或其他经型式检验确认符合要求的钢材，供货单位应提供质量保证书，并符合有关钢材的现行国家标准及 JGJ107 的有关规定。

2. 制造与加工

（1）连接套筒质量与尺寸应满足产品设计要求；入场的套筒按批量必须提供型式检验报告；套同内螺纹尺寸与公差应满足 GB/T197 中 6H 精度要求。

（2）丝头加工

①钢筋下料时不宜用热加工方法切断，钢筋断面宜平直并与钢筋轴线垂直；不得有马蹄形或扭曲，钢筋端部不得弯曲，出现弯曲时应调直。

②丝头有效螺纹长度应满足设计要求。

③丝头加工时应使用水性润滑液，不得使用油性润滑液。

④丝头中径、牙型角及丝头有效螺纹长度应符合设计要求。

⑤丝头加工完毕经检验合格后，应立即带上丝头保护帽，防止装卸钢筋时损坏丝头。

（3）钢筋连接施工

①在进行钢筋连接时，钢筋规格应与套筒规格一致，并保证丝头与套筒内螺纹干净、完好无损。

（五）钢筋绑扎

分部分项钢筋绑扎严格执行 DB51/T32.4–91 绑扎程序。柱墙钢筋在就位处绑扎，梁、板钢筋在底模上绑扎。

（1）柱钢筋绑扎

A. 工艺流程

套柱箍筋→电渣压力焊竖向受力钢筋→画箍筋间距线→绑箍筋。

B. 施工方法

Ⅰ. 套柱箍筋：按图纸要求间距，计算好每根柱箍筋数量，先将箍筋套在下层伸出的搭接筋上，然后立柱子钢筋。

Ⅱ. 画箍筋间距线：在立好的柱子竖向钢筋上，按图纸要求用粉笔划箍筋间距线。

Ⅲ. 柱箍筋绑扎：

①按已划好箍筋位置线，将已套好箍筋往上移动，由上往下绑扎，宜采用缠扣绑扎。

②箍筋与立筋要垂直，箍筋转角处与主筋交点均要绑扎，立筋与箍筋非转角部位相交点成梅花状交错绑扎。

③箍筋的弯钩叠合处应沿柱子竖筋交错布置，并绑扎牢固。

④柱箍筋弯头应弯成 135 度，平直部分长度不小于 10d（d 为箍筋直径），如箍筋采用 90 度搭接，搭接处应焊接，焊接长度单面焊缝不小于 5d。

⑤柱上下两端箍筋应加密，加密区长度和加密区内箍筋间距应符合设计图纸要求。

⑥柱筋保护层厚度应符合规范要求，主筋外皮为 25mm，垫块应绑在柱竖向筋外皮上，间距一般 1000mm，以保证主筋保护层厚度准确，当柱截面尺寸有变化时，柱筋在板内弯折，弯后的尺寸要符合设计要求。

（2）梁钢筋绑扎

A. 工艺流程

画主次梁箍筋间距→放主梁次梁箍筋→穿主梁底层纵筋及弯起筋→穿次梁底层纵筋及弯起筋→穿主梁上层纵向架立筋→按箍筋间距绑扎→穿次梁上层纵向钢筋→按箍筋间距绑扎。

B. 施工方法

Ⅰ. 在梁侧模板上画出箍筋间距，摆放箍筋。

Ⅱ. 先穿主梁的下部纵向受力钢筋及弯起钢筋，将箍筋按已画好的间距逐个分开，穿次梁的下部纵向受力钢筋和弯起钢筋，并套好箍筋，放主次梁的架立筋，隔一定步距架立筋与箍筋绑扎牢固，调整箍筋间距使间距符合设计要求，绑架立筋，在绑主筋，主次梁同时配合进行。

Ⅲ. 梁、柱、墙外皮齐平时，梁外侧纵向钢筋应弯折入柱墙主筋内侧。

Ⅳ. 框架梁上部纵向钢筋应贯穿中间节点，梁下部纵向钢筋伸入中间节点锚固长度及伸过中心线的长度要符合设计要求，框架梁纵向钢筋在端节点同锚固长度也符合设计要求。

Ⅴ. 绑梁上部纵向筋的箍筋，宜用套扣法绑扎。

Ⅵ. 箍筋在叠合处的弯钩，在梁中应交错绑扎，箍筋弯头应弯成 135 度，平直部分长度为 10d，如做成封闭箍时，单面焊缝长度为 5d。

Ⅶ. 梁端第一个箍筋应设置在距离柱节点边缘 50mm 处，梁端与柱交接处箍筋应加密，其间距与加密区长度要符合设计要求。

Ⅷ. 在主次梁受力筋下均应垫块，保证保护层的厚度，受力筋为双排时，可用短钢筋垫在两层钢筋之间，钢筋排距应符合设计要求。

（3）板钢筋绑扎

A. 工艺流程

清理模板→模板上划线→绑扎板受力筋→绑负弯矩筋。

B. 施工方法

Ⅰ. 清理模板上的杂物，用粉笔在模板上划好主筋、分布筋间距。

Ⅱ. 按划好的间距，先摆好受力主筋，后放分布筋，预埋件、电线管、预留孔等及时配合安装。

Ⅲ. 在现浇板中有板带梁时，应先绑扎板带梁钢筋，再摆放板钢筋。当梁底与板底相平时，板的下部钢筋伸入梁内时，应置于梁下部纵向钢筋之上。

Ⅳ. 绑扎板筋时一般用顺扣或八字扣，除外围两根筋的相交点应全部绑扎外，其余各点可交错绑扎（双向板相交点须全部绑扎），如板为双层钢筋，两层筋之间加钢筋马凳，以确保上部钢筋的位置，负弯矩钢筋每个相交点均要绑扎。

Ⅴ. 在钢筋的下面垫好砂浆垫块，间距 1.5m，垫块的厚度等于保护层的厚度，应满足设计要求。如设计无要求时，板的保护层厚度应 15mm，钢筋搭接长度与搭接位置的要求与前述梁相同。

（4）楼梯钢筋绑扎

A. 工艺流程

划位置线→绑扎梁钢筋→绑主筋→绑分布筋→绑踏步筋。

B. 施工方法

Ⅰ. 在楼梯底板上划主筋和分布筋的位置线。

Ⅱ. 根据设计图纸中主筋、分布筋的方向，先绑扎主筋后绑扎分布筋，每个交点均应绑扎，如有楼梯梁时，先绑梁后绑板筋，板筋要锚固到梁内。

Ⅲ. 板底筋绑完，待踏步模板吊绑支好后，再绑扎踏步钢筋，主筋接头数量和位置均要符合施工规范的规定。

第三节　混凝土工程

一、概述

本工程混凝土采用预拌混凝土，施工现场采用混凝土输送泵配合塔吊吊斗进行浇筑运输。

各部位混凝土概况见表 4–3–1。

表 4–3–1　混凝土工程概况表

序　号	部　位	强度等级	抗渗等级
1	垫层（160.100 厚）	C15	
2	卷材防水保护层 60 厚	C20 细石	
3	地下室底板、顶板、外墙、水池	C40	S8
4	地下室后浇带、膨胀加强带	C45	S12

续表

序　号	部　位		强度等级	抗渗等级
5	剪力墙、柱	六层以下	C45	
		六层～七层	C40	
		八层～十层	C35	
		十一层～屋顶层	C30	
6	楼板、梁板	基础顶面～十层	C35	
		十一层～屋顶层	C30	

二、基础混凝土施工

1. 基础混凝土概况

本工程基础为筏板基础，面积约 2278.37 ㎡。基础混凝土采用预拌砼泵送法施工。

2. 施工准备

①项目部成立混凝土施工指挥小组，对底板混凝土的浇筑、养护等各项工作做出总体部署，配备包括劳务分包在内的两套人员，管理、监督控制混凝土的施工过程、施工顺序及施工质量。

②底板浇筑采用 2 台混凝土输送泵，布置在基坑东北角及基坑西侧。

③施工机械准备见表 4–3–2。

表 4–3–1　底板混凝土浇筑设备计划表

序　号	设备名称	型　号	单　位	数　量	性　能
1	固定式塔吊	5613	台	1	56m 臂长
3	混凝土输送泵		台	2	60/h
4	平板振动器		台	4	
5	混凝土振动棒	ф50. ф70	只	10	1.1kW
6	污水泵		台	6	2.2kW

⑤对原测量控制网、水准点标高进度复测，并放出控制标高，打好控制桩。

3. 基础筏板混凝土施工

①底板浇筑顺序

②底板混凝土的浇筑

a. 进场混凝土质量控制：搅拌站派人进驻施工现场，对浇筑过程中的质量进行监控。混凝土到现场后由项目试验室人员与搅拌站共同对混凝土的出罐温度、坍落度进行测试试验员负责对当天施工的砼坍落度实行抽测，砼责任工程师组织人员对每车坍落度测试，负责检查每车的坍落度是否符合预拌砼小票技术要求，并做好坍落度测试记录。如遇不符合要求的，必须退回搅拌站，严禁使用。具体坍落度的控制对不同构件要有不同的控制范围，以满足不同构件砼凝结时间的不同要求。

实测砼坍落度与要求坍落度的允许偏差：当所要求的砼坍落度 <50mm 时，其允许偏差为 ±10mm；50 ~ 90mm 时，为 ±20mm；>90mm 时，为 ±30mm。

b. 施工现场备少量减水剂，以备由于意外情况而导致的混凝土坍落度损失过大时使用，现场严禁往混凝土内加水。重新加过减水剂的搅拌车号由搅拌站人员在混凝土小票上登记台账，并做好记录。

c. 本工程基础筏板厚度为 0.6m 为保证浇筑质量，采用斜面分层浇捣的方法，斜面坡度（1 ：6 左右），分层浇筑厚度控制在 30cm，由一边退向另一边浇筑。分层浇筑示意见图 8–14。根据混凝土泵送时的自然坡度，在每个浇筑带的前后布置两道振动器，第一道布置在混凝土的卸料点，解决上部混凝土的捣实，第二道布置在混凝土的坡脚处，确保下部混凝土的密实，浇筑方向由前往后退浇，振动器也相应跟上，以确保整个底板混凝土的浇筑质量。

图 4–3–1　筏板分层浇筑示意图

d. 泵送开始时，将泵管内的水及稀砂浆泵入吊斗内吊至坑上处理，其余减石砂浆由端部软管均匀分布在浇筑工作面上，防止过厚的砂浆堆积。

e. 在浇筑过程中正确控制间歇时间，上层混凝土应在下层混凝土初凝之前浇筑完毕，并在振捣上层混凝土时，振捣棒插入下层混凝土 5cm，使上下层混凝土之间更好的结合。为保证插入精度，在距振捣棒端部 65cm 处捆绑红色皮筋作为深度标记。

f. 在浇筑过程中，混凝土振捣是一个重要环节，一定要严格按操作规程操作，做到快插慢拔，快插是为了防止上层混凝土振实后而下层混凝土内气泡无法排出，慢拔是为了能使混凝土能填满棒所造成的空洞。在振捣过程中，振捣棒略上下抽动，使混凝土振捣密实，插点要均匀，插点之间距离一控制在 50cm，离开模板距离为 20cm。采用单一的行列形式，不要与交错式混用，以免漏振，振捣点时间要掌握好，一般控制在 20 ~ 30s 之间，直至混凝土表面泛浆，不出现气泡，混凝土不再下沉为止。

g. 底板混凝土表层进行二次振捣，以确保混凝土表面密实度。待第一次振捣完成

20 ~ 30min 并已浇筑出一定面积后，在混凝土初凝前用平板振动器再进行第二次振捣。在振捣过程中，避免触及钢筋、模板，以免发生移位、跑模现象。

h. 混凝土表面用木抹子拍实搓压后，再用铁抹子压光，保证表面的密实度和光洁度，减缓混凝土表面失水速度，防止表面龟裂。

③混凝土养护

混凝土浇筑完毕，其上部刚可行人时，就立即覆盖塑料薄膜，并覆盖草袋一层养护。如局部有干白现象，应喷淋湿润后再覆盖塑料薄膜。根据测温情况，随时调整覆盖厚度，控制混凝土内外温差不大于 25℃。养护重点为底板与外墙交接处。此处底板容易形成较大温差而引起裂缝，因此要覆盖严密。

养护的起始时间：混凝土浇筑完毕后强度≥ 1.2MPa。此时允许操作人员在上行走，进行一些轻便工作，但不得有冲击性操作。养护的结束时间：14 天后。养护膜在混凝土达到强度标准值的 30% 后、内外温差及表面与大气最低温差均小于 25℃时，方可拆除。

塑料薄膜拆除后采用逐段浇水养护。

导墙模板拆除时间延长，以保证导墙混凝土有更好的养护条件。拆模时间控制在浇完混凝土后 5 ~ 7 天。

④混凝土试块制作

a. 每拌制 100 盘且不超过 100 的同配合比的砼，取样不少于 1 次。对不同标高、不同区域底板和侧壁应按不同结构部位留置试块，而这些部位的砼量经测算均小于 1000，按规范应每 100 留一组，不足 100 也应留一组。

b. 当一次连续浇筑超过 1000 时，同一配合比的砼每 200 取样不得少于 1 次。底板混凝土每 200 制作一组抗压试块，抗渗混凝土试块每 500 留置一组，抗压试块尺寸 150×150×150mm，一组 3 块，养护条件 20±3℃，相对湿度 90% 以上，养护龄期 28 天，抗渗试块尺寸 185（175）×150mm，一组 6 块，养护条件同上。

4. 大体积混凝土温差及裂缝控制

本工程底板厚 600mm，基础梁最大截面 900mm×1500mm，需采取相应工艺措施，控制内外温差，防止裂缝产生，保证混凝土施工质量。

①保温控制计算如下：

保温材料所需厚度计算公式：

$$\delta_i = 0.5h\frac{\lambda_i(\mathrm{T}_b - \mathrm{T}_a)}{\lambda(\mathrm{T}_{\max} - \mathrm{T}_b)}$$

式中　δ_i——保温材料所需厚度（m）；

h——结构厚度（m）；

λ_i——结构材料导热系数（W/m·K）；

λ——混凝土的导热系数，取 2.3W/m·K；

T_{max}——混凝土中心最高温度（℃）；

T_b——混凝土表面温度（℃）；

T_a——空气平均温度（℃）；

K——透风系数。

计算参数

1）混凝土的导热系数 λ=2.3（W/m·K）

2）保温材料的导热系数 λ_i=0.14（W/m·K）

3）大体积混凝土结构厚度 h=0.90（m）

4）混凝土表面温度 T_b=25.00（℃）

5）混凝土中心温度 T_{max}=45.00（℃）

6）空气平均温度 T_a=10.00（℃）

7）传热系数修正值，即透风系数 K=1.40

计算结果

保温材料所需厚度 δ_i=0.029（m）。因此，混凝土表面覆盖一层塑料薄膜及一层草袋即可。

②裂缝控制验算

计算原理

大体积混凝土基础或结构贯穿性或深进的裂缝，主要是由于平均降温差和收缩差引起过大的温度收缩应力而造成的．混凝土因外约束引起的温度（包括收缩）应力（二维时），一般用约束系数法来计算约束应力按以下简化公式计算：

$$\sigma = E_{(t)}\,\alpha\,\Delta T/1-\nu_c \times S_{(t)}\,R$$

$$\Delta T = T_0 + (2/3) \times T_{(t)} + T_{y(t)} - T_h$$

式中　σ——混凝土的温度（包括收缩）应力（N/m㎡）；

$E_{(t)}$——混凝土从浇筑后至计算时的弹性模量（N/m㎡），一般取平均值；

α——混凝土的线膨胀系数，取 1×10^{-5}；

T_0——混凝土的浇筑入模温度（℃）；

$T_{(t)}$——浇筑完一段时间 t，混凝土的绝热温升值（℃）；混凝土的最大综合温差（℃）绝对值，如为降温取负值；当大体积混凝土基础长期裸露在室外，且未回填土时，ΔT 值按混凝土水化热最高温升值（包括浇筑入模温度）与当月平均最低温度之差进行计算；计算结果为负值，则表示降温；

$T_{y(t)}$——混凝土收缩当量温差（℃）；

T_h——混凝土浇筑完后达到的稳定时的温度；

$S_{(t)}$——考虑徐变影响的松弛系数，本例中取值 0.19；

R——混凝土的外约束系数，本例中取值 0.6；

v_c——混凝土的泊松比。

计算

取 $S_{(t)}=0.19$，$R=0.60$，$\alpha=1\times10^{-5}$，$v_c=0.15$.

1）混凝土 3d 的弹性模量公式：

$E_{(t)}=E_c(1-e^{-0.09t})$

计算得：$E_{(3)}=0.75\times10^4$

2）最大综合温差 ΔT=36.81（℃），最大综合温差 ΔT 均以负值代入下式计算 .

3）基础混凝土最大降温收缩应力计算公式：

$$\sigma=E_{(t)}\alpha\Delta T/1-v_c\times S_{(t)}R$$

计算得：σ=0.36（N/m ㎡）

4）不同龄期的抗拉强度公式：

$$f_t(t)=0.8ft(\lg t)^{2/3}$$

计算得：f_t（3）＝0.77（N/m ㎡）

5）抗裂缝安全度：k=0.77/0.36=2.13>1.15 满足抗裂条件。

③温差控制措施

底板混凝土内外温差通过测温及覆盖保温膜来控制。底板混凝土浇筑后，其上部刚可行人时，就立即覆盖塑料薄膜，并覆盖草袋一层。如局部有干白现象，应喷淋湿润后再覆盖塑料薄膜。尤其注意底板与外墙、水池壁交接处，此处底板容易形成较大温差而引起裂缝，因此要覆盖严密。

利用浇筑前即布置好的测温孔监测内外温度，根据测温情况，随时调整覆盖厚度，控制混凝土内外温差不大于 25℃。

测温操作要求如下：

a. 混凝土温度控制标准为：前期混凝土水化温升值≤ 5℃ /h；混凝土内外温差＜ 25℃；降温速度＜ 2℃ /d。

b. 测温时间

在浇筑后 3 天内混凝土水化热最大，混凝土浇筑后每 4 小时测一次，混凝土强度达到标准值 30%（约 3 天）以后每 8 小时测一次，并填写测温记录表。测温结束时间：达到上述标准后即可停止测温。如测温结果与标准偏差较大，应继续测温监控。

c. 测温操作要求

为了有效控制混凝土内外温差，使混凝土表面与中心温差控制在 25℃以内，防止温差过大而产生裂缝，施工过程中实行信息化管理。利用 Φ15mm 镀锌钢管作为测温管，下端防水胶带封闭。测温点根据底板厚度设为一组，将测温管点焊固定在底板附加钢筋上。在测温前，管内注入适量机油，上口用棉花塞紧，在浇筑后 3 天内混凝土水化热最大，混凝土强度达到标准值 30% 以后每 8 小时测一次，并做好测温记录，把测温记录及时反馈给技术人员以便及时发现问题，采取相应的技术措施，现场备塑料薄膜等。

测量仪器采用医用电子测温仪和水银温度计相结合。

测温时，应将温度计与外界气温相隔离，用棉团将测温管上口塞住。测温计停留在测温孔内要达 3 分钟，方可读数。

测温孔布置在温度变化大，易散热的位置。读数时必须及时准确。读测温计时，与视线相平，以确保读数的正确。

d. 加强测温工作管理

测温记录表由分包现场专职测温员填写。测温记录必须真实、准确、完整，字迹工整，不得涂改。

专职测温员必须经过培训，了解混凝土的性质、测温要求，对现场覆盖不严、温差过大、混凝土温度过高或过低等不正常现象要有很灵敏的反应，并及时向经理部有关人员和分包技术负责人反映实际情况。

每次测完温，要立即把签字完整的测温记录表报分包技术负责人和项目工程部审核后在技术部归档（逢夜间交经理部值班人员）。

④裂缝控制措施

a. 原材料方面采取的措施

本工程选用普通硅酸盐水泥，掺加复合减水剂，由此会取得降低水灰比，减少水泥浆量，延缓水化热峰值的出现，降低温度峰值，收缩变形也有所降低。

混凝土搅拌站原材料称量装置要严格、准确，确保混凝土的质量。砂石的含泥量对于砼的抗拉强度与收缩影响较大，要严格控制在 2% 以内。砂石骨料的粒径要尽量大些，以达到减少收缩的目的；当水灰比不变时，水和水泥的用量对于收缩有显著影响，因此，在保证可泵性和水灰比一定的条件下，要尽量降低水泥浆量；砂率过高意味着细骨料多，粗骨料少，为了减少收缩的作用，避免产生裂缝，要尽可能降低砂石的吸水率。

b. 混凝土采用自然流淌斜面分层浇筑，分层厚度为 300mm 左右。在上层混凝土浇筑前，使其尽可能多的热量散发，降低混凝土的温升值，缩小混凝土内外温差及温度应力。

c. 混凝土泌水处理和表面处理：混凝土在浇筑、振捣过程中，上涌的泌水和浮浆沿混凝土面排到后浇带的排水沟，通过沟内设置的集水坑抽出基坑，以提高混凝土质量，减少表面裂缝。浇筑混凝土的收头处理也是减少表面裂缝的重要措施，因此，在混凝土浇筑后，先初步按标高用长刮尺刮平，在初凝前用平板振动器碾压数遍。

d. 由于泵送混凝土表面的水泥浆较厚，在混凝土浇筑到顶面后，及时把水泥浆赶至后浇带处排水沟，初步按标高刮平，用木抹子反复搓平压实，使混凝土硬化过程初期产生的收缩裂缝在塑性阶段就予以封闭填补，以防止混凝土表面龟裂。

e. 混凝土养护采用在表面覆盖一层草袋加一层塑料薄膜，塑料薄膜之间搭接 200mm，以减少水分的散发，对边缘、棱角部位的厚度应增加到面层部位的 2 倍，以此降低底板表面与大气温差，避免由于温差过大而造成的温度裂缝。采用塑料薄膜覆盖养护的砼，其敞露的全部表面应覆盖严密，保持塑料膜内有凝结水。

（5）后浇带、加强带处理

①后浇带

a. 后浇带的位置应依据结构施工图，不得随意更改，为保证其位置正确性，基础底板施工时，在混凝土垫层上弹出后浇带位置线。

b. 由于后浇带搁置时间较长，为了控制其锈蚀程度，影响其受力性能，故采用在钢筋上刷水泥浆保护。

②加强带处理

根据设计要求，底板加强带同底板一同施工，由于加强带混凝土配合比与底板混凝土配合比不一致，为便于施工，加强带混凝土采用塔式起重机用吊斗吊入，进度比两侧底板混凝土稍提前，底板混凝土浇筑由底板两侧向加强带方向进行。

三、墙、柱、梁、板混凝土施工

（一）工艺流程

作业准备→混凝土运送到浇筑部位→柱、梁、板、剪力墙、楼梯混凝土浇筑与振捣→养护

（二）浇筑过程

1. 在浇筑墙、柱、梁板、楼梯时，现场采用混凝土输送泵输送泵输送到各个部位；膨胀加强带及不方便使用混凝土输送泵的地方使用塔式起重机吊斗运送混凝土。泵送混凝土时必须保证混凝土泵连续工作，如果发生故障，停歇时间超过 45min 或混凝土出现离析现象，应立即用压力水或其他方法冲洗管内残留的混凝土。

2. 混凝土浇筑与振捣要求

a. 混凝土自吊斗口或布料管口下落的自由倾落高度不得超过 2m，浇筑高度如超过 2m 时必须用溜管伸到墙、柱的下部，浇筑混凝土。

b. 混凝土浇筑时要分段分层连续进行，浇筑层高度根据结构特点、钢筋疏密决定，控制在一次浇筑 500mm 高。

c. 使用插入式振捣棒应快插慢拔，插点要均匀排列，逐点移动，顺序进行，不得遗漏，做到均匀振实。移动间距不大于振捣作用半径的 1.5 倍（一般为 30cm ~ 40cm）。振捣上一层时应插入下层 5cm，以消除两层间的接缝。

d. 浇筑混凝土要连续进行。如就餐时间或其他原因，由两班人员换班，现场不得中断。如果必须间歇，其间歇时间应尽量缩短，并应在前层混凝土初凝前，将次层混凝土浇筑完毕。

e. 浇筑混凝土时应派木工、钢筋工随时观察模板、钢筋、预留孔洞、预埋件和插筋等有无移动，变形或堵塞情况，发生问题应立即处理并应在已浇筑的混凝土初凝前修正完好。

（三）柱混凝土浇筑

1. 柱混凝土浇筑前在底部铺垫与同配合比减石子混凝土，并使底部厚度为 100mm。柱混凝土分层浇筑，每层浇筑柱混凝土的厚度为 50cm，振捣棒不得触动钢筋和预埋件，振捣棒插入点要均匀，防止多振或漏振。

2. 柱高超过 2m 时应在布料管上接一软管，伸到柱内，保证混凝土自由落体高度不得超过 2m。下料时使软管在柱上口来回挪动，使之均匀下料，防止骨浆分离。如遇柱内拉筋过密致使软管下不去时，采用两台振动棒对角振捣。

3. 柱子混凝土一次浇筑到梁底或板底，且高出梁底或板底 4cm（待拆模后，剔凿掉 2cm，使之露出石子为止）。

4. 本工程梁柱节点处混凝土强度等级不大于一级时或不大于二级且柱周围有框架梁时，节点随梁板一同浇筑。

（四）梁、板砼浇筑

1. 梁板同时浇筑，对与板连成整体高度大于 1m 的梁，可以单独浇筑，其施工缝应留在板底上 4cm 处。浇捣时，梁底与梁帮部位要注意振密实，不得触动钢筋及预埋件。

2. 梁柱节点钢筋较密时，宜用小料径石子同强度等级的砼浇筑，并用小直径振动棒振捣。

3. 宜沿次梁方向浇筑梁板，施工缝应留置在次梁跨度的中间 1/3 范围内。施工缝宜用木板或钢丝网挡牢，与板面垂直。

4. 每块砼浇筑完毕，其表面应适时用木抹子搓压两遍以上，以防砼产生收缩裂缝。

（五）墙体混凝土浇筑

1. 浇筑墙体混凝土应连续进行，做好混凝土调配，尤其避免出现竖向施工冷缝。外墙距底板 250mm 高处设置水平施工缝，按设计要求设置止水钢板。墙体混凝土一次浇筑到梁底，且高出梁底或板底 3cm（待拆模后，剔凿掉 2cm，使之露出石子为止）。

2. 墙体混凝土浇筑前，先在底部均匀浇筑 50mm 厚与墙体混凝土成分相同的水泥砂浆。振捣时注意钢筋密集及洞口部位，以防止出现漏振，须在洞口两侧同时振捣，下灰高度也要大体一致。

（六）楼梯混凝土浇筑

楼梯段混凝土自下而上浇筑。楼梯混凝土宜连续浇筑完成；施工缝位置：根据结构情况可留设于楼梯平台板跨中或楼梯段 1/3 范围内。

（七）施工缝的处理措施

1. 墙体竖向施工缝的处理：墙体竖向施工缝可用 15×15 目的双层钢丝网绑扎在墙体

钢筋上，外用 50mm 厚木板封挡砼。当墙模拆除后，在距施工缝 50mm 处的墙面上两侧均匀弹线，用云石机沿墨线切一道 5mm 深的直缝；再用钎子将直缝以外的砼软弱层剔掉露石子，清理干净，保证砼接槎质量。

2. 墙体顶部水平施工缝处理：墙体砼浇筑时，高于顶板底 40mm。墙体模板拆除后，弹出顶板底线，在墨线上 5mm 处用云石机切割一道 5mm 深的水平直缝，将直缝以上的砼软弱层剔掉露出石子，清理干净。

3. 墙、柱底部施工缝的处理：剔除浮浆，并使剔除向下凹 1cm，沿墙、柱外尺寸向内 5mm 用砂轮切割机切齐，保证砼接缝处的质量。并加以充分湿润和冲洗干净，且不得积水。

4. 顶板施工缝的处理：施工缝处底板下铁垫 15mm 厚木条，保证下铁钢筋保护层；上、下铁之间用木板保证净距，与下铁接触的木板侧面按下铁钢筋间距锯成豁口，卡在上铁筋上。

5. 施工缝处砼的浇筑

a. 在施工缝处继续浇筑砼时，已浇筑的砼的抗压强度不应小于 1.2N/m ㎡。

b. 在浇筑砼前，宜在施工缝处铺一层与砼成分相同的减石子水泥浆，接浆厚度 5 ~ 10cm。

c. 砼应细致捣实，使新旧砼紧密结合。

四、泵送混凝土施工

本工程要求必须用泵送预拌混凝土施工，所以要做好泵送混凝土施工准备。

（一）泵送混凝土配合比要求

预拌混凝土中要掺加粉煤灰，改善预拌混凝土的和易性和减少预拌混凝土的坍落度损失，保证泵送效果。

泵送混凝土配合比中要控制砂率，砂率高可以增加混凝土的可泵性，但是，砂率过高会使混凝土软弱层增厚，同时会增加混凝土表面的裂缝。因此，砂率要控制在一个合理的范围内。常规是控制在 38 ~ 40% 左右。

（二）混凝土配管设计

1. 配管设计中考虑范围

混凝土输送压力、收缩短管长度、少用弯管和软管、以便于装拆维修、排除故障、清洗等。为保证配管稳定，本工程地上部分采用结构内布管形式，即配管从首层顶板进入建筑物，沿预留洞口向上伸展。到浇筑平面时，甩出弯臂，接水平管，直到要浇筑部位。注意水平管和立管之比要满足规范要求，混凝土水平管布设长度不少于总高度 1/3。

2. 配管的固定

配管不得直接支承在钢筋、模板及预埋件上，且应符合下列规定平管每隔 1.5m 左右用支架或台垫固定，以便于排除堵管、装拆和清洗管道。

（三）混凝土泵送技术

1. 合理布置输送泵的位置，尽可能至各个浇筑点的距离最短，且输送车开行方便。输送泵下场地应平整、硬化。

2. 混凝土浇筑前应先进行布管，尽可能缩短管线长度，以减少压力损失，少用弯管和软管，不得直接支承在钢筋、模板及预埋件上，水平管每隔一定距离要用支架、台垫、吊具等固定，垂直管用预埋件固定在楼板预留孔处。

3. 混凝土泵与输送管连通后，应按所用混凝土泵使用说明书的规定进行全面检查，符合要求后方能开机进行空运转。混凝土泵启动后，应先泵送适量的水，以湿润混凝土泵、活塞及输送管的内壁等直接与混凝土接触的部位。经泵送水检查，确认混凝土泵和输送管中没有异物后，可以采用与混凝土其他组分相同的减石砂浆润滑泵管，润滑用的减石砂浆应分散布料，不得集中浇筑在同一处。

4. 泵送的速度应先慢后快、逐步加速。同时，应观察混凝土泵的压力和各系统的工作情况，待各系统运转顺利后，再按正常速度进行泵送。混凝土泵送应连续进行。如必须中断时，其中断时不得超过混凝土从搅拌至浇筑完毕所允许的延续时间。

5. 泵送混凝土时，混凝土泵的活塞应尽可能保持在最大行程运转。一是提高混凝土泵的输出效率，二是有利于机械的保护。混凝土泵的水箱或活塞清洗室中应经常保持充满水。泵送时，如输送管内吸入了空气，应立即进行反泵吸出混凝土，将其倒至料斗中重新搅拌，排出空气后再泵送。当混凝土泵出现压力升高且不稳定、油温升高、输送管有明显振动等现象而泵送困难时，不得强行泵送，并应立即查明原因，采取措施排除。

6. 在混凝土泵送过程中，若需要有计划中断泵送时，应预先考虑确定的中断浇筑部分，停止泵送，并且中断不要超过 1h，泵送过程中被废弃的和泵送终止时多余的混凝土，应及时进行妥善处理。重新泵送或清洗混凝土泵时，布料设备的出口应朝安全方向，以防堵塞物或废浆高速飞出伤人。

第五章　预应力混凝土工程

第一节　预应力混凝土及其分类

一、预应力混凝土的定义

预应力混凝土结构，是在结构构件受外力荷载作用前，先人为地对它施加压力，由此产生的预应力状态用以减小或抵消外荷载所引起的拉应力，即借助于混凝土较高的抗压强度来弥补其抗拉强度的不足，达到推迟受拉区混凝土开裂的目的。以预应力混凝土制成的结构，因以张拉钢筋的方法来达到预压应力，所以也称预应力钢筋混凝土结构。

预应力混凝土结构，使混凝土在荷载作用前预先受压的一种结构。预应力用张拉高强度钢筋或钢丝的方法产生。张拉方法有两种：（1）先张法。即先张拉钢筋，后浇灌混凝土，待混凝土达到规定强度时，放松钢筋两端；（2）后张法。即先浇灌混凝土，达到规定强度时，再张拉穿过混凝土内预留孔道中的钢筋，并在两端锚固。预应力能提高混凝土承受荷载时的抗拉能力，防止或延迟裂缝的出现，并增加结构的刚度，节省钢材和水泥。

为了避免钢筋混凝土结构的裂缝过早出现，充分利用高强材，人们在长期的生产实践中创造了预应力混凝土结构。所谓预应力混凝土结构，是在结构构件受外力荷载作用前，先人为地对它施加压力，由此产生的预应力状态用以减小或抵消外荷载所引起的拉应力，即借助于混凝土较高的抗压强度来弥补其抗拉强度的不足，达到推迟受拉区混凝土开裂的目的。以预应力混凝土制成的结构，因以张拉钢筋的方法来达到预压应力，所以也称预应力钢筋混凝土结构。

（一）基本原理

预应力混凝土虽然只有几十年的历史，然而人们对预应力原理的应用却由来已久。也有利于恢复预应力筋与混凝土之间的黏结力。如工匠运用预应力的原理来制作木桶：木桶通过套竹箍紧，水对桶壁产生的环向拉应力不超过环向预压应力，则桶壁木板之间将始终保持受压的紧密状态，木桶就不会开裂和漏水。建筑工地用砖钳装卸砖块，被钳住得一叠水平砖不会提落。旋紧自行车轮的钢丝，使车轮受压力后而钢丝不折。

混凝土的抗压强度虽高，而抗拉强度却很低，预应力筋可先穿入套管也可以后穿。通过对预期受拉的部位施加预压应力的方法，就能克服混凝土抗拉强度低的弱点，达到利用预压应力建成不开裂的结构。

（二）特点

与钢筋混凝土相比，预应力混凝土的优点：由于采用了高强度钢材和高强度混凝土，预应力混凝土构件具有抗裂能力强、抗渗性能好、刚度大、强度高、抗剪能力和抗疲劳性能好的特点，对节约钢材（可节约钢材 40% ~ 50%、混凝土 20% ~ 40%）、减小结构截面尺寸、降低结构自重、防止开裂和减少挠度都十分有效，可以使结构设计得更为经济、轻巧与美观。

预应力混凝土缺点：预应力混凝土构件的生产工艺比钢筋混凝土构件复杂，技术要求高，需要有专门的张拉设备、灌浆机械和生产台座等以及专业的技术操作人员（见预应力工艺）；预应力混凝土结构的开工费用较大，对构件数量少的工程成本较高。

二、分类

根据预应力混凝土中预加应力的程度、预应力筋张拉的方法及预应力筋的设置方式和结构物的外形，预应力混凝土可分为以下几类：

1. 根据预应力混凝土中预加应力的程度分为：全预应力混凝土（预应力混凝土结构物在全部使用荷载的作用下不产生弯曲拉应力）、有限预应力混凝土（预应力混凝土结构物的拉应力不超过规定的允许值）和部分预应力混凝土（预应力混凝土结构物在主承载方向产生的拉应力没有限制）；

2. 根据给预应力筋实施张拉是在预应力混凝土结构物形成之前或之后分为：先张法和后张法两种。在水电工程中大都采用后张法施工；

3. 根据预应力筋与混凝土结构物是否黏结分为：黏结（在预应力施加后，使混凝土结构物对预应力筋产生握裹力并固结为一体）和无黏结（通过采取特殊工艺，使用某种介质将预应力筋与混凝土隔离，而预应力筋仍能沿其轴线移动）两种；

4. 根据施加预应力的混凝土结构物体形特征分为：预应力混凝土板、杆、梁、闸墩、隧洞；

第二节　预应力夹具、锚具和连接器

一、预应力锚具夹具和连接器分类

1. 按预应力品种分，有钢丝束镦头锚固体系，钢绞线央片锚固体系和精轧螺纹钢筋锚固体系；按锚固原理分，有支承锚固、楔紧锚固，握裹锚固和组合锚固等体系。

2. 螺丝端杆锚具，精轧螺纹钢筋锚具和镦头锚具属于支承锚固；钢质锥塞锚具，夹片锚具（JN）和楔片锚具（XM，QM 和 OVM）为楔紧锚固。

3. 握裹锚同是将预应力筋直接埋入或加工后（如把钢筋或钢丝镦头、钢绞线压花等）埋入混凝土中，或在预应力筋端头用挤压的办法固定一个钢套筒，利用混凝土或钢套筒的握裹进行锚固。先张法生产的构件中，预应力筋就是握裹锚固的。

二、预应力锚具夹具和连接器的一般要求

1. 预应力筋锚具应按设计要求采用。锚具应满足分级张拉、补张拉以及放松预应力的要求。用于后张结构时，锚具或其附件上宜设置压浆孔或排气孔，压浆孔应有足够的截面面积，以保证浆液的畅通。

2. 夹具应具有良好的自锚性能、松锚性能和重复使用性能。需敲击才能松开的夹具，必须保证其对预应力筋的锚固没有影响，且对操作人员的安全不造成危险。

3. 用于后张法的连接器，必须符合锚具的性能要求；用于先张法的连接器，必须符合夹具的性能要求。

三、预应力锚具夹具和连接器进场验收规定

1. 锚具、夹具和连接器进场时，除应按出厂合格证和质量证明书核查其锚固性能类别、型号、规格及数量外，还应按下列规定进行验收：

（1）外观检查：应从每批中抽取 10% 的锚具且不少于 10 套，检查其外观和尺寸。如有一套表面有裂纹或超过产品标准及设计图纸规定尺寸的允许偏差，则应另取双倍数量的锚具重做检查，如仍有一套不符合要求，则应逐套检查，合格者方可使用。

（2）硬度检验：应从每批中抽取 5% 的锚具且不少于 5 套，对其中有硬度要求的零件做硬度试验。对多孔夹片式锚具的夹片，每套至少抽取 5 片。每个零件测试 3 点，其硬度应在设计要求范围内，如有一个零件不合格，则应另取双倍数量的零件重做试验，如仍有一个零件不合格，则应逐个检查，合格者方可使用。

（3）静载锚固性能试验：对大桥等重要工程，当质量证明书不齐全、不正确或质量

有疑点时，经上述两项试验合格后，应从同批中抽取 6 套锚具（夹具或连接器）组成 3 个预应力筋锚具组装件，进行静载锚固性能试验，如有一个试件不符合要求，则应另取双倍数量的锚具（夹具或连接器）重做试验，如仍有一个试件不符合要求，则该批锚具（夹具或连接器）为不合格品。

对用于其他桥梁的锚具（夹具或连接器）进场验收，其静载锚固性能可由锚具生产厂提供试验报告。

2. 预应力筋锚具、夹具和连接器验收批的划分：在同种材料和同一生产工艺条件下，锚具、夹具应以不超过 1000 套组为一个验收批；连接器以不超过 500 套组为一个验收批。

第三节　先张法施工

一、先张法施工工艺

1. 建设长线台张拉台座

建设长线张拉台基础，台背（牛腿柱）台座是以传力式设计的，为钢筋混凝土结构，经计算有足够的耐压强度，并保证在预应力钢绞线张拉过程和其他工序施工过程中无变形现象，从而保证钢绞线的张拉值和施工安全。

2. 张拉梁的制作与使用

长线钢绞线张拉梁用 30mm 厚的钢板和两件 40 工字钢拼焊而成的，分别为张拉固定梁和张拉行梁两种，张拉梁的结构有足够的刚度，保证在施工过程中无变形现象，并保证钢绞线张拉值的准确与安全。在安放张拉固定梁和张拉行梁时，其水平对称线与底模中心线对中，用木楔调整高度，使张拉梁对称轴线与台背柱横轴线对中，将该长线槽内的底模纵轴线引到张拉台座的面板上，并按设计要求该长线槽预制板需的钢绞线固定在已经定好位的张拉梁上。

3. 夹具制作

夹具采用园套筒三片式夹具，夹片用 20 铬钢制造，夹片经有关部门进行检验合格的，使用时保证夹片平齐地夹持住钢绞线，使用前在套筒内壁稍涂黄油以使夹片的楔紧和用毕后便于退出夹片，每次在使用前对夹片进行详细检查，如发现有刻痕现象马上更换，保证张拉质量和安全。

4. 长线张拉槽底模制作

长线张拉槽底模设在两张拉台背之间，以钢筋混凝土的结构建设，本厂长线张拉槽全长 115 米，分两次浇筑混凝土，第一次先浇筑 30 厘米的基础平面砼，在浇筑基础平面混凝土的同时预埋底模和传力防护垟的钢筋，基础平面混凝土强度达到一定强度后绑扎底模的钢筋骨架和焊接底模周边的角钢，而后支模板浇筑

5. 张拉机具

（1）长线钢绞线张拉采用 YC150Q–250 型千斤顶两台，使用前对使用的千斤顶进行检查和系统标定经过标定的压力表和配套的千斤顶一定套使用，不得更换。

（2）油泵依据油泵说明要求先做空载运转，空载检验正常后做保压检验，经检验正常后进行施工使用。

（3）张拉机具除张拉固定横梁，张拉行（活）横梁、千斤顶、油泵外，还有配套的精轧螺纹钢，精轧螺纹钢与钢绞线连接的杆线连接器，杆与杆连接的杆杆连接器，牢固精轧螺纹钢的钢母，预紧小千斤顶等。

6. 钢绞线的安放与加工

（1）放钢绞线之前首先检查确认该钢绞线的直径与该槽预制板设计要求的钢绞线直径是否相同，确认无误后引线，在放线时沿底模的纵向每隔 2 ～ 3 米横向设一条约 4×4cm 的小木方，钢绞线的长度保持一至，钢绞线的数量符合该趟线（槽）预制板的设计要求，使用处理各棵钢绞线失效作用的塑料管，按设计要的长度分别穿在钢绞线上以便张拉后定位。

（2）钢绞线加工钢绞线下料长度按下列公式计算

$$L=L_1+L_2+L_3$$

式中　　L_1—该长线槽所有布置预制板的累计长度

L_2—该长线槽所有预制板两板之间的间距累计长度

L_3—全槽两端板外端线以外与精轧螺纹钢的接点长度。

7. 钢绞线张拉及钢筋骨架绑扎

（1）在长线张拉槽的两侧设了传力防护垟，防止钢绞线向两侧崩出，在台面上面加卡，防止向上崩出钢绞线的卡具，在张拉台操作处设了防护垟，千斤顶设地脚螺栓，活动横梁设防倾斜钢丝绳，确保横梁。千斤顶等受力件中心与预应力筋重合、不偏斜。在张拉横梁的两端及周围一定范围内设置警告牌，以便在张拉时严禁闲杂人员进入工作区。

（2）张拉过程的每一步都要严格按规定执行。

8. 支立模板

侧模应先编号，按号入座，便于组装与支立，侧模与底模紧固采用螺栓顶杆。海棉条封缝，模顶面采取螺栓拉杆，两侧采取花兰螺栓对拉的方法，使其在施工中不产生跑模和漏浆现象。支好模后严格检查各几何尺寸，模板上的隔离剂不得沾污在钢筋上。

9. 砼浇筑

由于底板砼浇筑，要求充分保证砼的密实，振捣采用平板振捣器作业，振捣时严禁振

捣器碰到钢绞线，反复振捣直到砼不再下沉密实为止。底板砼振毕后穿放胶囊，使用前充分检查，认为无漏气现象方可使用。无误后方可继续浇筑侧板砼。由一端向另一端对称浇筑，顶板同时并行施工。

10. 砼养护

砼养护采取蒸汽养生，砼浇筑结束后，盖上罩，静止 2 小时，而后开始供气升温，以每小时升温 10° ~ 15° 的温度控制升温，升温至 60 度，以 60 度为恒温，恒温持续 72 小时，经压随梁试件的强度达到设计要求时开始降温以每小时 15 度控制，降至常温后开启罩布。抽拔胶囊：待砼浇注毕后，待砼进入终凝后有一定的强度后先缓慢放气，同时观察顶面有无裂纹，无裂纹即可拔出胶囊

11. 预应力钢绞线放张与切割断线

养生终止后立即压随梁试件，证实砼强度达设计强度后放张，放张采用整体放张法。放张后断线，断线时由两侧对称由外向内一根一根的用无齿锯切断，然后用防锈漆封闭外露端头。同时在端部写明构件编号，张拉日期，砼浇注日期，及使用于哪座桥，哪孔用的标记。

12. 移梁存放

用龙门吊将梁吊出张拉台，吊入存梁区存放。

二、先张法施工注意事项

1. 在工程施工前，组织相关人员进行安全培训，学习有关先张梁的技术及安全规定。在每次张拉前要安排专人进行钢绞线、千斤顶、张拉台座、横梁等设施进行检查，发现问题及时处理。

2. 进场人员必须戴安全帽。

3. 张拉操作前，周围应设置的警戒标志，并设专人照应现场安全。台座两端两外侧钢绞线 45 度夹角辐射的扇形危险区。张拉和锚固操作人员必须站在侧面安全处，严禁围观和闲杂人员进入张拉操作区，以防钢绞线崩断夹具滑脱伤人。

4. 张拉操作人员不宜频繁更换，应保持相对稳定和训练操作。

5. 临时用电要求一律用“三相五线”制配线，每个临时配电板（箱）必须全部安装灵敏漏电保护器。

6. 各种电动机机械必须有接地装置。定期检查，确保无故障后方能开动使用。遇停电或下班休息时，必须拉闸加锁。电机机械严格按“一机一闸制”接线。

7. 现场施工期间，必须将施工设备电源、照明电源、办公用电源以及电灯电源分别设置电盘做出标识。拆接电源时，由专职电工负责，其他人员不准任意拆接。

8. 遇暴风雨、雷袭、浓雾和 6 级以上大风时，应停止施工作业。

第四节　后张法施工

一、后张法预应力混凝土施工条件

1. 施加预应力的拉伸机已经过校验并有记录。试车检查张拉机具与设备是否正常、可靠，如发现有异常情况，应修理好后才能使用。灌浆机具准备就绪。

2. 混凝土构件（或块体）的强度必须达到设计要求，如设计无要求时，不应低于设计强度的 75%。构件（或块体）的几个尺寸、外观质量、预留孔道及埋件应经检查验收合格，要拼装的块体已拼装完毕，并经检查合格。

3. 锚夹具、连接器应准备齐全，并经过检查验收。

4. 预应力筋或预应力钢丝束已制作完毕。

5. 灌浆用的水泥浆（或砂浆）的配合比以及封端混凝土的配合比已经试验确定。

6. 张拉场地应平整、通畅，张拉的两端有安全防护措施。

7. 已进行技术交底，并应将预应力筋的张拉吨位与相应的压力表指针读数、钢筋计算伸长值写在牌上，并挂在明显位置处，以便操作时观察掌握。

二、施工工艺及过程说明

后张法施工工艺：

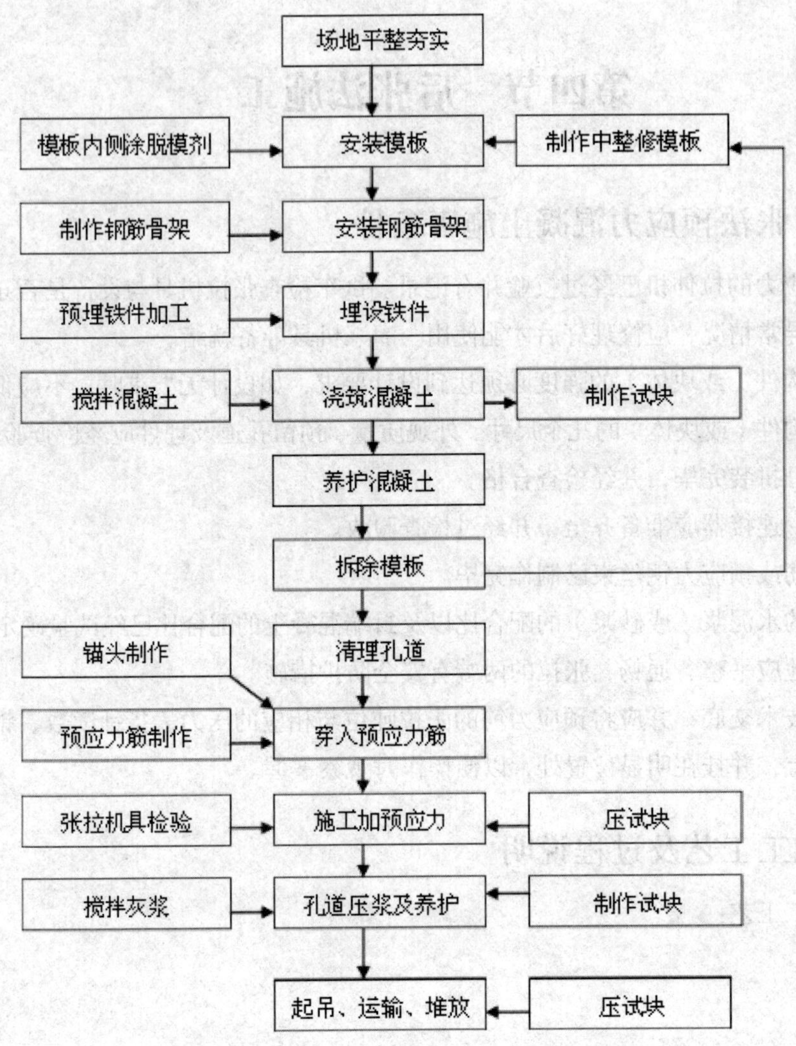

1. 孔道留设

孔道留设正确与否是制作过程中的关键之一。孔道的直径一般比预应力筋外径大 10 ~ 15mm，以利于预应力筋穿入。孔道的留设有抽芯法和预埋管法。

2. 预应力筋张拉

预应力筋张拉需要注意的混凝土的张拉强度、张拉控制应力及张拉程序、张拉方法、预应力的校核、张拉顺序。

3. 孔道的灌浆

预应力筋的张拉、锚固完成后、应立即进行孔道浇灌工作，以防锈蚀，增加结构的耐久性。灌浆用的水泥浆的标号不低于 425 号的普通硅酸盐水泥；水灰比宜为 0.4 左右。

4. 后张法在张拉过程中施工要点

（1）张拉时，构件混凝土强度不应低于设计强度等级值的 75%。当块体拼装构件的竖缝采用砂浆接缝时，砂浆强度不低于 15MPa。

（2）对预留孔道应用通孔器或压气、压水等方法进行检查。

（3）穿束时，对于短束，用人工从一端向另一端穿束；对于较长束，应套上穿束器，由引线及牵引设备从另一端拉出。

（4）预应力筋的张拉顺序采取分批、分段对称张拉。

（5）对于曲线预应力筋或长度≥ 25m 的直线预应力筋，宜在两端张拉；对长度< 25m 的直线预应力筋，可在一端张拉：

（6）预应力筋在张拉控制应力达到稳定后方可锚固。预应力筋锚固后的外露长度不宜小于 300mm，锚具应用封端混凝土保护，一般情况下，锚固完中并经检验合格后即可切割端头多余的预应力筋，严禁用电弧焊切割，强调用砂轮机切割。

（7）张拉切割后即封堵。用素灰将锚头封住，然后用塑料布将其裹住进行养生，防止裂缝而使锚头漏浆、漏气。影响压浆质量。

三、后张法施工注意事项

1. 实施前要对预留孔道应用通孔器或压气、压水等方法进行检查。注意检查端部预埋铁板与锚具和垫，板接触处的焊渣、毛刺、混凝土残渣等应清除干净。当采用先穿束的方法时用压气、压水较好。

2. 对力筋施加预应力之前，应对构件进行检查，外观尺寸应符合质量标准要求。张拉时，构件混凝土强度应符合设计要求，当设计无要求时，构件混凝土强度不应低于设计强度等级值的 75%。当块体拼装构件的竖缝采用砂浆接缝时，砂浆强度不低于 15MPa。

3. 钢筋穿束前，螺丝端杆的丝扣部分应用水泥袋纸等包缠 2 ~ 3 层，并用细铁丝扎牢；钢丝束、钢绞线束、钢筋束等穿束前，将一端找齐平，顺序编号。对于短束用人工从一端向另一端穿束；对于较长束，应套上穿束器，由引线及牵引设备从另一端拉出。

4. 预应力筋的张拉顺序应符合设计要求，当设计未规定时，可采取分批、分段对称张拉。对于夹片式锚具，上好的夹片应齐平，在张拉前并用钢管捣实。应使用能张拉多根钢绞线或钢丝的千斤顶同时对每一钢束中的全部力筋施加应力，但对于扁平管道中不多于 4 根的钢绞线除外。

5. 预应力筋张拉端的设置应符合设计要求，当设计无具体要求时，应符合：对于曲线预应力筋或长度大于等于 25m 的直线预应力筋，宜在两端张拉；对长度小于 25m 的直线预应力筋，可在一端张拉。

6. 曲线配筋的精轧螺纹钢筋应在两端张拉，直线配筋的精轧螺纹钢筋可在一端张拉。

7. 预应力筋采用两端张拉时，可先在一端张拉锚固后，再在另一端补足预应力值进行锚固。预应力筋同一截面中有多束一端张拉的预应力筋时，张拉端宜分别设置于构件的两端。

8. 在张拉控制应力达到稳定后方可锚固。预应力筋锚固后的外露长度不宜小于

300mm，锚具应用封端混凝土保护，当需长期外露时，应采取防止锈蚀的措施。一般情况下，锚固完毕并经检验合格后即可切割端头多余的预应力筋，严禁用电弧焊切割，强调用砂轮机切割。一般防锈措施为砂浆封堵。

9. 张拉割后即封堵。完成后，即对外露多余钢绞线、钢筋进行切割，切封堵的方法是用素灰将锚头封住，然后用塑料布将其裹住进行养生，以防止裂缝而使锚头漏浆、漏气，影响压浆质量。

10. 张拉时应注意夹片的回缩量，并做好记录予以减除。用自锚锚头时，夹片的回缩量即钢绞线回缩量，一般为限位板限位槽深减去夹片外露量。夹片外露量由张拉完毕后量得。

第六章　结构吊装工程

第一节　起重机械

起重机械，是指用于垂直升降或者垂直升降并水平移动重物的机电设备，其范围规定为额定起重量大于或者等于0.5t的升降机；额定起重量大于或者等于1t，且提升高度大于或者等于2m的起重机和承重形式固定的电动葫芦等。

一、安全操作的基本要求

起重机械司机在严格遵守各种规章制度的前提下，在操作中应做到以下五点：

1. 稳：司机在操作起重机械的过程中，必须做到起动、制动平稳，吊钩、吊具和吊物不游摆。

2. 准：在操作稳的基础上，吊钩、吊具和吊重物应准确地停在指定位置上方降落。

3. 快：在稳、准的基础上，协调相应各机构动作，缩短工作循环时间，保证起重机械不断连续工作，提高生产效率。

4. 安全：确保起重机械在完好状态下可靠有效地工作，在操作中，严格执行起重机械安全技术操作规程，不发生人身和设备事故；司机对事故应有预见能力，发现事故苗头能及时制止发生；在意外的情况下，能机动灵活地采取措施，制止事故发生或者使事故造成的损失最小。

5. 合理：在了解掌握起重机械性能和电动机的机械特性的基础上，根据吊物的具体情况，正确操纵控制器并做到合理控制起重机械。

二、起重机械司机注意事项

1. 指挥信号不明确或违章指挥时不吊；
2. 超载或吊重物重量不明确时不吊；
3. 吊重物捆绑、吊挂不牢或不平衡时不吊；
4. 吊重物上有人或有浮置物时不吊；
5. 起重机械安全装置不齐全或动作不灵敏、失效时不吊；

6. 遇有拉力不清的埋置吊重物时不吊；

7. 斜拉歪拽吊重物时不吊；

8. 作业场地昏暗，无法看清吊重物和指挥信号时不吊；

9. 吊重物棱角处与捆绑钢丝绳之间未加衬垫时不吊；

10. 钢（铁）水包装得太满有洒落危险时不吊。

三、起重机械作业交接时的准备工作

1. 起重机械司机禁止酒后、疲劳状态下作业。

2. 接班司机应仔细翻阅交接班记录，了解起重机械各工作机构及安全装置在此前的运行状况，做到心中有数。交班司机应将工作中出现的问题详细介绍给接班司机，然后，一起进行交接班的检查，包括：

（1）断开配电盘总闸刀开关的断电检查：

（电源断路装置上应加锁或挂上标牌，提示无关人员不得随意合闸）

①钢丝绳的断丝根数或磨损量是否超过报废标准；

②卷筒上是否有串槽或者叠压现象，固定压板是否牢固可靠；

③吊钩能否在横梁上灵活转动，钩尾固定螺母无松动现象；

④制动器的工作弹簧、销轴、连接板和开口销完好情况，各传动装置无卡阻现象；

⑤各安全装置动作应灵敏可靠；

⑥起重机械上无遗留工具或其他物件，以免作业中发生坠落，造成意外伤害；

⑦各机构润滑情况是否良好；

⑧各控制器是否处于零位或总停开关处于断开状态；

⑨随机配备的劳动防护用品、消防灭火器材是否有效。

（2）合上配电盘总闸刀开关的通电检查：

①电源供电情况，电压不得低于额定电压的85%；

②各声光信号是否正常；

③每班第一次作业前，进行负荷试吊，将额定起重量的吊物提升离地面约0.5米，然后下降以检查起升制动器工作的可靠性。

3. 将检查情况进行记录，办理交接工作。

四、起重机械作业注意事项

1. 起重机械，必须由经过培训考核合格并持有有效操作证的起重机械司机操作。

（1）起重机械司机必须熟悉起重机械的构造、性能，懂得相关电气设备的基本知识，掌握捆绑和吊挂知识及指挥信号，掌握起重机械维护保养知识。

（2）起重机械司机在动用设备前，必须认真阅读并理解该设备使用说明书的要求。

（3）新司机必须在有实践经验的老司机指导下，经过学习训练，考试及格，经有关部门批准，发给操作合格证后，才准独立操作。任何人无权指派非起重机械司机作业。

2. 起重机械起动前必须鸣铃或报警。

（1）应注意作业现场附近有无妨碍作业的人和其他障碍物（起重机械与周围障碍物之间的距离应在 0.5m 以上）；

（2）在作业范围内的其他人员未到达安全地点前，司机不应起吊重物。

3. 应按指挥人员的信号操作。

（1）在有多人工作时，司机应服从专人指挥，严禁随意开车；

（2）起重机械在起吊和运行中，对紧急停车信号，无论何人发出，都应立即执行；

（3）当指挥人员的信号与司机意见不一致时，应发出询问信号，在确认信号与指挥意图一致时方能继续起吊和运行。

4. 操作中的起重机械接近人员时，应示以断续的铃声或报警，以示避开。

（1）如人员一时不能离开，应停车等待，严禁吊运重物从人员头上或重要设备上越过；

（2）吊重物或吊臂下严禁站人，吊运重物应走指定的通道，在没有障碍物的线路上运行时，吊具或吊重物底面应距离地面 2m 以上；

（3）道上遇有障碍物需要跨越时，吊具或吊物底面应高出障碍物顶面 0.5m 以上；

（4）用电磁吸盘吊运钢铁等导磁物时，在工作范围内不允许有人。

5. 严禁同时开动起重机械大车、小车和起升三个机构。

（1）吊运重量大于额定起重量 50% 的吊物时，只准同时开动一个机构；

（2）所吊物接近或达到起重机械额定起重量时，吊运前应检查制动器，并用小高度（200 ~ 300mm）、短行程试吊后，再平稳吊运；

（3）吊运液态金属、有害液体、易燃易爆物品时，虽然起吊物的重量并未接近额定起重量，也应进行小高度、短行程试吊；

（4）吊运重、长、大及零散的吊物，以及熔化的金属或需起升较高的物件时，应缓慢运行；

6. 要保持吊重物与钢丝绳的垂直。

（1）翻活时不得进行大于 5° 的斜拉斜吊；

（2）不允许作为牵引和卷扬机械使用。

7. 吊重物捆绑、吊挂应牢固及平衡。

（1）不得在吊运的吊重物上再挂放其他的物件；

（2）不允许在吊运的吊重物上用站人的方法来达到平衡吊运；

（3）选用吊索应经过计算。绑挂时，两根吊索之间的夹角一般不应大于 90° ，特殊情况也不应超过 120° ；

（4）绑扎设备或构件留出的不受负荷的绳头，必须紧绕在吊重物上，防止吊运时挂住人和物体；

（5）绑扎长、大吊重物时，地面操作人员应站在不能被吊重物倾斜、翻倒或倾落砸伤的位置处；

（6）不得锤击被吊运物；

（7）严禁在被吊运物上施行焊接操作。

8. 吊重物起落和行走时，起重机械速度要均匀，非特殊情况不得紧急制动和高速下降。特别是臂架型起重机械吊臂仰角较大时，重物骤然下落可能造成起重机械向另一侧倾翻。

（1）控制器手把进行逐级操作时，各级间应稍停 1–2s；

（2）控制器手把向零位移动时，应当迅速，但禁止为了制动而一直扳过零位。在紧急情况下，为避免重大事故而必须打反车制动时，制动器的手把只能扳到反方向第一级；

（3）在操作控制器手把扳向停止位置时，应考虑其惯性。以便使吊钩、大小车停在所需要的位置上；

（4）运行时，不得利用极限位置限制器停车。

9. 即使起重机械上装有起升高度限制器，也要防止过卷扬。

（1）应时刻注意吊钩滑轮组或吊重物不能触及主梁或吊臂及其顶部滑轮组；

（2）吊钩在最低工作位置时，卷筒上的钢丝绳必须保留安全圈数（不得少于 2 ~ 3 圈）；

10. 机构运转时，如果钢丝绳不能正确地缠绕在卷筒或滑轮上，绝对不能用手去挪动，而必须用圆棒等杆件来进行调整。

11. 起重机吊重回转时要平稳，特别是载荷较大（接近额定起重量）时，回转速度应很缓慢，防止吊重外摆增大工作幅度，造成倾翻事故。回转作业时，吊重物距地面的高度一般在 0.5m 左右。

12. 起吊重物时不准落臂。

（1）如确实需要落臂时，应先将吊重物放至地而再落臂；

（2）有些起重机械起吊重物时不准升臂变幅，司机必须按使用说明书的规定操作。

13. 吊重物不得在空中悬停时间过长。

14. 用两台或多台起重机械吊运同一重物时，钢丝绳应保持垂直。

（1）各台起重机械的升降、运行应保持同步，且不允许同时开动两个机构；

（2）抬杆应保持水平，应使其承载均匀，每台起重机械所承受的载荷均不得超过各自的额定起重。如不能完全满足上述要求，每台起重机械的允许起重量应降低至额定起重量的 80%，并进行合理的载荷分配；

（3）不允许用两台起重机械“翻活”；

（4）要有专人指挥。

15. 在同跨度内有两层起重机械工作时：

（1）上层起重机械的吊钩没有上升到极限位置时，下层起重机械不允许开到上层起重机械的下面去；

（2）下层起重机械在工作时，上层起重机械与其距离不得小于 2m；

（3）上层起重机械在落钩时必须与下层起重机械的司机取得联系，待得到回答信号后才能落钩。

16. 具有主钩和副钩的双钩起重机械，主、副钩不应同时开动（设计允许的专用设备除外）。

（1）不允许两个钩同时吊运两个吊重物；

（2）在主副钩换用时，当两个吊钩达到相同高度之后，主副钩必须单独开动。

17. 吊运作业中有钢丝绳穿越通道时，应在通道两旁挂有明显的警告标志。

18. 起重机械在夜间工作时，工作场所应备有足够的照明，保证司机能清楚地看见吊重物运行、绑挂情况以及放置重物的地方。

19. 露天工作的起重机械，当风力大于 6 级时，一般应停止作业。

20. 吊重物不得压在电气线路、管道上面，或其他禁止堆放物品的地方。

21. 起重机械在高压线附近作业时，要特别注意臂架、吊具、辅具、钢丝绳、缆风绳及吊重物等与输电线的最小距离。

22. 起重机械工作中，发现有异常现象时应停车检查，及时排除故障，禁止带病工作。

（1）遇突然停电或电压低于额定电压的 85% 时，应将所有控制器手把扳至零位，拉下电源开关。

（2）禁止在运行中进行检查与维修起重机械；

（3）禁止在吊有重物的情况下调整制动器；

（4）不得在有载荷情况下调整起升和变幅机构制动器；

（5）起重机械在停车检修时，司机室应挂上“上面有人，请勿合闸”的警告牌，禁止带电检修；

（6）在同一轨道上有多台起重机械工作，距检修起重机械两侧适当距离应安装轨道卡子，并设置明显的标记。

23. 起重机械作业结束或停止作业时，应将起重机械可靠地固定在安全位置。

（1）吊钩上不准悬挂吊重物；

（2）吊钩应升到一定的高度；

（3）小车停在端部（龙门起重机停在支腿部）；

（4）龙门起重机必须将夹轨器锁紧，或挂上地锚，以防发生风吹溜车事故；

（5）所有控制器手把应扳在零位上，切断电源开关。

五、起重机械作业常见的紧急情况及应对措施

起重机在运行过程中，由于各种因素，会发生突然故障，绝大多数故障是可以停车处理的。但有的故障则无法停车后再处理，这就需要司机在操作过程中进行紧急处理。如果处理得当，是可以避免事故发生或将事故损失减少到最小程度。

1. 起升机构制动器突然失灵

起升机构控制器手轮扳到零位后，吊钩不能停止运动的情况称为制动器突然失灵。

在某些场合下，由于起重机管理混乱，检查、维护不善，以致在起升机构工作中，其制动器主要构件，如主弹簧断裂或闸瓦脱落等，会造成制动器失效，即司机将控制器手柄回零时，却发生悬吊的重物自由坠落而高速下降的危险事故。制动器突然失灵会使吊钩及吊挂在吊钩上的物件迅速下降。如果司机在此时不知所措，不及时采取措施，可能导致重大的人身和设备事故。所以，每个司机都应以高度的责任感，注重预检预修，杜绝制动器失灵的事故发生。

司机在操作时必须精力集中，对于这种预先毫无思想准备突发的异常危险故障，万一制动器突然失灵，要能及时察觉。司机应沉着冷静，切不可惊慌失措，必须保持镇静、头脑清醒。司机应立即进行一次“点车”或“反车”操作。若在“点车”或“反车”后制动器失效情况仍然存在，应根据当时工作所处的环境，采取应急措施，并发出警告信号。

（1）机械性升降制动器失效

制动器失效、起升机构能正常开动时，如果起吊物接近地面，下面又没有重要东西，落下去没有什么危险时，就应该把控制器扳到下降的最后一级，用正常操作方法把起吊物放下去。不允许让起吊物自由坠落。

如果在原地把起吊物直接落下去会造成事故，司机必须果断地把控制器手柄扳至上升方向第一挡，使吊物以最慢速度提升，当欲升至上极限位置时，再反手柄扳至下降方向第5挡，使吊重物以最慢速度下降，这样反复地操作。

开“反车”把控制器手柄逐级地转到上升方向的最后一级时，要特别注意不能一下子把控制手柄转到最后一级，因为动作过快会使过电流继电器动作，造成断电，起重机械失控。

在把控制器手柄转到上升方向的同时，司机可根据当时现场具体情况，把大小车开到安全地区，把起吊物降落下去。在采取上述措施时，如果上升一次的时间，大、小车还不能开到安全地区，可以反复的升降一、二次。以利用这短暂时间的同时，迅速开动大车或小车，或同时开动大车和小车把吊物移至空闲场地的上空，然后迅速将吊重物落至地面。

这种突发危险事故的特殊操作，有如下几点应注意：

①操作时必须慎重、严防发生误动作和错觉，即把控制手柄回至I挡而误为回零，造成制动器假失效感。

②在发现制动器失效时，立即把控制器手柄置于工作档位，不能在零位停留而听任重物自由坠落，以延缓吊物落地时间。

③在利用起吊物往返升降时间内开动小车或大车过程中，应持续鸣铃示警，使下面作业人员迅速躲避、为起吊物转移工作创造安全有利条件。

④在开动大车或小车过程中，时刻注意起吊物上、下极限位置，上不能碰限位器，下不能碰撞地面设备，都应留有一定的操作余地。

⑤在这种危险状况下，最关键是严防主接触器失电释放（俗称掉闸），因此在操作起升、大、小车控制器手柄时均应逐步推挡，不可慌张猛烈快速扳转，以防过电流继电器动作而使主接触器释放切断电源，发生起吊物自由坠落且无法挽救。

上述应急操作，对由于起重机制动器的机械部分损坏所导致的制动器失效是有效的。由于电气原因所造成的制动器失效，不能运用上述的应急操作方法。

（2）电气性升降制动器失效

若在“点车”或“反车”后，制动器失效情况仍然存在，而起升机构又不能正常开动时，就应立即判断为电气故障。这时应迅速使制动电磁铁断电，制动器抱闸。

发生电气性制动器失效的紧急操作是:立即扳动紧急开关,并拉下电源闸刀,切断电源。

（3）制动器失效有机械性和电气性两种，因它们的操作措施完全不同，如未能正确判断失效原因而盲目操作，会造成比其自由坠落更大的事故。

起重机司机平时应进行必要的升降制动器失效的模拟训练，使其在故障突然发生时不会束手无策，或判断不准而误操作。当然更重要的是平时要坚持各种制度的落实和切实进行维修保养，这才能最大可能地使事故不发生。

（4）除由于电气和机械的原因所引起的制动器失效的情况外，还会发生制动器“假象”失效的情况。制动器“假象”失效土要有以下两种情况：

①操作失误。停车时控制器没有正确地停在零位。这时制动电磁铁没有断电，起重机并没有停车。但司机认为“已经停车”，所以把这时发生起吊物迅速下降的现象误认为是制动器失效了。

握持控制器的方法不正确是造成这种情况的原因，缺乏实践操作经验的司机，对此不容易迅速发现。可通过“点车’或“反车”能发现和纠正这种误操作。

②具有两级反接制动的 PQR6402 控制屏的下降接触器发生不能闭合的故障时，在由反接制动级转换到再生下降级时，由于制动接触器是闭合的（制动器松闸），而电动机并不通电，所以吊钩就会自由坠落。遇到这种情况要立即停车。

这种吊钩自由坠落的情况，通常叫制动器“假象”失效。但是它发生在控制器位于再生下降位置，控制器扳回零位后，失效情况并不存在。它和制动器真正失效是不同的，这是必须注意的。

2. 运行机构制动器失灵

在运行机构失灵时，会发生撞车和重物撞击地面人员或设备的事故。即使制动器正常，也会发生因司机判断不准而停车过位的现象。出现这种情况时应立即平稳地“打反车”制动。“打反车”时切忌用力过猛，一般应采用 1 ~ 2 挡。反车制动如因用力过猛，档位过高，会产生很大的冲击电流，而导致过流继电器动作而断电，造成整车失控，使吊物继续向前滑行。

在日常工作中，因开“飞车”造成车速过快，靠打反车来停车是非常错误的。频繁的反车制动会损坏起重机的机械、电气零部件，严重时会造成金属结构扭曲变形，使起重机使用寿命降低，影响生产进程。因此司机在平时作业中应养成良好的操作习惯。

3. 电动机或电磁铁过热而起火

当电动机或电磁铁过热而起火时，应立即切断电源；然后用二氧化碳或四氯化碳灭火器灭火，严禁用水和泡沫灭火器灭火，切记不能带电灭火，以防触电危险。

4. 连续烧断熔断丝（保险丝）

如果在工作中连续发生熔断丝（保险丝）被烧断，应查明原因：可能是在低电压下吊运重大物体而引起的；也可能是线路有接地现象等。这时切不可擅自加粗熔断丝（保险丝），更不能用其他金属丝代替，以免扩大故障。应针对问题，找出原因，采取相应的措施。

5. 中间一个档位失灵

起重机在工作中，当发现往任何方向开动时，中间有一个档位失灵，应立即查明原因。其原因可能是档位控制器在该档接触不良，也可能是启动电阻器不起作用等，必须将故障处理后再使用。

第二节　索具设备

一、白棕绳

白棕绳一般用于起吊轻型构件（如钢支撑）和作为受力不大的缆风、溜绳等。

白棕绳是由剑麻茎纤维搓成线，线搓成股，再将股拧成绳。

白棕绳有三股、四股和九股三种。又有浸油和不浸油之分。浸油白棕绳不易腐烂，但质料变硬，不易弯曲，强度比不浸油的绳要降低 10% ~ 20%，因此在吊装作业中少用。不浸油白棕绳在干燥状态下，弹性和强度均较好，但受潮后易腐烂，因而使用年限较短。

（一）白棕绳的技术性能

国产旗鱼牌白棕绳技术性能见表 6–2–1。

表 6–2–1　旗鱼牌白棕绳技术性能

直径（mm）	圆周（mm）	每卷重量（长 220m）（kg）	破断拉力（kN）
6	19	6.5	2.00
8	25	10.5	3.25
11	35	17	5.75

续表

直径（mm）	圆周（mm）	每卷重量（长 220m）（kg）	破断拉力（kN）
13	41	23.5	8.00
14	44	32	9.50
16	50	41	11.50
19	60	52.5	13.00
20	63	60	16.00
22	69	70	18.50
25	79	90	24.00
29	91	120	26.00
33	103	165	29.00
38	119	200	35.00
41	129	250	37.50
44	138	290	45.00
51	160	330	60.00

（二）白棕绳的允许拉力计算

白棕绳的允许拉力，按下列公式计算：

$$[F_z] = F_z/K$$

式中　[Fz]——白棕绳的允许拉力（kN）；

Fz——白棕绳的破断拉力（kN），旧白棕绳的破断拉力取新绳的40% ~ 50%；

K——白棕绳的安全系数，当用作缆风、穿滑车组和吊索（无弯曲）时 K = 5；当用作捆绑吊索时 K = 8 ~ 10。

（三）白棕绳使用注意事项

1. 白棕绳穿绕滑车时，滑轮的直径应大于绳直径的 10 倍。

2. 成卷白棕绳在拉开使用时，应先把绳卷平放在地上，将有绳头的一面放在底下，从卷内拉出绳头（如从卷外拉出绳头，绳子就容易扭结），然后根据需要的长度切断。切断前应用细铁丝或麻绳将切断口两侧的白棕绳扎紧，以防止切断后绳头松散。

3. 白棕绳在使用中，如发生扭结，应设法抖直，否则绳子受拉时容易拉断。有绳结的白棕绳不应通过滑车等狭窄的地方，以免绳子受到额外压力而降低强度。

4. 白棕绳应放在干燥和通风良好的地方，以免腐烂，不要和油漆、酸、碱等化学物品接触，以防腐蚀。

5. 使用白棕绳时应尽量避免在粗糙的构件上或地上拖拉。绑扎边缘锐利的构件时，应衬垫麻袋、木板等物。

二、钢丝绳

钢丝绳是吊装中的主要绳索，它具有强度高、弹性大、韧性好、耐磨、能承受冲击载荷等优点，且磨损后外部产生许多毛刺，容易检查，便于预防事故。

（一）钢丝绳的构造和种类

结构吊装中常用的钢丝绳是由六束绳股和一根绳芯（一般为麻芯）捻成。绳股是由许多高强钢丝捻成。

钢丝绳按其捻制方法分有右交互捻、左交互捻、右同向捻、左同向捻四种。

同向捻钢丝绳中钢丝捻的方向和绳股捻的方向一致；交互捻钢丝绳中钢丝捻的方向和绳股捻的方向相反。

同向捻钢丝绳比较柔软、表面较平整，它与滑轮或卷筒凹槽的接触面较大，磨损较轻，但容易松散和产生扭结卷曲，吊重时容易旋转，故吊装中一般不用；交互捻钢丝绳较硬，强度较高，吊重时不易扭结和旋转，吊装中应用广泛。

钢丝绳按绳股数及每股中的钢丝数区分，有 6 股 7 丝，7 股 7 丝，6 股 19 丝，6 股 37 丝及 6 股 61 丝等。吊装中常用的有 6×19.6×37 两种。6×19 钢丝绳可作缆风和吊索；6×37 钢丝绳用于穿滑车组和作吊索。

（二）钢丝绳的技术性能

常用钢丝绳的技术性能见表 6–2——2 和表 6–2——3。

表 6–2–2　6×19 钢丝绳的主要数据

直径		钢丝总断面积	参考重量	钢丝绳公称抗拉强度（N/m ㎡）				
钢丝绳	钢丝			1400	1550	1700	1850	2000
				钢丝破断拉力总和				
（mm）		（m ㎡）	（kg/100m）	（kN）不小于				
6.2	0.4	14.32	13.53	20.0	22.1	24.3	26.4	28.6
7.7	0.5	22.37	21.14	31.3	34.6	38.0	41.3	44.7
9.3	0.6	32.22	30.45	45.1	49.9	54.7	59.6	64.4
11.0	0.7	43.85	41.44	61.3	67.9	74.5	81.1	87.7
12.5	0.8	57.27	54.12	80.1	88.7	97.3	105.5	114.5

续表

直径		钢丝总断面积	参考重量	钢丝绳公称抗拉强度（N/mm²）				
				1400	1550	1700	1850	2000
钢丝绳	钢丝			钢丝破断拉力总和				
（mm）		（mm²）	（kg/100m）	（kN）不小于				
14.0	0.9	72.49	68.50	101.0	112.0	123.0	134.0	144.5
15.5	1.0	89.49	84.57	125.0	138.5	152.0	165.5	178.5
17.0	1.1	103.28	102.3	151.5	167.5	184.0	200.0	216.5
18.5	1.2	128.87	121.8	180.0	199.5	219.0	238.0	257.5
20.0	1.3	151.24	142.9	211.5	234.0	257.0	279.5	302.0
21.5	1.4	175.40	165.8	245.5	271.5	298.0	324.0	350.5
23.0	1.5	201.35	190.3	281.5	312.0	342.0	372.0	402.5
24.5	1.6	229.09	216.5	320.5	355.0	389.0	423.5	458.0
26.0	1.7	258.63	244.4	362.0	400.5	439.5	478.0	517.0
28.0	1.8	289.95	274.0	405.5	449.0	492.5	536.0	579.5
31.0	2.0	357.96	338.3	501.0	554.5	608.5	662.0	715.5
34.0	2.2	433.13	409.3	306.0	671.0	736.0	801.0	
37.0	2.4	515.46	487.1	721.5	798.5	876.0	953.5	
40.0	2.6	604.95	571.7	846.5	937.5	1025.0	1115.0	
43.0	2.8	701.60	663.0	982.0	1085.0	1190.0	1295.0	
46.0	3.0	805.41	761.1	1125.0	1245.0	1365.0	1490.0	

注：表中，粗线左侧，可供应光面或镀锌钢丝绳，右侧只供应光面钢丝绳。

表 6–2–3　6×37 钢丝绳的主要数据

直径		钢丝总断面积	参考重量	钢丝绳公称抗拉强度（N/mm²）				
				1400	1550	1700	1850	2000
钢丝绳	钢丝			钢丝破断拉力总和				
（mm）		（mm²）	（kg/100m）	（kN）不小于				
8.7	0.4	27.88	26.21	39.0	43.2	47.3	51.5	55.7
11.0	0.5	43.57	40.96	60.9	67.5	74.0	80.6	87.1
13.0	0.6	62.74	58.98	87.8	97.2	106.5	116.0	125.0

续表

直径		钢丝总断面积	参考重量	钢丝绳公称抗拉强度（N/m m²）				
钢丝绳	钢丝			1400	1550	1700	1850	2000
				钢丝破断拉力总和				
（mm）		（m m²）	（kg/100m）	（kN）不小于				
15.0	0.7	85.39	80.57	119.5	132.0	145.0	157.5	170.5
17.5	0.8	111.53	104.8	156.0	172.5	189.5	206.0	223.0
19.5	0.9	141.16	132.7	197.5	213.5	239.5	261.0	282.0
21.5	1.0	174.27	163.3	243.5	270.0	296.0	322.0	348.5
24.0	1.1	210.87	198.2	295.0	326.5	358.0	390.0	421.5
26.0	1.2	250.95	235.9	351.0	388.5	426.5	464.0	501.5
28.0	1.3	294.52	276.8	412.0	456.5	500.5	544.5	589.0
30.0	1.4	341.57	321.1	478.0	529.0	580.5	631.5	683.0
32.5	1.5	392.11	368.6	548.5	607.5	666.5	725.0	784.0
34.5	1.6	446.13	419.4	624.5	691.5	758.0	825.0	892.0
36.5	1.7	503.64	473.4	705.0	780.5	856.0	931.5	1005.0
39.0	1.8	564.63	530.8	790.0	875.0	959.5	1040.0	1125.0
43.0	2.0	697.08	655.3	975.5	1080.0	1185.0	1285.0	1390.0
47.5	2.2	843.47	792.9	1180.0	1305.0	1430.0	1560.0	
52.0	2.4	1003.80	943.6	1405.0	1555.0	1705.0	1855.0	
56.0	2.6	1178.07	1107.4	1645.0	1825.0	2000.0	2175.0	
60.5	2.8	1366.28	1234.3	1910.0	2115.0	2320.0	2525.0	
65.0	3.0	1568.43	1474.3	2195.0	2430.0	2665.0	2900.0	

注：表中，粗线左侧，可供应光面或镀锌钢丝绳，右侧只供应光面钢丝绳。

（三）钢丝绳的允许拉力计算

钢丝绳允许拉力按下列公式计算：

$$[F_g] = \alpha F_g / K$$

式中 $[F_g]$——钢丝绳的允许拉力（kN）；

F_g——钢丝绳的钢丝破断拉力总和（kN）；

α——换算系数，按表 6-2-4 取用；

K——钢丝绳的安全系数，按表 6-2-5 取用。

表 6–2–4　钢丝绳破断拉力换算系数

钢丝绳结构	换算系数
6×19	0.85
6×37	0.82
6×61	0.80

表 6–2–5　钢丝绳的安全系数

用途	安全系数	用途	安全系数
作缆风	3.5	作吊索、无弯曲时	6 ~ 7
用于手动起重设备	4.5	作捆绑吊索	8 ~ 10
用于机动起重设备	5 ~ 6	用于载人的升降机	14

（四）钢丝绳的安全检查

钢丝绳使用一定时间后，就会产生断丝、腐蚀和磨损现象，其承载能力减低。一般规定钢丝绳在一个节距内断丝的数量超过表 6–2–6 的数字时就应当报废，以免造成事故。

表 6–2–6　钢丝绳报废标准（一个节距内的断丝数）

采用的安全系数	钢丝绳种类					
	6×19		6×37		6×61	
	交互捻	同向捻	交互捻	同向捻	交互捻	同向捻
6 以下	12	6	22	11	36	18
6 ~ 7	14	7	26	13	38	19
7 以上	16	8	30	15	40	20

当钢丝绳表面锈蚀或磨损使钢丝绳直径显著减少时应将表 6–2–6 报废标准按表 6–2–7 折减并按折减后的断丝数报废。

表 6–2–7　钢丝绳锈蚀或磨损时报废标准的折减系数

钢丝绳表面锈蚀或磨损量（%）	10	15	20	25	30 ~ 40	大于 40
折减系数	85	75	70	60	50	报废

断丝数没有超过报废标准，但表面有磨损、腐蚀的旧钢丝绳，可按表 6–2–8 的规定使用。

（五）钢丝绳使用注意事项

1. 钢丝绳解开使用时，应按正确方法进行，以免钢丝绳产生扭结。钢丝绳切断前应在切口两侧用细铁丝捆扎，以防切断后绳头松散。

2. 钢丝绳穿过滑轮时，滑轮槽的直径应比绳的直径大 1 ～ 2.5mm。滑轮槽过大钢丝绳容易压扁；过小则容易磨损。滑轮的直径不得小于钢丝绳直径的 10 ～ 12 倍，以减小绳的弯曲应力。禁止使用轮缘破损的滑轮。

3. 应定期对钢丝绳加润滑油（一般以工作时间四个月左右加一次）。

4. 存放在仓库里的钢丝绳应成卷排列，避免重叠堆置，库中应保持干燥，以防钢丝绳锈蚀。

5. 在使用中，如绳股间有大量的油挤出，表明钢丝绳的荷载已相当大，这时必须勤加检查，以防发生事故。

表 6–2–8　钢丝绳合用程度判断

类别	钢丝绳表面现象	合用程度	使用场所
I	各股钢丝位置未动，磨损轻微，无绳股凸起现象	100%	重要场所
II	1. 各股钢丝已有变位、压扁及凸出现象，但未露出绳芯 2. 个别部分有轻微锈痕 3. 有断头钢丝，每米钢丝绳长度内断头数目不多于钢丝总数的 3%	75%	重要场所
III	1. 每米钢丝绳长度内断头数目超过钢丝总数的 3%，但少于 10% 2. 有明显锈痕	50%	次要场所
IV	1. 绳股有明显的扭曲、凸出现象 2. 钢丝绳全部均有锈痕，将锈痕刮去后钢丝上留有凹痕 3. 每米钢丝绳长度内断头数超过 10%，但少于 25%	40%	不重要场所或辅助工作

（六）钢丝绳夹（GB 5976–86）

钢丝绳夹作绳端固定或连接用。其外形及规格如表 6–2–9。

表 6–2–9　钢丝绳夹规格

绳夹公称尺寸（钢丝绳公称直径 d）（mm）	尺寸（mm）					螺母 d	单组重量（kg）
	A	B	C	R	H		
6	13	14	27	3.5	31	M6	0.034
8	17	19	36	4.5	41	M8	0.073
10	21	23	44	5.5	51	M10	0.140
12	25	28	53	6.5	62	M12	0.243
14	29	32	61	7.5	72	M14	0.372
16	31	32	63	8.5	77	M14	0.402
18	35	37	72	9.5	87	M16	0.601
20	37	37	74	10.5	92	M16	0.624
22	43	46	89	12.0	108	㎡ 0	1.122
24	45.5	46	91	13.0	113	㎡ 0	1.205
26	47.5	46	93	14.0	117	㎡ 0	1.244
28	51.5	51	102	15.0	127	㎡ 2	1.605
32	55.5	51	106	17.0	136	㎡ 2	1.727

钢丝绳夹使用注意事项：

（1）钢丝绳夹应把夹座扣在钢丝绳的工作段上，U 形螺栓扣在钢丝绳的尾段上，钢丝绳夹不得在钢丝绳上交替布置。

（2）每一连接处所需钢丝绳夹的最少数量如表 6–2–10 所示。

表 6–2–10　钢丝绳夹使用数量和间距

绳夹公称尺寸（mm）（钢丝绳公称直径 d）	数量（组）	间距
≤ 18	3	
19 ~ 27	4	
28 ~ 37	5	6 ~ 8 倍钢丝绳直径
38 ~ 44	6	
45 ~ 60	7	

（3）绳夹正确布置时，固定处的强度至少为钢丝绳自身强度的 80%，绳夹在实际使用中受载 1.2 次后螺母要进一步拧紧。

（4）离套环最近处的绳夹应尽可能地紧靠套环，紧固绳夹时要考虑每个绳夹的合理受力，离套环最远处的绳夹不得首先单独紧固。

（5）为了便于检查接头，可在最后一个夹头后面约 500mm 处再安一个夹头，并将绳头放出一个“安全弯”。当接头的钢丝绳发生滑动时，“安全弯”即被拉直，这时就应立即采取措施。

三、吊装工具

（一）吊钩

1. 概述

起重吊钩常用优质碳素钢锻成。锻成后要进行退火处理，要求硬度达到 95 ~ 135HB。吊钩表面应光滑，不得有剥裂、刻痕、锐角、裂缝等缺陷存在，并不准对磨损或有裂缝的吊钩进行补焊修理。

吊钩在钩挂吊索时要将吊索挂至钩底；直接钩在构件吊环中时，不能使吊钩硬别或歪扭，以免吊钩产生变形或使吊索脱钩。

2. 带环吊钩规格

带环吊钩规格见表 6–2–11。

表 6–2–11　带环吊钩规格（mm）

简图	起重量（t）	A	B	C	D	E	F	适用钢丝绳直径（mm）	每只自重（kg）
	0.5	7	4	73	9	9	19	6	0.34
	0.75	9	133	86	22	25	25	6	0.45
	1	10	146	98	25	29	27	8	0.79
	1.5	12	171	109	32	32	35	10	1.25
	2	13	191	121	35	35	37	11	1.54
	2.5	15	216	140	38	38	41	13	2.04
	3	16	232	152	41	41	48	14	2.90
	3.75	18	257	171	44	48	51	16	3.86
	4.5	19	282	193	51	51	54	18	5.00
	6	22	330	206	57	54	64	19	7.40

续表

简图	起重量(t)	A	B	C	D	E	F	适用钢丝绳直径(mm)	每只自重(kg)
	7.5	24	356	227	64	57	70	22	9.76
	10	27	394	255	70	64	79	25	12.30
	12	33	419	279	76	72	89	29	15.20
	14	34	456	308	83	83	95	32	19.10

（二）卡环（卸甲、卸扣）

1. 概述

卡环用于吊索和吊索或吊索和构件吊环之间的连接，由弯环与销子两部分组成。

卡环按弯环形式分，有 D 形卡环和弓形卡环；按销子和弯环的连接形式分，有螺栓式卡环和活络卡环。螺栓式卡环的销子和弯钩采用螺纹连接；活络卡环的销子端头和弯环孔眼无螺纹，可直接抽出，销子断面有圆形和椭圆形两种。

2. D 形卡环规格

D 形卡环规格见表 6-2-12。

表 6-2-12　常用卡环规格（GB 559）

型号	使用负荷		D	H	H1	L	d	d1	d2	B	重量
	(N)	(kg)	(mm)								(kg)
0.2	2450	250	16	49	35	34	6	8.5	M8	12	0.04
0.4	3920	400	20	63	45	44	8	10.5	M10	18	0.09
0.6	5880	600	24	72	50	53	10	12.5	M12	20	0.16
0.9	8820	900	30	87	60	64	12	16.5	M16	24	0.30
1.2	12250	1250	35	102	70	73	14	18.5	M18	28	0.46
1.7	17150	1750	40	116	80	83	16	21	m^{2} 0	32	0.69
2.1	20580	2100	45	132	90	98	20	25	m^{2} 2	36	1
2.7	26950	2750	50	147	100	109	22	29	m^{2} 7	40	1.54
3.5	34300	3500	60	164	110	122	24	33	m^{3}0	45	2.20
4.5	44100	4500	68	182	120	137	28	37	m^{3}6	54	3.21

续表

型号	使用负荷		D	H	H1	L	d	d1	d2	B	重量
	(N)	(kg)	(mm)								(kg)
6.0	58800	6000	75	200	135	158	32	41	m³9	60	4.57
7.5	73500	7500	80	226	150	175	36	46	M42	68	6.20
9.5	93100	9500	90	255	170	193	40	51	M48	75	8.63
11.0	107800	1100	100	285	190	216	45	56	M52	80	12.03
14.0	137200	1400	110	318	215	236	48	59	M56	80	15.58
17.5	171500	1750	120	345	235	254	50	66	M64	100	19.35
21.0	205800	2100	130	375	250	288	60	71	M68	110	27.83

使用活络卡环吊装柱子时应注意以下几点：

（1）绑扎时应使柱起吊后销子尾部朝下，以便拉出销子。同时，吊索在受力后要压紧销子。

（2）在构件起吊前要用白棕绳（直径 10mm）将销子与吊索末端的圆圈连在一起，用镀锌钢丝将弯环与吊索末端的圆圈捆在一起。

（3）拉绳人应选择适当位置和起重机落钩中的有利时机，即当吊索松弛不受力且使白棕绳与销子轴线基本成一直线时拉出销子。

（三）吊索（千斤）

吊索有环状吊索（又称万能吊索或闭式吊索）和 8 股头吊索（又称轻便吊索或开式吊索）两种。

吊索是用钢丝绳做成的，因此，钢丝绳的允许拉力即为吊索的允许拉力。在工作中，吊索拉力不应超过其允许拉力。

吊索拉力取决于所吊构件的重量及吊索的水平夹角，水平夹角应不小于 30°，一般用 45° ~ 60°。在知道构件重量和水平夹角后，两支吊索的拉力可从表表 6–2–12 中查得。

表 6–2–12　两支吊索的拉力计算表

简图	简图夹角 α	吊索拉力 F	水平压力 H
	25°	1.18G	1.07G
	30°	1.00G	0.87G
	35°	0.87G	0.71G
	40°	0.78G	0.60G
	45°	0.71G	0.506
	50°	0.65G	0.42G
	55°	0.61G	0.356
	60°	0.58G	0.29G
	65°	0.56G	0.24G
	70°	0.53G	0.18G

注：G– 构件重力。

当采用四支等长的吊索起吊构件时，每支吊索的拉力可用下式计算：

$$F=\frac{G}{4\cos\beta}$$

式中　F——一根吊索的拉力；

G——构件重力；

β——吊索与垂直线的夹角。

如果已知构件吊环的相互位置和起重机吊钩至构件上表面的距离，则

$$\cos\beta=\frac{2h}{\sqrt{a^2+b^2+4h^2}}$$

即

$$F=\frac{\sqrt{a^2+b^2+4h^2}}{8h}\bullet G$$

式中　a——在构件纵向两吊环的距离；

b——在构件横向两吊环的距离；

h——起重机吊钩至构件上表面的距离。

（四）横吊梁（铁扁担）

横吊梁常用于柱和屋架等构件的吊装。用横吊梁吊柱容易使柱身保持垂直，便于安装；用横吊梁吊屋架可以降低起吊高度，减少吊索的水平分力对屋架的压力。

常用的横吊梁有滑轮横吊梁、钢板横吊梁、钢管横吊梁等。

1. **滑轮横吊梁**

滑轮横吊梁一般用于吊装 8t 以内的柱，它由吊环、滑轮和轮轴等部分组成，其中吊环用 Q235 号圆钢锻制而成，环圈的大小要保证能够直接挂上起重机吊钩；滑轮直径应大于起吊柱的厚度，轮轴直径和吊环断面应按起重量的大小计算而定。

2. **钢板横吊梁**

钢板横吊梁一般用于吊装 10t 以下的柱，它是由 Q235 号钢钢板制作而成。

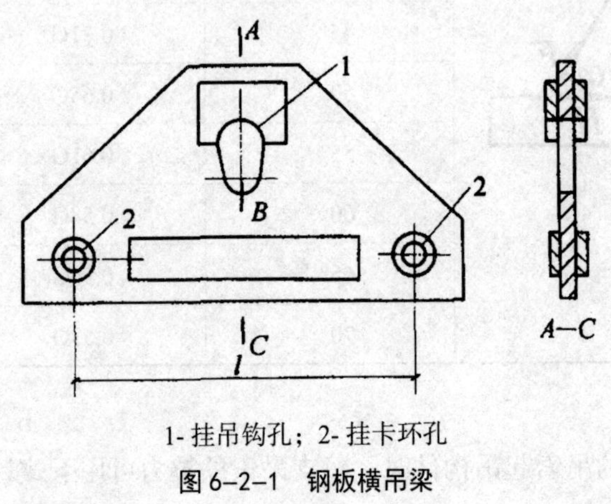

1- 挂吊钩孔；2- 挂卡环孔

图 6–2–1　钢板横吊梁

钢板横吊梁中的两个挂卡环孔的距离应比柱的厚度大 20cm，以便柱“进档”。

设计钢板横吊梁时，应先根据经验初步确定截面尺寸，再进行强度验算。

钢板横吊梁应对中部截面（图 6–2–1 中的 A–C）进行强度验算和对吊钩孔壁、卡环孔壁进行局部承压验算。计算荷载按构件重力乘以动力系数 1.5 计算。

（1）中部截面强度验算

中部截面一般只验算受拉区 AB 部分的强度，BC 部分可通过取较大尺寸（如取 BC ＝ 0.4l ~ 0.5l）并用钢板或角钢加固来保证安全。

中部截面 AB 部分的强度按下列公式验算：

$$\sqrt{\sigma^2+3\tau^2}\leqslant[\sigma]$$

式中　σ——AB 截面最上边缘的正应力，$\sigma=\frac{M}{W}=\frac{KQl}{4W}$，其中，Q 为构件重力，K 为动力系数（取 1.5），l 为两卡环孔之间的距离，W 为 AB 截面的抵抗矩；

τ——AB 截面的剪应力，τ ＝ KQ/A，其中，A 为 AB 截面面积，K、Q 符号意义同前；

$[\sigma]$——钢材的容许应力，对 Q235 钢，取 140N/m ㎡。

（2）吊钩孔壁局部承压验算

吊钩孔壁局部承压强度按下式验算：

$$\sigma_{cd}=\frac{KQ}{b\bullet\sum\delta_1}\leqslant[\sigma_{cd}]$$

式中　σ_{cd}——孔壁计算承压应力；

b——吊钩厚度；

$\Sigma\delta_1$——挂吊钩孔壁钢板厚度总和；

$[\sigma_{cd}]$——钢材端面承压容许应力，对 Q235 钢取 $0.9f$（f 为钢材的强度设计值）；

K、Q——符号意义同前。

（3）卡环孔壁局部承压验算

卡环孔壁局部承压强度按下式验算：

$$\sigma_{cd}=\frac{KQ}{2d\sum\delta_2}\leqslant[\sigma_{cd}]$$

式中　d——卡环直径；

$\Sigma\delta_2$——挂卡环孔壁钢板厚度总和；

$[\sigma_{cd}]$、K、Q 符号意义同前。

3. 钢管横吊梁

钢管横吊梁一般用于吊屋架，钢管长 6 ~ 12m。

钢管横吊梁在起吊构件时承受轴向力 N 和弯矩 M（由钢管自重产生的）。设计时，可先根据容许长细比 $[\lambda]=120$ 初选钢管截面，然后，按压弯构件进行稳定验算。荷载按构件重力乘以动力系数 1.5，容许应力 $[\sigma]$ 取 140N/m ㎡。钢管横吊梁中的钢管亦可用两个槽钢焊接成箱形截面来代替。

（五）垫铁、钢楔和木楔

常用斜垫铁、钢楔和木楔的规格见表 6-2-14。

表 6-2-14　常用斜垫铁、钢楔和木楔的规格

简图	名称	尺寸（mm）				用途
		a	b	c	d	
	1 号斜垫铁	35	60	2	6	垫屋面板、吊车梁
	2 号斜垫铁	35	60	2	8	垫屋面板、吊车梁
	3 号斜垫铁	45	100	2	6	垫屋架、吊车梁
	4 号斜垫铁	45	100	2	8	垫屋架、吊车梁
	5 号斜垫铁	45	100	2	10	垫屋架、吊车梁
	6 号斜垫铁	50	150	2	6	垫屋架
	7 号斜垫铁	50	150	2	8	垫屋架
	8 号斜垫铁	50	150	3	10	垫屋架
	1 号木楔	350	100	40	100	安装柱子
	2 号木楔	350	100	35	80	安装柱子
	3 号木楔	400	120	40	100	安装柱子
	4 号木楔	400	120	35	80	安装柱子
	1 号钢楔	400	90	20	120	安装柱子
	2 号钢楔	400	90	50	150	安装柱子

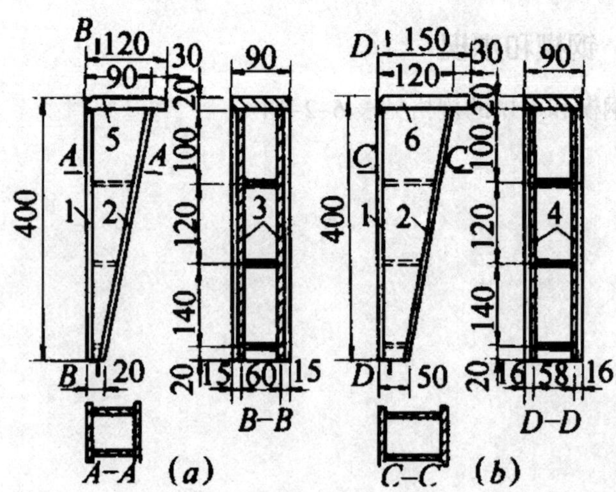

1—380×90×6；2—390×90×6；3—380×（8 ~ 73）×6；
4—380×（38 ~ 103）×6；5—120×90×20；6—150×90×20

（a）1 号钢楔；（b）2 号钢楔

图 6-2-2　钢楔详图

四、滑车、滑车组

(一)滑车

滑车(又名葫芦),可以省力,也可改变用力的方向。

滑车按其滑轮的多少,可分为单门、双门和多门等;按连接件的结构形式不同,可分为吊钩型、链环型、吊环型和吊梁型四种;按滑车的夹板是否可以打开来分,有开口滑车和闭口滑车两种。

滑车按使用方式不同,可分为定滑车和动滑车两种。定滑车可改变力的方向,但不能省力;动滑车可以省力,但不能改变力的方向。

滑车的允许荷载,根据滑轮和轴的直径确定,使用时应按其标定的数量选用,不能超过。

常用钢滑车的允许荷载见表 6–2–15。

表 6–2–15　常用钢滑车允许荷载

滑轮直径(mm)	允许荷载(kN)								使用钢丝绳直径(mm)	
	单门	双门	三门	四门	五门	六门	七门	八门	适用	最大
70	5	10	-	-	-	-	-	-	5.7	7.7
85	10	20	30	-	-	-	-	-	7.7	11
115	20	30	50	80	-	-	-	-	11	14
135	30	50	80	100	-	-	-	-	12.5	15.5
165	50	80	100	160	200	-	-	-	15.5	18.5
185	-	100	160	200	-	320	-	-	17	20
210	80	-	200	-	320	-	-	-	20	23.5
245	100	160	-	320	-	500	-	-	23.5	25
280	-	200	-	-	500	-	800	-	26.5	28
320	160	-	-	500	-	800	-	1000	30.5	32.5
360	200	-	-	-	800	1000	-	1400	32.5	35

(二)滑车组

滑车组是由一定数量的定滑车和动滑车及绕过它们的绳索组成的。

1. 滑车组的种类

滑车组根据跑头(滑车组的引出绳头)引出的方向不同,可分为以下三种(图 6–2–3)。

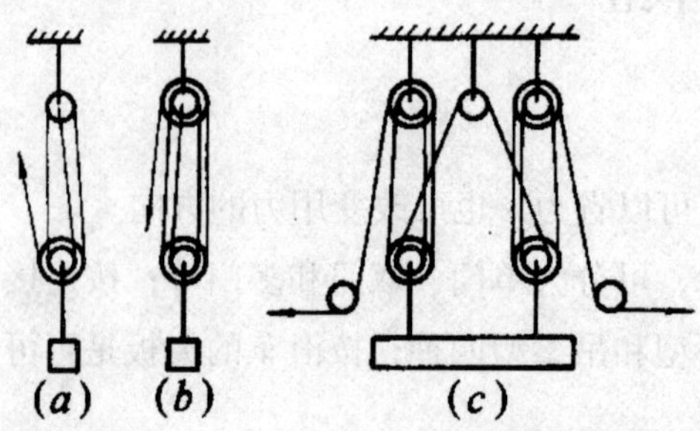

（a）跑头自动滑车引出；（b）跑头自定滑车引出；（c）双联滑车组

图 6-2-3 滑车组的种类

（1）跑头自动滑车引出：用力的方向与重物移动的方向一致；

（2）跑头自定滑车引出：用力的方向与重物移动的方向相反；

（3）双联滑车组：有两个跑头，可用两台卷扬机同时牵引。具有速度快一倍、受力较均衡、工作中滑车不会产生倾斜等优点。

2. 滑车组的穿法

滑车组中绳索有普通穿法和花穿法两种（图 6-2-4）。

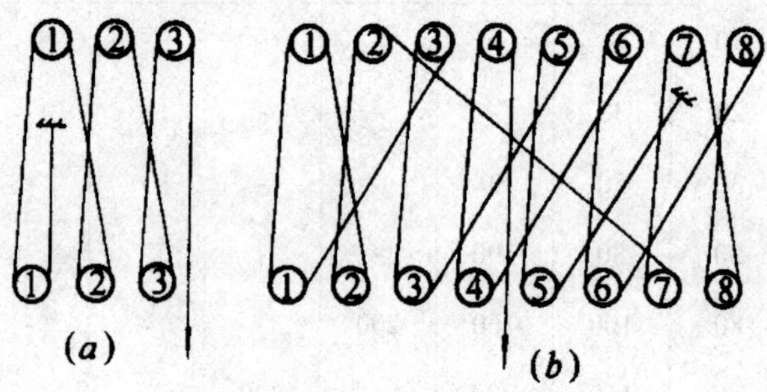

（a）普通穿法；（b）花穿法

图 6-2-4 滑车组的穿法

普通穿法是将绳索自一侧滑轮开始，顺序地穿过中间的滑轮，最后从另一侧滑轮引出。这种穿法，滑车组在工作时，由于两侧钢丝绳的拉力相差较大，因此滑车在工作中不平稳，甚至会发生自锁现象（即重物不能靠自重下落）。

花穿法的跑头从中间滑轮引出，两侧钢丝绳的拉力相差较小，故在用“三三”以上的滑车组时，宜用花穿法。

3. 滑车组的计算

滑车组的跑头拉力（引出索拉力）按下式计算：

$$S = f_0 KQ$$

式中　S——跑头拉力；

K——动力系数，当采用手动卷扬机时 K = 1.1；当采用机动卷扬机起重量在 30t 以下时 K = 1.2，起重量在 30 ~ 50t 时 K = 1.3，起重量在 50t 以上时 K = 1.5；

Q——吊装荷载，为构件重力与索具重力之和；

f_0——跑头拉力计算系数，当绳索从定滑轮绕出时，$f_0=\dfrac{f-1}{f^n-1}\bullet f^n$，$f_0$ 当绳索从动滑轮绕出时，$f_0=\dfrac{f-1}{f^n-1}\bullet f^{n-1}$，$f$（一般可按表 6–2–16 取用），其中，$n$ 为工作绳数；f 为滑轮阻力系数，滚动轴承取 1.02；青铜衬套取 1.04；无青铜衬套取 1.06。

需注意：从滑车组引出绳到卷扬机之间，一般还要绕过几个导向滑轮，所以，计算卷扬机的牵引力时，还需将滑车组的跑头拉力 S 乘以 f_k（k——导向滑轮数目）。

表 6–2–16　滑车组跑头拉力计算系数 f_0 值

滑轮的轴承或衬套材料	滑轮阻力系数 f	动滑轮上引出绳根数								
		2	3	4	5	6	7	8	9	10
滚动轴承	1.02	0.52	0.35	0.27	0.22	0.18	0.15	0.14	0.12	0.11
青铜套轴承	1.04	0.54	0.36	0.28	0.23	0.19	0.17	0.15	0.13	0.12
无衬套轴承	1.06	0.56	0.38	0.29	0.24	0.20	0.18	0.16	0.15	0.14

4. 滑车组的使用

（1）使用前应查明它的允许荷载，检查滑车的各部分，看有无裂缝和损伤情况，滑轮转动是否灵活等。

（2）滑车组穿好后，要慢慢地加力；绳索收紧后应检查各部分是否良好，有无卡绳之处，若有不妥，应立即修正，不能勉强工作。

（3）滑车的吊钩（或吊环）中心，应与起吊构件的重心在一条垂直线上，以免构件起吊后不平稳；滑车组上下滑车之间的最小距离一般为 700 ~ 1200mm。

（4）滑车使用前后都要刷洗干净，轮轴应加油润滑，以减少磨损和防止锈蚀。

五、倒链

捯链又称神仙葫芦、手拉葫芦，可用来起吊轻型构件、拉紧拔杆缆风及在构件运输中拉紧捆绑构件的绳索等。

捯链主要有 WA、SH 和 SBL 三种类型。WA 和 SH 型的结构形式均为对称排列二级正齿轮传动；SBL 型的结构形式为行星摆线针轮传动。

捯链的技术规格见表 6–2–17 ~ 表 6–2–19。

表 6-2-17 WA 型捯链的技术规格

型号		WA½	WA 1	WA 1½	WA 2	WA 2½	WA 3	WA 5	WA 7.5	WA 10	WA 15	WA 20	WA 30
起重量（t）		0.5	1	1.5	2	2.5	3	5	7.5	10	15	20	30
起升高度（m）		2.5	2.5	2.5	2.5	2.5	3	3	3	3	3	3	3
两钩间最小距离 H（mm）		235	270	335	380	370	470	600	650	700	830	1000	1150
手拉力（N）		195	310	350	320	380	350	380	390	390	415	390	415
起重链直径（mm）		5	6	8	6	10	8	10	10	10	10	10	10
起重链行数		1	1	1	2	1	2	2	3	4	6	8	12
主要尺寸（mm）	A	120	142	178	142	210	178	210	336	358	488	580	635
	B	103	120	137	120	160	137	160	160	160	160	186	186
	C	24	28	32	34	36	38	48	57	64	75	82	98
	D	120	142	178	142	210	178	210	210	210	210	210	210

使用捯链时应注意以下几点：

（1）捯链使用前应仔细检查吊钩、链条及轮轴是否有损伤，传动部分是否灵活；挂上重物后，先慢慢拉动链条，等起重链条受力后再检查一次，看齿轮啮合是否妥当，链条自锁装置是否起作用。确认各部分情况良好后，方可继续工作。

表 6-2-18　SH 型捯链的技术规格

型号		SH½	SH1	SH2	SH3	SH5	SH10
起重量（t）		0.5	1	2	3	5	10
起升高度（m）		2.5	2.5	3	3	3	5
两钩间最小距离 H（mm）		250	430	550	610	840	1000
手拉力（N）		195 ~ 220	210	325 ~ 360	345 ~ 360	375	385
起重链圆钢直径（mm）		7	7	9	11	14	14
起重链行数		2	2	2	2	2	4
主要尺寸（mm）	A	180	180	198 ~ 234	267	326	675
	B	126	126	152	167	167	497
	C	18 ~ 22	25	33	40	50	64
	D	155	155	200	235	295	295
重量（kg）		11.5 ~ 16	16	31 ~ 32	45 ~ 46	73	170

表 6-2-19　SBL 型捯链的技术规格

型号		SBL½	SBL1	SBL2	CR3	SBL5	SBL10
起重量（t）		0.5	1	2	3	5	10
起升高度（m）		2.5	2.5	3	3	3	3
两钩间最小距离 H（mm）		195	500	500	500	590	700
手拉力（N）		180	220	260	260	330	430
起重链条行数		1	2	2	2	2	3
起重链条直径（mm）		5	8	8	8.5	10	12
主要尺寸（mm）	A	105	208	172	186	208	381
	B	110	168	150	150	172	173
	C	24	27	32	36	48	63
	D	105	137	170	170	195	214
重量（kg）		7.5	23.5	27	27.5	40	73

（2）捯链在使用中不得超过额定的起重量。在 -10℃以下使用时，只能以额定起重量之半进行工作。

（3）手拉动链条时，应均匀和缓，不得猛拉。不得在与链轮不同平面内拉动，以免造成跳链、卡环现象。

（4）如起重量不明或构件重量不详时，只要一个人可以拉动，就可继续工作。如一个人拉不动，应检查原因，不宜几人一齐猛拉，以免发生事故。

（5）齿轮部分应经常加油润滑，棘爪、棘轮和棘爪弹簧应经常检查，发现异常情况应予以更换，防止制动失灵使重物自坠。

六、手扳葫芦

手扳葫芦又称钢丝绳手扳滑车，在结构吊装中常作收紧缆风和升降吊篮之用。

手扳葫芦的技术规格见表 6-2-20。

表 6-2-20　手扳葫芦技术规格

型号		SB1 ~ 1.5	69-3	YQ-3
起重量（t）		1.5	3	3
手柄往复一次钢丝绳行程（mm）	空载	55 ~ 65	35 ~ 40	25 ~ 30
	重载	45 ~ 50	25 ~ 40	
手扳力（kN）		0.43	0.41	0.45
钢丝绳	规格	ф9（7×7）	ф13.5	ф15.5（6×19）
	长度（m）	20	15	10
外形尺寸（mm）	长	407	516	495
	宽	202	258	260
	高	132	163	165
机体重量（kg）		9	14	16

七、千斤顶

千斤顶在结构吊装中，用于校正构件的安装偏差和矫正构件的变形，又可以顶升和提升大跨度屋盖等。

常用千斤顶有 QL 型螺旋式千斤顶和 QY 型液压千斤顶。这两种千斤顶的技术规格见表 6-2-21、表 6-2-22。

使用千斤顶应注意以下几点：

（1）千斤顶使用前应拆洗干净，并检查各部件是否灵活、有无损伤；液压千斤顶的阀门、活塞、皮碗是否良好，油液是否干净。

（2）使用千斤顶时，应放在平整坚实的地面上。如松软地面，应铺设垫板。物件的被顶点应选择坚实的平面部位，还需加垫木板，以免损坏物件。

表 6-2-21　QL 型螺旋千斤顶技术规格（JB 2592-91）

型号	起重量（t）	高度（mm）		自重（kg）
		最低	起升	
QL2	2	170	180	5
QL5	5	250	130	7.5
QL10	10	280	150	11
QL16	16	320	180	17
QLD16	16	225	90	15
QLG16	16	445	200	19
QL20	20	325	180	18
QL32	32	395	200	27
QL50	50	452	250	56
QL100	100	455	200	86

注：型号 QL—普通螺旋千斤顶，G—高型，L—低型。

表 6-2-22　QY 型油压千斤顶技术规格（JB 2104-91）

型号	起重量（t）	最低高度	起升高度	螺旋调整高度	起升进程	自重（kg）
		（mm）				
QYL3.2	3.2	195	125	60	32	3.5
QYL5G	5	232	160	80	22	5.0
QYL5D	5	200	125	80	22	4.6
QYL8	8	236	160	80	16	6.9
QYL10	10	240	160	80	14	7.3
QYL16	16	250	160	80	9	11.0
QYL20	20	280	180	-	9.5	15.0
QYL32	32	285	180	-	6	23.0
QYL50	50	300	180	-	4	33.5
QYL71	71	320	180	-	3	66.0
QW 100	100	360	200	-	4.5	120
QW200	200	400	200	-	2.5	250
QW320	320	450	200	-	1.6	435

注：1. 型号 QYL—立式油压千斤顶，QW—立卧两用千斤顶，G—高型，D—低型；

2. 起升进程为油泵工作 10 次的活塞上升量。

（3）应严格按照千斤顶的额定起重量使用。每次顶升高度不得超过活塞上的标志。如无标志，每次顶升高度不得超过螺杆丝扣或活塞总高的 3/4，以免将螺杆或活塞全部升起而损坏千斤顶。

（4）顶升时，先将物件稍微顶起一点后暂停，检查千斤顶、地面、垫木和物件等情况是否良好，如发现千斤顶偏斜和垫木不稳等不良情况，必须进行处理后才能继续工作。顶升过程中，应设保险垫，并要随顶随垫，其脱空距离应保持在 50mm 以内，以防千斤顶倾倒或突然回油而造成事故。

（5）用两台或两台以上的千斤顶同时顶升一个物件时，要统一指挥和喊号，使动作一致，不同型号的千斤顶应避免放在同一端使用。

八、卷扬机

（一）概述

卷扬机有手动卷扬机和电动卷扬机之分。手动卷扬机在结构吊装中已很少使用。电动卷扬机按其速度可分为快速、中速、慢速等。快速卷扬机又分单筒和双筒，其钢丝绳牵引速度为 25 ~ 50m/min，单头牵引力为 4.0 ~ 80kN，如配以井架、龙门架、滑车等可作垂直和水平运输等用。慢速卷扬机多为单筒式，钢丝绳牵引速度为 6.5 ~ 22m/min，单头牵引力为 5 ~ 100kN，如配以拔杆、人字架、滑车组等可作大型构件安装等用。

（二）电动卷扬机的技术参数

快速卷扬机技术参数见表 6-2-23 及表 6-2-24。

中速卷扬机技术参数见表 6-2-25。

慢速卷扬机技术参数见表 6-2-26。

表 6–2–23　单筒快速卷扬机技术参数

项目		型号							
		JK0.5（JJK-0.5）	JK1（JJK-1）	JK2（JJK-2）	JK3（JJK-3）	JK5（JJK-5）	JK8（JJK-8）	JD0.4（JD-0.4）	JD1（JD-1）
额定静拉力（kN）		5	10	20	30	50	80	4	10
卷筒	直径（mm）	150	245	250	330	320	520	200	220
	宽度（mm）	465	465	630	560	800	800	299	310
	容绳量（m）	130	150	150	200	250	250	400	400
钢丝绳直径（mm）		7.7	9.3	13 ~ 14	17	20	28	7.7	12.5
绳速（m/min）		35	40	34	31	40	37	25	44
电动机	型号	Y112M-4	Y132M1-4	Y160L-4	Y225S-8	JZR2-62-10	JR92-8	JBJ-4.2	JBJ-11.4
	功率（kW）	4	7.5	15	18.5	45	55	4.2	11.4
	转速（r/min）	1440	1440	1440	750	580	720	1455	1460
外形尺寸	长（mm）	1000	910	1190	1250	1710	3190		1100
	宽（mm）	500	1000	1138	1350	1620	2105		765
	高（mm）	400	620	620	800	1000	1505		730
整机自重（t）		0.37	0.55	0.9	1.25	2.2	5.6		0.55

表 6-2-24　双筒快速卷扬机技术参数

项目		型号				
		2JK1（JJ2K-1.5）	2JK1.5（JJ2K-1.5）	2JK2（JJ2K-2）	2JK3（JJ2K-3）	2JK5（JJ2K-5）
额定静拉力（kN）		10	15	20	30	50
卷筒	直径（mm）	200	200	250	400	400
	长度（mm）	340	340	420	800	800
	容绳量（m）	150	150	150	200	200
钢丝绳直径（mm）		9.3	11	13 ~ 14	17	21.5
绳速（m/min）		35	37	34	33	29
电动机	型号	Y132M1-4	Y160M-4	Y160L-4	Y200L2-4	Y225M-6
	功率（kW）	7.5	11	15	22	30
	转速（r/min）	1440	1440	1440	950	950
外形尺寸	长（mm）	1445	1445	1870	1940	1940
	宽（mm）	750	750	1123	2270	2270
	高（mm）	650	650	735	1300	1300
整机自重（t）		0.64	0.67	1	2.5	2.6

表 6-2-25　单筒中速卷扬机技术参数

项目		型号				
		JZ0.5（JJZ-0.5）	JZ1（JJZ-1）	JZ2（JJZ-2）	JZ3（JJZ-3）	JZ5（JJZ-5）
额定静拉力（kN）		5	10	20	30	50
卷筒	直径（mm）	236	260	320	320	320
	长度（mm）	417	485	710	710	800
	容绳量（m）	150	200	230	230	250
钢丝绳直径（mm）		9.3	11	14	17	23.5
绳速（m/min）		28	30	27	27	28
电动机	型号	Y100L2-4	Y132M-4	JZR2-31-6	JZR2-42-8	JZR2-51-8
	功率（kW）	3	7.5	11	16	22
	转速（r/min）	1420	1440	950	710	720

续表

项目		型号				
		JZ0.5（JJZ-0.5）	JZ1（JJZ-1）	JZ2（JJZ-2）	JZ3（JJZ-3）	JZ5（JJZ-5）
外形尺寸（mm）	长	880	1240	1450	1450	1710
	宽	760	930	1360	1360	1620
	高	420	580	810	810	970
整机自重（t）		0.25	0.6	1.2	1.2	2

表 6–2–26　单筒慢速卷扬机技术参数

项目		型号							
		JM0.5	JM1	JM1.5	J m^2	Jm^3	JM5	JM8	JM10
		（JJM-0.5）	（JJM-1）	（JJM-1.5）	（JJM-2）	（JJM-3）	（JJM-5）	（JJM-8）	（JJM-10）
额定静拉力（kN）		5	10	15	20	30	50	80	100
卷筒	直径（mm）	236	260	260	320	320	320	550	750
	长度（mm）	417	485	440	710	710	800	800	1312
	容绳量（m）	150	250	190	230	150	250	450	1000
钢丝绳直径（mm）		9.3	11	12.5	14	17	23.5	28	31
绳速（m/min）		15	22	22	22	20	18	10.5	6.5
电动机	型号	Y100L2-4	Y132S-4	Y132M-4	YZR2-31-6	YZR2-41-8	JZR2-42-8	YZR225M-8	JZR2-51-8
	功率（kW）	3	5.5	7.5	11	11	16	21	22
	转速（r/min）	1420	1440	1440	950	705	710	750	720

续表

项目		型号							
		JM0.5	JM1	JM1.5	J m^{2}	Jm^{3}	JM5	JM8	JM10
		（JJM-0.5）	（JJM-1）	（JJM-1.5）	（JJM-2）	（JJM-3）	（JJM-5）	（JJM-8）	（JJM-10）
外形尺寸	长（mm）	880	1240	1240	1450	1450	1670	2120	1602
	宽（mm）	760	930	930	1360	1360	1620	2146	1770
	高（mm）	420	580	580	810	810	890	1185	960
整机自重（t）		0.25	0.6	0.65	1.2	1.2	2	3.2	

（三）卷扬机的固定、布置和使用注意事项

1. 卷扬机的固定

卷扬机必须用地锚予以固定，以防工作时产生滑动或倾覆。根据受力大小，固定卷扬机有螺栓锚固法、水平锚固法、立桩锚固法和压重锚固法四种。

2. 卷扬机的布置

卷扬机的布置（即安装位置）应注意下列几点：

（1）卷扬机安装位置周围必须排水畅通并应搭设工作棚；

（2）卷扬机的安装位置应能使操作人员看清指挥人员和起吊或拖动的物件。卷扬机至构件安装位置的水平距离应大于构件的安装高度，即当构件被吊到安装位置时，操作者视线仰角应小于 45°；

（3）在卷扬机正前方应设置导向滑车，导向滑车至卷筒轴线的距离，带槽卷筒应不小于卷筒宽度的 15 倍，即倾斜角 α 不大于 2°，无槽卷筒应大于卷筒宽度的 20 倍，以免钢丝绳与导向滑车槽缘产生过分的磨损；

（4）钢丝绳绕入卷筒的方向应与卷筒轴线垂直，其垂直度允许偏差为 6°。这样能使钢丝绳圈排列整齐，不致斜绕和互相错叠挤压。

3. 卷扬机使用注意事项

（1）作用前，应检查卷扬机与地面的固定，弹性联轴器不得松旷。并应检查安全装置、防护设施、电气线路、接零或接地线、制动装置和钢丝绳等，全部合格后方可使用。

（2）使用皮带或开式齿轮的部分，均应设防护罩，导向滑轮不得用开口拉板式滑轮。

（3）以动力正反转的卷扬机，卷筒旋转方向应与操纵开关上指示的方向一致。

（4）卷扬机必须有良好的接地或接零装置，接地电阻不得大于 10Ω。在一个供电网

路上，接地或接零不得混用。

（5）卷扬机使用前要先空运转作空载正、反转试验5次，检查运转是否平稳，有无不正常响声；传动制动机构是否灵活可靠；各紧固件及连接部位有无松动现象；润滑是否良好，有无漏油现象。

（6）钢丝绳的选用应符合原厂说明书规定。卷筒上的钢丝绳全部放出时应留有不少于3圈；钢丝绳的末端应固定牢靠；卷筒边缘外周至最外层钢丝绳的距离应不小于钢丝绳直径的1.5倍。

（7）钢丝绳应与卷筒及吊笼连接牢固，不得与机架或地面摩擦，通过道路时，应设过路保护装置。

（8）在卷扬机制动操作杆的行程范围内，不得有障碍物或阻卡现象。

（9）卷筒上的钢丝绳应排列整齐，当重叠或斜绕时，应停机重新排列，严禁在转动中用手拉脚踩钢丝绳。

（10）作业中，任何人不得跨越正在作业的卷扬钢丝绳。物件提升后，操作人员不得离开卷扬机，物件或吊笼下面严禁人员停留或通过。休息时应将物件或吊笼降至地面。

（11）作业中如发现异响、制作不灵、制动带或轴承等温度剧烈上升等异常情况时，应立即停机检查，排除故障后方可使用。

（12）作业中停电或休息时，应切断电源，将提升物件或吊笼降至地面。操作人员离开现场应锁好开关箱。

（四）电动卷扬机牵引力计算

作用于卷筒上钢丝绳的牵引力，按下列公式计算：

$$F=1.02\frac{N_H\eta}{V}$$

或

$$F=0.75\frac{N_P\eta}{V}$$

式中　F——牵引力（kN）；

N_H——电动机功率（kW）；

N_P——电动机功率（马力）；

V——钢丝绳速度（m/s）；

η——总效率，

$$\eta=\eta_0\times\eta_1\times\eta_2\times\cdots\cdots\times\eta_n$$

其中　η_0——卷筒效率，当卷筒装在滑动轴承上时，$\eta_0=0.94$；当卷筒装在滚动轴承上时，$\eta_0=0.96$；

η_1、η_2……η_n——表示传动机件效率，由表6–2–27查出。

表 6-2-27　卷扬机零件传动效率表

零件名称			效率
卷筒	滑动轴承		0.94 ~ 0.96
	滚动轴承		0.96 ~ 0.98
一对圆柱齿轮传动	开式传动	滑动轴承	0.93 ~ 0.95
		滚动轴承	0.95 ~ 0.96
	闭式传动（稀油润滑）	滑动轴承	0.95 ~ 0.97
		滚动轴承	0.96 ~ 0.98

钢丝绳速度计算：

$$V = \pi D \times n_n$$

式中　V——钢丝绳速度（m/s）；

D——卷筒直径（m）；

n_n——卷筒转速（r/s），

$$n_n = n_H i/60$$

其中　n_H——电动机转速（r/s）；

i——传动比，

$$i = T_Z/T_B$$

其中　T_Z——所有主动轮齿数的乘积；

T_B——所有被动轮齿数的乘积。

九、地锚

（一）地锚种类与使用

地锚按设置形式分有桩式地锚和水平地锚两种。桩式地锚适用于固定受力不大的缆风，结构吊装中很少使用。水平地锚是将几根圆木（方木或型钢）用钢丝绳捆绑在一起，横放在地锚坑底，钢丝绳的一端从坑前端的槽中引出，绳与地面的夹角应等于缆风与地面的夹角，然后用土石回填夯实。圆木埋入深度及圆木的数量应根据地锚受力的大小和土质而定，一般埋入深度为 1.5 ~ 2m 时，可受力 30 ~ 150kN，圆木的长度为 1 ~ 1.5m。当拉力超过 75kN 时，地锚横木上应增加压板。当拉力大于 150kN 时，应用立柱和木壁加强，以增加土的横向抵抗力。

受力很大的地锚（如重型桅杆式起重机和缆索起重机的缆风地锚）应用钢筋混凝土制作，其尺寸、混凝土强度等级及配筋情况须经专门设计确定。

水平地锚埋设和使用应注意：

（1）地锚应埋设在土质坚硬的地方，地面不潮湿、不积水。

（2）不得用腐烂的木料作地锚，横木绑拉索处，四角要用角钢加固。钢丝绳要绑扎牢固。

（3）重要的地锚应经过计算，埋设后需进行试拉。

（4）地锚埋设后，应经过详细检查，才能正式使用。使用时要有专人负责看守，如发生变形，应立即采取措施加固。

（二）水平地锚的计算

水平地锚的计算，包括：在垂直分力作用下地锚的稳定性；在水平分力作用下侧向土的强度；地锚横木的计算。

1. 地锚的稳定性计算

地锚的稳定性，按下列公式计算：

$$\frac{G+T}{V}\geqslant K$$

式中　K——安全系数，一般取 2；

V——地锚所受荷载的垂直分力；

$$V=F\sin\alpha$$

其中　F——地锚荷载；

G——土的重力，

$$G=\frac{b+b'}{2}hl\gamma$$

其中　l——横木长度；

γ——土的重力密度；

b——横木宽度；

b'——压力区有效宽度，

$$b'=b+h\mathrm{tg}\varphi$$

其中　φ——土的内摩擦角，松土取 15°～20°，一般土取 20°～30°，坚硬土取 30°～40°；

h——地锚埋置深度；

T——摩擦力，

$$T=fH;$$

其中　f——摩擦系数，对无木壁地锚取 0.5，对有木壁地锚取 0.4；

H——F 的水平分力，$H=F\cos\alpha$。

2. 侧向土的强度计算

对于无木壁地锚

$$[\sigma]\eta \geqslant \frac{H}{h_1 l}$$

对于有木壁地锚

$$[\sigma]\eta \geqslant \frac{H}{(h_1 + h')l}$$

式中　　$[\sigma]$——深度 h 处的土的容许承载力；

η——降低系数，可取 0.5 ~ 0.7。

3. 地锚横木计算

（1）一根索的横木计算：

横木为圆形截面时，按单向弯曲构件计算：

$$\sigma = \frac{M}{W} \leqslant [f_m]$$

横木为矩形截面时，按双向弯曲构件计算：

$$\sigma = \frac{M_x}{W_x} + \frac{M_y}{W_y} \leqslant [f_m]$$

式中　　$[f_m]$——木材抗弯强度设计值；

M——横木所受的弯矩；

W——横木的截面抵抗矩；

M_x——横木水平方向所受的弯矩；

M_y——横木垂直方向所受的弯矩；

W_x——横木水平方向截面抵抗矩；

W_y——横木垂直方向截面抵抗矩。

（2）两根索的横木计算：

按偏心双向受压构件计算：

$$\sigma = \frac{N}{A} + \frac{M_x}{W_x} + \frac{M_y}{W_y} \leqslant [f_m]$$

式中　　N——横木轴向力；

A——横木截面积。

第七章 钢结构工程

第一节 钢结构构件的加工制作

一、钢结构构件的制作加工

1. 钢材的储存

（1）钢材储存的场地条件

钢材的储存可露天堆放，也可堆放在有顶棚的仓库里。露天堆放时，场地要平整，并应高于周围地面，四周留有排水沟；堆放时要尽量使钢材截面的背面向上或向外，以免积雪、积水，两端应有高差，以利排水。堆放在有顶棚的仓库内时，可直接堆放在地坪上，下垫楞木。

（2）钢材堆放要求

钢材的堆放要尽量减少钢材的变形和锈蚀；钢材堆放时每隔 5 ~ 6 层放置楞木，其间距以不引起钢材明显的弯曲变形为宜，楞木要上下对齐，在同一垂直面内；考虑材料堆放之间留有一定宽度的通道以便运输。

（3）钢材的标识

钢材端部应树立标牌，标牌要标明钢材的规格、钢号、数量和材质验收证明书编号。

钢材端部根据其钢号涂以不同颜色的油漆。钢材的标牌应定期检查。

（4）钢材的检验

钢材在正式入库前必须严格执行检验制度，经检验合格的钢材方可办理入库手续。钢材检验的主要内容有：钢材的数量、品种与订货合同相符；钢材的质量保证书与钢材上打印的记号符合；核对钢材的规格尺寸；钢材表面质量检验。

2. 钢结构加工制作的准备工作

（1）详图设计和审查图纸

一般设计院提供的设计图，不能直接用来加工制作钢结构，而是要考虑加工工艺，如公差配合、加工余量、焊接控制等因素后，在原设计图的基础上绘制加工制作图（又称施工详图）。详图设计一般由加工单位负责进行，应根据建设单位的技术设计图纸以及发包文件中所规定的规范、标准和要求进行。加工制作图是最后沟通设计人员及施工人员意图的详图，是实际尺寸、划线、剪切、坡口加工、制孔、弯制、拼装、焊接、涂装、产品检查、堆放、发送等各项作业的指示书。

图纸审核的主要内容包括以下项目：①设计文件是否齐全，设计文件包括设计图、施工图、图纸说明和设计变更通知单等。②构件的几何尺寸是否标注齐全。③相关构件的尺寸是否正确。④节点是否清楚，是否符合国家标准。⑤标题栏内构件的数量是否符合工程和总数量。⑥构件之间的连接形式是否合理。⑦加工符号、焊接符号是否齐全。⑧结合本单位的设备和技术条件考虑，能否满足图纸上的技术要求。⑨图纸的标准化是否符合国家规定等。

图纸审查后要做技术交底准备，其内容主要有：①根据构件尺寸考虑原材料对接方案和接头在构件中的位置。②考虑总体的加工工艺方案及重要的工装方案。③对构件的结构不合理处或施工有困难的地方，要与需方或者设计单位做好变更签证的手续。④列出图纸中的关键部位或者有特殊要求的地方，加以重点说明。

（2）备料和核对

根据图纸材料表计算出各种材质、规格、材料净用量，再加一定数量的损耗提出材料预算计划。工程预算一般可按实际用量所需的数值再增加 10% 进行提料和备料。核对来料的规格、尺寸和重量，仔细核对材质；如进行材料代用，必须经过设计部门同意，并进行相应修改。

（3）编制工艺流程

编制工艺流程的原则是操作能以最快的速度、最少的劳动量和最低的费用，可靠地加工出符合图纸设计要求的产品。内容包括：1）成品技术要求 2）具体措施：关键零件的加工方法、精度要求、检查方法和检查工具；主要构件的工艺流程、工序质量标准、工艺措施（如组装次序、焊接方法等）；采用的加工设备和工艺设备。

编制工艺流程表（或工艺过程卡）基本内容包括零件名称、件号、材料牌号、规格、件数、工序名称和内容、所用设备和工艺装备名称及编号、工时定额等。关键零件还要标注加工尺寸和公差，重要工序要画出工序图。

（4）组织技术交底

上岗操作人员应进行培训和考核，特殊工种应进行资格确认，充分做好各项工序的技术交底工作。技术交底按工程的实施阶段可分为两个层次。第一个层次是开工前的技术交底会，参加的人员主要有：工程图纸的设计单位，工程建设单位，工程监理单位及制作单位的有关部门和有关人员。技术交底主要内容有：1）工程概况；2）工程结构件的类型和数量；3）图纸中关键部位的说明和要求；4）设计图纸的节点情况介绍；5）对钢材、辅料的要求和原材料对接的质量要求；6）工程验收的技术标准说明；7）交货期限、交货方式的说明；8）构件包装和运输要求；9）涂层质量要求；10）其他需要说明的技术要求。第二个层次是在投料加工前进行的本工厂施工人员交底会，参加的人员主要有：制作单位的技术、质量负责人，技术部门和质检部门的技术人员、质检人员，生产部门的负责人、施工员及相关工序的代表人员等。此类技术交底主要内容除上述 10 点外，还应增加工艺方案、工艺规程、施工要点、主要工序的控制方法、检查方法等与实际施工相关的内容。

（5）钢结构制作的安全工作

钢结构生产效率很高，工件在空间大量、频繁地移动，各个工序中大量采用的机械设备都须作必要的防护和保护。因此，生产过程中的安全措施极为重要，特别是在制作大型、超大型钢结构时，更必须十分重视安全事故的防范。

进入施工现场的操作者和生产管理人员均应穿戴好劳动防护用品，按规程要求操作。

对操作人员进行安全学习和安全教育，特殊工种必须持证上岗。

为了便于钢结构的制作和操作者的操作活动，构件宜在一定高度上测量。装配组装胎架、焊接胎架、各种搁置架等，均应与地面离开 0.4 ～ 1.2m。

构件的堆放、搁置应十分稳固，必要时应设置支撑或定位。构件堆垛不得超过二层。

索具、吊具要定时检查，不得超过额定荷载。正常磨损的钢丝绳应按规定更换。

所有钢结构制作中各种胎具的制造和安装，均应进行强度计算，不能仅凭经验估算。

生产过程中所使用的氧气、乙炔、丙烷、电源等必须有安全防护措施，并定期检测泄漏和接地情况。

对施工现场的危险源应做出相应的标志、信号、警戒等，操作人员必须严格遵守各岗位的安全操作规程，以避免意外伤害。

构件起吊应听从一个人的指挥。构件移动时，移动区域内不得有人滞留和通过。

所有制作场地的安全通道必须畅通。

3. 钢结构加工制作的工艺流程

（1）样杆、样板的制作

样板可采用厚度 0.50 ～ 0.75mm 的铁皮或塑料板制作，其精度要求见表 6–2。样杆一般用铁皮或扁铁制作，当长度较短时可用木尺杆。样杆、样板应注明工号、图号、零件号、数量及加工边、坡口部位、弯折线和弯折方向、孔径和滚圆半径等。样杆、样板应妥善保存，直至工程结束后方可销毁。

（2）号料

核对钢材规格、材质、批号，并应清除钢板表面油污、泥土及赃物。号料方法有集中号料法、套料法、统计计算法、余料统一号料法四种。

若表面质量满足不了质量要求，钢材应进行矫正，钢材和零件的矫正应采用平板机或型材矫直机进行，较厚钢板也可用压力机或火焰加热进行，逐渐取消用手工锤击的矫正法。碳素结构钢在环境温度低于 –16℃，低合金结构钢在低于 –12℃时，不应进行冷矫正和冷弯曲。

矫正后的钢材表面，不应有明显的凹面和损伤，表面划痕深度不得大于 0.5mm，且不应大于该钢材厚度负允许偏差的 1/2。

（3）划线

利用加工制作图、样杆、样板及钢卷尺进行划线。目前已有一些先进的钢结构加工厂采用程控自动划线机，不仅效率高，而且精确、省料。划线的要领有二条：

①划线作业场地要在不直接受日光及外界气温影响的室内，最好是开阔、明亮的场所。

②用划针划线比用墨尺及划线用绳的划线精度高。划针可用砂轮磨尖，粗细度可达 0.3mm 左右。划线有三种办法：先划线、后划线、一般先划线及他端后划线。当进行下料部分划线时要考虑剪切余量、切削余量。

（4）切割

钢材的切割包括气割、等离子切割类高温热源的方法，也有使用剪切、切削、摩擦热等机械力的方法。要考虑切割能力、切割精度、切剖面的质量及经济性。

（5）边缘加工和端部加工

方法主要有：铲边、刨边、铣边、碳弧气刨、气割和坡口机加工等。

铲边：有手工铲边和机械铲边两种。铲边后的棱角垂直误差不得超过弦长的 1/3000，且不得大于 2mm。

刨边：使用的设备是刨边机。刨边加工有刨直边和刨斜边两种。一般的刨边加工余量 2 ~ 4mm。

铣边：使用的设备是铣边机，工效高，能耗少。

碳弧气刨：使用的设备是气刨枪。效率高，无噪音，灵活方便。

坡口加工：一般可用气体加工和机械加工，在特殊的情况下采用手动气体切割的方法，但必须进行事后处理，如打磨等。现在坡口加工专用机已开始普及，最近又出现了 H 型钢坡口及弧形坡口的专用机械，效率高、精度高。焊接质量与坡口加工的精度有直接关系，如果坡口表面粗糙有尖锐且深的缺口，就容易在焊接时产生不熔部位，将在事后产生焊接裂缝。又如，在坡口表面黏附油污，焊接时就会产生气孔和裂缝，因此要重视坡口质量。

（6）制孔

在焊接结构中，不可避免地将会产生焊接收缩和变形，因此在制作过程中，把握好什么时候开孔将在很大程度上影响产品精度。特别是对于柱及梁的工程现场连接部位的孔群的尺寸精度直接影响钢结构安装的精度，因此把握好开孔的时间是十分重要的，一般有四种情况：

第一种：在构件加工时预先划上孔位，待拼装、焊接及变形矫正完成后，再划线确认进行打孔加工。

第二种：在构件一端先进行打孔加工，待拼装、焊接及变形矫正完成后，再对另一端进行打孔加工。

第三种：待构件焊接及变形矫正后，对端面进行精加工，然后以精加工面为基准，划线、打孔。

第四种：在划线时，考虑了焊接收缩量、变形的余量、允许公差等，直接进行打孔。

机械打孔有电钻及风钻、立式钻床、摇臂钻床、桁式摇臂钻床、多轴钻床、NC开孔机。

气体开孔，最简单的方法是在气割喷嘴上安装一个简单的附属装置，可打出 $\phi 30$ 的孔。

钻模和板叠套钻制孔。这是目前国内尚未流行的一种制孔方法，应用夹具固定，钻套应采用碳素钢或合金钢。如T8.GCr13.GCr15等制作，热处理后钻套硬度应高于钻头硬度HRC2 ~ 3。

钻模板上下两平面应平行，其偏差不得大于0.2mm，钻孔套中心与钻模板平面应保持垂直，其偏差不得大于0.15mm，整体钻模制作允许偏差符合有关规定。

数控钻孔：近年来数控钻孔的发展更新了传统的钻孔方法，无须在工件上划线，打样冲眼，整个加工过程自动进行，高速数控定位，钻头行程数字控制，钻孔效率高，精度高。

制孔后应用磨光机清除孔边毛刺，并不得损伤母材。

（7）组装

钢结构组装的方法包括地样法、仿形复制装配法、立装法、卧装法、胎模装配法。

地样法：用1 ：1的比例在装配平台上放出构件实样，然后根据零件在实样上的位置，分别组装起来成为构件。此装配方法适用于桁架、构架等小批量结构的组装。

仿形复制装配法：先用地样法组装成单面（单片）的结构，然后定位点焊牢固，将其翻身，作为复制胎模，在其上面装配另一单面结构，往返两次组装。此种装配方法适用于横断面互为对称的桁架结构。

立装法：根据构件的特点及其零件的稳定位置，选择自上而下或自下而上的顺序装配。此装配方法适用于放置平稳，高度不大的结构或者大直径的圆筒。

卧装法：将构件放置于卧的位置进行的装配。适用于断面不大，但长度较大的细长构件。

胎模装配法：将构件的零件用胎模定位在其装配位置上的组装方法。此种装配方法适用于制造构件批量大、精度高的产品。

拼装必须按工艺要求的次序进行，当有隐蔽焊缝时，必须先予施焊，经检验合格方可覆盖。为减少变形，尽量采用小件组焊，经矫正后再大件组装。

组装的零件、部件应经检查合格，零件、部件连接接触面和沿焊缝边缘约30 ~ 50mm范围内的铁锈、毛刺、污垢、冰雪、油迹等应清除干净。

板材、型材的拼接应在组装前进行；构件的组装应在部件组装、焊接、矫正后进行，以便减少构件的残余应力，保证产品的制作质量。构件的隐蔽部位应提前进行涂装。

钢构件组装的允许偏差见《钢结构工程施工质量验收规范》GB50205-2001有关规定。

（8）焊接

焊接是钢结构加工制作中的关键步骤。

（9）摩擦面的处理

高强度螺栓摩擦面处理后的抗滑移系数值应符合设计的要求（一般为0.45 ~ 0.55）。摩擦面的处理可采用喷砂、喷丸、酸洗、砂轮打磨等方法，一般应按设计要求进行，设计无要求时施工单位可采用适当的方法进行施工。采用砂轮打磨处理摩擦面时，打磨范围不应小于螺栓孔径的4倍，打磨方向宜与构件受力方向垂直。高强度螺栓的摩擦连接面不得涂装，高强度螺栓安装完后，应将连接板周围封闭，再进行涂装。

（10）涂装、编号

涂装环境温度应符合涂料产品说明书的规定，无规定时，环境温度应在5 ~ 38℃之间，相对湿度不应大于85%，构件表面没有结露和油污等，涂装后4h内应保护免受淋雨。

钢构件表面的除锈方法和除锈等级应符合规范的规定，其质量要求应符合国家标准《涂装前钢材表面锈蚀等级和除锈等级》的规定。构件表面除锈方法和除锈等级应与设计采用的涂料相适应。

施工图中注明不涂装的部位和安装焊缝处的30 ~ 50mm宽范围内以及高强度螺栓摩擦连接面不得涂装。涂料、涂装遍数、涂层厚度均应符合设计的要求。

构件涂装后，应按设计图纸进行编号，编号的位置应符合便于堆放、便于安装、便于检查的原则。对于大型或重要的构件还应标注重量、重心、吊装位置和定位标记等记号。编号的汇总资料与运输文件、施工组织设计的文件、质检文件等统一起来，编号可在竣工验收后加以复涂。

加工制作图的绘制、号料、放线、切割、坡口加工、开制孔、组装（包括矫正）、焊接、摩擦面的处理、涂装与编号是钢结构加工制作的主要工艺。

4. 钢结构构件的验收、运输、堆放

（1）钢结构构件的验收

钢构件加工制作完成后，应按照施工图和国标《钢结构工程施工及验收规范》（GB50205-2001）的规定进行验收，有的还分工厂验收、工地验收，因工地验收还增加了运输的因素，钢构件出厂时，应提供下列资料：

①产品合格证及技术文件。

②施工图和设计变更文件。

③制作中技术问题处理的协议文件。

④钢材、连接材料、涂装材料的质量证明或试验报告。

⑤焊接工艺评定报告。

⑥高强度螺栓摩擦面抗滑移系数试验报告，焊缝无损检验报告及涂层检测资料。

⑦主要构件检验记录。

⑧预拼装记录，由于受运输、吊装条件的限制，另外设计的复杂性，有时构件要分二段或若干段出厂，为了保证工地安装的顺利进行，在出厂前进行预拼装（需预拼装时）。

⑨构件发运和包装清单。

（2）构件的运输

发运的构件，单件超过3t的，宜在易见部位用油漆标上重量及重心位置的标志，以免在装、卸车和起吊过程中损坏构件；节点板、高强度螺栓连接面等重要部分要有适当的保护措施，零星的部件等都要按同一类别用螺栓和铁丝紧固成束或包装发运。

大型或重型构件的运输应根据行车路线、运输车辆的性能、码头状况、运输船只来编制运输方案。在运输方案中要着重考虑吊装工程的堆放条件、工期要求来编制构件的运输顺序。

运输构件时，应根据构件的长度、重量断面形状选用车辆；构件在运输车辆上的支点、两端伸长的长度及绑扎方法均应保证构件不产生永久变形、不损伤涂层。构件起吊必须按设计吊点起吊，不得随意。

公路运输装运的高度极限 4.5m，如需通过隧道时，则高度极限 4m，构件长出车身不得超过 2m。

（3）构件的堆放

构件一般要堆放在工厂的堆放场和现场的堆放场。构件堆放扬地应平整坚实，无水坑、冰层，地面平整干燥，并应排水通畅，有较好的排水设施，同时有车辆进出的回路。

构件应按种类、型号、安装顺序划分区域，插竖标志牌。构件底层垫块要有足够的支承面，不允许垫块有大的沉降量，堆放的高度应有计算依据，以最下面的构件不产生永久变形为准，不得随意堆高。钢结构产品不得直接置于地上，要垫高 200mm。

在堆放中，发现有变形不合格的构件，则严格检查，进行矫正，然后再堆放。不得把不合格的变形构件堆放在合格的构件中，否则会大大地影响安装进度。

对于已堆放好的构件，要派专人汇总资料，建立完善的进出厂的动态管理，严禁乱翻、乱移。同时对已堆放好的构件进行适当保护，避免风吹雨打、日晒夜露。

不同类型的钢构件一般不堆放在一起。同一工程的钢构件应分类堆放在同一地区，便于装车发运。

二、钢结构构件的焊接

1. 焊接方法

（1）焊接方法概述

焊接是借助于能源，使两个分离的物体产生原子（分子）间结合而连接成整体的过程。用焊接方法不仅可以连接金属材料，如钢材、铝、铜、钛等，还能连接非金属，如塑料、陶瓷，甚至还可以解决金属和非金属之间的连接，我们统称为工程焊接。用焊接方法制造的结构称为焊接结构，又称工程焊接结构。根据对象和用途大致可分为建筑焊接结构、贮罐和容器焊接结构、管道焊接结构、导电性焊接结构四类，我们所称的钢结构包含了这四类焊接结构。选用的结构材料是钢材，而且大多为普通碳素钢和低合金结构钢，常用的钢号有 Q235.16Mn、16Mnq、15MnV、15MnVq 等，主要的焊接方法有手工电弧焊、气体保护焊、自保护电弧焊、埋弧焊、电渣焊、等离子焊、激光焊、电子束焊、栓焊等。

在钢结构制作和安装领域中，广泛使用的是电弧焊。在电弧焊中又以药皮焊条手工电弧焊、自动埋弧焊、半自动与自动 CO_2 气体保护焊和自保护电弧焊为主。在某些特殊应用场合，则必须使用电渣焊和栓焊。

（2）手工电弧焊

依靠电弧的热量进行焊接的方法称为电弧焊，手工电弧焊是用手工操作焊条进行焊接的一种电弧焊，是钢结构焊接中最常用的方法。焊条和焊件就是两个电极，产生电弧，电弧产生大量的热量，熔化焊条和焊件，焊条端部熔化形成熔滴，过渡到熔化的焊件的母材上融合，形成熔池并进行一系列复杂的物理—冶金反应。随着电弧的移动，液态熔池逐步冷却、结晶，形成焊缝。在高温作用下，冷敷于电焊条钢芯上的药皮熔融成熔渣，覆盖在熔池金属表面，它不仅能保护高温的熔池金属不与空气中有害的氧、氮发生化学反应，并且还能参与熔池的化学反应和渗入合金等，在冷却凝固的金属表面，形成保护渣壳。

（3）气体保护电弧焊

又称为熔化极气体电弧焊，以焊丝和焊件作为两个极，两极之间产生电弧热来熔化焊丝和焊件母材，同时向焊接区域送人保护气体，使电弧、熔化的焊丝、熔池及附近的母材与周围的空气隔开，焊丝自动送进，在电弧作用下不断熔化，与熔化的母材一起融合，形成焊缝金属。这种焊接法简称 GMAW（Gas Metal Arc Welding）由于保护气体的不同，又可分为：CO_2 气体保护电弧焊，是目前最广泛使用的焊接法，特点是使用大电流和细焊丝，焊接速度快、熔深大、作业效率高；M1G（Metal–Inert–Gas）电弧焊，是将 CO_2 气体保护焊的保护气体变成 Ar 或 He 等惰性气体；MAG（Metal–Active–Gas）电弧焊，使用 CO_2 和 Ar 的混合气体作为保护气体（80%Ar+20%CO_2），这种方法既经济又有 MIG 的好性能。

（4）自保护电弧焊

自保护电弧焊曾称为无气体保护电弧焊。与气体保护电弧焊相比抗风性好，风速达 10m/s 时仍能得到无气孔而且力学性能优越的焊缝。由于自动焊接，因此焊接效率极高。焊枪轻，不用气瓶，因此操作十分方便，但焊丝价格比 CO2 保护焊的要高。在海洋平台、目前美国的超高层建筑钢结构广泛使用这种方法。

自保护电弧焊用焊丝是药芯焊丝，使用的焊机为比交流电源更稳定焊接的直流平特性电源。

（5）埋弧焊

埋弧焊是电弧在可熔化的颗粒状焊剂覆盖下燃烧的一种电弧焊。原理如下：向熔池连续不断送进的裸焊丝，既是金属电极，也是填充材料，电弧在焊剂层下燃烧，将焊丝、母材熔化而形成熔池。熔融的焊剂成为熔渣，覆盖在液态金属熔池的表面，使高温熔池金属与空气隔开。焊剂形成熔渣除了起保护作用外，还与熔化金属参与冶金反应，从而影响焊缝金属的化学成分。

2. 焊接变形的种类

焊接变形可分为线性缩短、角变形、弯曲变形、扭曲变形、波浪形失稳变形等。

线性缩短：是指焊件收缩引起的长度缩短和宽度变窄的变形，分为纵向缩短和横向缩短。

角变形：是由于焊缝截面形状在厚度方向上不对称所引起的，在厚度方向上产生的变形。

波浪变形：大面积薄板拼焊时，在内应力作用下产生失稳而使板面产生翘曲成为波浪形变形。

扭曲变形：焊后构件的角变形沿构件纵轴方向数值不同及构件翼缘与腹板的纵向收缩不一致，综合而形成的变形形态。扭曲变形一旦产生则难以矫正。主要由于装配质量不好，工件搁置不正，焊接顺序和方向安排不当造成的，在施工中特别要引起注意。

构件和结构的变形使其外形不符合设计图纸和验收要求不仅影响最后装配工序的正常进行，而且还有可能降低结构的承载能力。如已产生角变形的对接和搭接构件在受拉时将引起附加弯矩，其附加应力严重时可导致结构的超载破坏。

3. 焊接残余变形量的影响因素

主要影响因素包括：

①焊缝截面积的影响：焊缝面积越大，冷却时引起的塑性变形量越大。焊缝面积对纵向、横向及角变形的影响趋势是一致的，而且起主要的影响。

②焊接热输入的影响：一般情况下，热输入大时，加热的高温区范围大，冷却速度慢，使接头塑性变形区增大。对纵向、横向及角变形都有变形增大的影响。

③工件的预热、层间温度影响：预热、层间温度越高，相当于热输入增大，使冷却速度慢，收缩变形增大。

④焊接方法的影响：各种焊接方法的热输入差别较大，在其他条件相同情况下，收缩变形值不同。

⑤接头形式的影响：焊接热输入、焊缝截面积、焊接方法等因素条件相同时，不同的接头形式对纵向、横向及角变形量有不同的影响。

⑥焊接层数的影响：横向收缩在对接接头多层焊时，第一道焊缝的横向收缩符合对接焊的一般条件和变形规律，第一层以后相当于无间隙对接焊，接近于盖面焊时已与堆焊的条件和变形规律相似，因此收缩变形相对较小；纵向变形，多层焊时的纵向收缩变形比单层焊时小得多，而且焊的层数越多，纵向变形越小。

4. 焊接的主要缺陷

国标《金属熔化焊焊缝缺陷分类及说明》将焊缝缺陷分为六类，裂纹、孔穴、固体夹杂，未熔合和末焊透、形状缺陷和上述以外的其他缺陷。每一缺陷大类用一个三位阿拉伯数字标记，每一缺陷小类用一个四位阿拉伯数字标记，同时采用国际焊接学会（ⅠⅣ）“参考射线底片汇编”中字母代号来对缺陷进行简化标记。

（1）裂纹缺陷以焊缝冷却结晶时出现裂纹的时间阶段区分有热裂纹（高温裂纹）、冷裂纹、延迟裂纹。

①热裂纹

热裂纹是由于焊缝金属结晶时造成严重偏析，存在低熔点杂质，另外是由于焊接拉伸应力的作用而产生的。防止措施有：

控制焊缝的化学成分。降低母材及焊接材料中形成低熔点共晶物即易于偏析的元素，如硫、磷含量；降低碳含量；提高 Mn 含量，使 Mm/S 比值达到 20 ~ 60。

控制焊接工艺参数。控制焊接电流和焊接速度，使各焊道截面上部的宽度和深度比值达到 1.1 ~ 1.2，同时控制焊接熔池形状；避免坡口和间隙过小使焊缝成形系数太小；焊前预热可降低预热裂纹的倾向；合理的焊接顺序可以使大多数焊缝在较小的拘束度下焊接，减小焊缝收缩时所受拉应力，也可减小热裂纹倾向。

②冷裂纹

冷裂纹发生于焊缝冷却过程中较低温度时，或沿晶或穿晶形成，视焊接接头所受的应力状态和金相组织而定。冷裂纹也可以在焊后经过一段时间（几小时或几天）才出现，称之为延迟裂纹。

防止的办法是：焊前烘烤，彻底清理坡口和焊丝表面的油、水、锈、污等减少扩散氢含量。焊前预热、焊后缓冷，进行焊后热处理。采取降低焊接应力的工艺措施，如：在实际工作中，如果施焊条件许可双面焊，结构承载条件允许部分焊透焊接时，应尽量采用对称坡口或部分焊透焊缝作为降低冷裂纹倾向的措施之一。

（2）孔穴缺陷分为气孔和弧坑缩孔两种。气孔造成的主要原因：

焊条、焊剂潮湿，药皮剥落；坡口表面有油、水、锈污等未清理干净；电弧过长，熔池面积过大；保护气体流量小，纯度低；焊炬摆动大，焊丝搅拌熔池不充分；焊接环境湿度大，焊工操作不熟练。

防止措施：

①不得使用药皮剥落、开裂、变质、偏心和焊芯锈蚀的焊条，对焊条和焊剂要进行烘烤。

②认真处理坡口。

③控制焊接电流和电弧长度。

④提高操作技术，改善焊接环境。

弧坑缩孔是由于焊接电流过大，灭弧时间短而造成的，因此要选用合适的焊接参数，焊接时填满弧坑或采用电流衰减灭弧。利用超声波探伤，搞清缺陷的位置后，用碳弧气刨等完全铲除焊缝，搞成船底形的沟再进行补焊，焊后再次检查。

（3）固体夹杂缺陷有夹渣和金属夹杂两种缺陷。

造成夹渣的原因有：

多道焊层清理不干净；电流过小，焊接速度快，熔渣来不及浮出；焊条或焊炬角度不当，焊工操作不熟练，坡口设计不合理，焊条形状不良。

防止办法是：彻底清理层间焊道；合理选用坡口，改善焊层成形，提高操作技术。

金属夹杂缺陷是由于：氩弧焊采用接触引弧，操作不熟练；钨级与熔池或焊丝短路；焊接电流过大，钨棒严重烧损。

防止办法是：氩弧焊时尽量采用高频引弧，提高操作技术，选用合适的焊接工艺。

（4）未熔合缺陷主要是由于运条速度过快，焊条焊炬角度不对，电弧偏吹；坡口设计不良，电流过小，电弧过长，坡口或夹层清理不干净造成的。

防止办法是：提高操作技术，选用合适的工艺参数，选用合理的坡口，彻底清理焊件。

未焊透缺陷产生的原因是由于坡口设计不良，间隙过小，操作不熟练等造成的。

防止办法是：选用合理的坡口形式，保证组对间隙，选用合适的规范参数，提高操作技术。

（5）形状缺陷分为咬边、焊瘤、下塌、根部收缩、错边、角度偏差、焊缝超高、表面不规则等。

咬边缺陷是由于电流过大或电弧过长，埋弧焊时电压过低，焊条和焊丝的角度不合适等原因造成的。对咬边部分需用直径 3.2 ～ 4.0mm 的焊丝进行修补焊接。

焊瘤是由于电流偏大或火焰率过大造成的，另外焊工技术差也是主要原因。对于重要的对接焊部分的焊瘤要用砂轮等除去。

下塌缺陷又称为压坑缺陷，是由于焊接电流过大，速度过慢，因此熔池金属温度过高而造的。用碳弧气刨进行铲除，然后修补焊接。

根部收缩缺陷主要是焊接电流过大或火焰率过大，使熔池体积过大造成的，因此要选合适的工艺参数。

错边缺陷主要是组对不好，因此要求组对时严格要求。从背面进行补焊，也可使用背衬焊剂垫进行底层焊接，希望焊成倾斜度为 1/2.5。

角度偏差缺陷主要由于组对不好，焊接变形等造成的，因此要求组对好，采用控制变形的措施才能防止发生。

焊缝超高、焊脚不对称、焊缝宽度不齐、表面不规则等缺陷产生的主要原因是：焊接层次布置不好，焊工技术差，护目镜颜色过深，影响了观察熔池情况。

（6）其他缺陷

其他缺陷主要有电弧擦伤、飞溅、表面撕裂等。

电弧擦伤是由于焊把与工件无意接触，焊接电缆破损；未在坡口内引弧，而是在母材上任意引弧而造成的。因此，启动电焊机前，检查焊接，严禁与工件短路；包裹绝缘带，必须在坡口内引弧，严肃工艺纪律。

飞溅是由于焊接电流过大，或没有采取防护措施，也有因 CO_2 气体保护焊焊接回路电感量不合适造成的。可采用涂白垩粉调整 CO_2 气体保护焊焊接回路的电感。

5. 焊接的质量检验

焊接质量检验包括焊前检验、焊接生产中检验和成品检验。

（1）焊前检验

检验技术文件（图纸、标准、工艺规程等）是否齐备。焊接材料（焊条、焊丝、焊剂、气体等）和钢材原材料的质量检验，构件装配和焊接件边缘质量检验、焊接设备（焊机和专用胎、模具等）是否完善。焊工应经过考试取得合格证，停焊时间达 6 个月及以上，必须重新考核方可上岗操作。

（2）焊接生产中的检验

主要是对焊接设备运行情况、焊接规范和焊接工艺的执行情况，以及多层焊接过程中夹渣、焊透等缺陷的自检等，目的是防止焊接过程中缺陷的形成，及时发现缺陷，采取整改措施，特别是为了提高焊工对产品质量的高度责任心和认真执行焊接工艺的严明的纪律性。

6. 焊接工艺评定

首次使用的钢材应进行工艺评定，但当该钢材与已评定过的钢材具有同一强度等级和类似的化学成分时，可不进行焊接工艺评定。

首次采用的焊接方法，采用新的焊接材料施焊，首次采用的重要的焊接接头形式，需要进行预热、后热或焊后热处理的构件，都应进行工艺评定。

进行工艺评定用的钢材、焊接材料和焊接方法应与工程所使用的相同；对于要求熔透的 T 形接头焊接试件，应与工程实物相当。焊接工艺评定应由较高技能的焊工施焊。

第二节　紧固件连接工程

本工艺标准适用于钢结构安装工程，普通螺栓、铆钉、自攻钉、拉铆钉、射钉、锚栓（机械型和化学试剂型）、地脚锚栓等紧固连接施工。

一、施工准备

（一）材料

1. 普通螺栓、铆钉、自攻钉、拉铆钉、射钉、锚栓（机械型和化学试剂型）、地脚锚栓等紧固标准件及螺母、垫圈等标准配件，其品种、规格、性能等应符合现行国家产品标准和设计要求。

2. 紧固连接件应有质量合格证明文件。

3. 紧固连接件入库应按规格分类存放，并防雨、防潮。遇有螺栓、螺母不配套，螺纹损伤时，不得使用。螺栓等不得被泥土、油污沾染，保持洁净、干燥状态。

（二）主要工具

铆钉机（枪）、手工扳手、钢丝刷、冲子、锤子等等。

（三）作业条件

1. 施工部位接触面应防止被油污和油漆等污染，如有污染必须彻底清理干净。

2. 检查螺栓孔的孔径尺寸，孔边毛刺必须彻底清理。

3. 同一型号、规格的螺栓、螺母、垫圈，应配套装箱待用。

4. 钢结构安装前已检查合格。对紧固连接操作者已进行了技术交底。

（四）作业人员

铆工、电工等工种。

二、操作工艺

（一）工艺流程

作业准备 → 选择连接件 → 接头组装 → 安装连接紧固件 → 检查验收

（二）作业准备

1. 备好铆钉机（枪）、扳手、冲子、钢丝刷等工机具，

2. 连接螺栓长度选择，应根据连接螺栓的直径、连接厚度，连接件的材料代和垫圈的种类等计算连接螺栓长度，一般以紧固后外露 2 ～ 3 扣，然后根据要求配好套备用。

3. 铆钉直径、长度和孔径的确定，铆接时，铆钉直径的大小和中心距离，都是依据结构件受力情况和需要的强度确定的，一般情况下，按板件厚度来选择铆钉的直径；铆钉的长度根据铆接件总厚度、铆钉孔直径与铆钉工艺过程等因素确定，并通过实验到合适为止。

（三）接头组装

1. 对接触面进行清理，对板不平直的，应在平直达到要求以后才能组装。接触面不能有油漆、污泥，孔的周围不应有毛刺，应对待装接触面用钢丝刷清理。

2. 遇到安装孔有问题时，不得用氧 - 乙炔扩孔，应用扩孔钻床扩孔，扩孔后应重新清理孔周围毛刺。

3. 螺栓连接面板间应紧密贴实，对因板厚公差、制造偏差或安装偏差等产生的接触面高度差（不平度）不应超过 0.5mm；对接配件在平面上的差值超过 0.5 ～ 3.0mm 时，应对较高的配件高出部分做成 1 ： 10 的斜坡，斜坡不得用火焰切割；当高度超过 3.0mm 时，必须设置和该结构相同钢号的钢板做成的垫板，并用连接配件相同的加工方法对垫板的两

侧进行加工。

（四）安装连接紧固件

1. 螺栓头和螺母（包括锚栓）应和结构构件的表面及垫圈密贴。

2. 永久螺栓的螺栓头和螺母的下面应放置平垫圈。平垫圈在紧固件下面用以增加支承面，遮盖较大的孔眼。

3. 垫置在螺母下面的垫圈不应多于 2 个，垫置螺栓头部下面的垫圈不应多于一个。

4. 对于槽钢和工字钢翼缘之类上倾斜面的螺栓连接，则应放置斜垫片垫平，以使螺母和螺栓的头部支承面垂直于螺杆、避免螺栓拧紧时螺杆受弯曲力。

5. 永久螺栓及锚固螺栓的螺母应根据施工图纸中的设计规定，采用有防松装置的螺母或弹簧垫圈。

6. 对于动载荷或重要部位的螺栓连接应按设计的要求放置弹簧垫圈，以防止紧固件的松动，弹簧垫圈必须放置螺母的下面。

7. 各种螺栓连接从螺母一侧伸出的螺栓长度，应保持不少于两个完整螺纹的长度。

8. 考虑螺栓受力均匀，螺栓群的紧固必须从中心开始，对称施拧。

（五）普通紧固件连接检查验收

1. 铆接质量检验

（1）铆钉质量采用外观检验和敲打两种方法，外观检查主要检验外观疵病，敲击法用 0.3kg 小锤敲打铆钉的头部，检验铆钉的铆合情况。铆钉头不得有丝毫跳动，铆钉的钉杆应填满钉孔，钉杆、钉孔和平均直径误差不得超过 0.4mm，其同一截面的直径误差不得超过 0.6mm。

（2）对于有缺陷的铆钉应予以更换，不得采用捻塞、补焊或加热再铆等方法进行修整。

（3）铆成的铆钉和外形的偏差超过规定时，应予作废，进行更换，不得采用捻塞、补焊或加热再铆等方法进行修整。

2. 永久性螺栓拧紧的质量检验

采用锤敲检验，要求螺栓不颤头和偏移，拧紧的真实性用塞尺检查，对接表面高度差（不平度）不应超过 0.5mm。

三、质量标准

（一）主控项目

1. 普通螺栓作为永久性连接螺栓时，当设计有要求或对其质量有疑义时，应进行螺栓实物最小拉力载荷复验，其结果应符合现行国家标准《紧固件机械性能螺栓、螺钉和螺柱》GB3098 的规定。

2. 连接薄钢板采用的自攻钉、拉铆钉、射钉等其规格尺寸应与被连接钢板相匹配，其间距、边距等应符合设计要求。

（二）一般项目

1. 永久性普通螺栓紧固应牢固、可靠，外露丝扣有应少于 2 扣。

2. 自攻螺钉、钢拉铆钉、射钉等与连接钢板应紧固密贴，外观排列整齐。

（三）质量记录

1. 紧固连接件应有质量合格证明文件及检验报告；

2. 螺栓实物最小拉力载荷复验报告；

3. 设计变更、洽商记录；

4. 施工检查记录；

5. 钢结构（普通紧固件连接）分项工程检验批质量验收记录。

四、应注意的质量问题

1. 装配表面有浮锈、油污，螺栓孔有毛刺、焊瘤等，均应清理干净。

2. 连接板拼装不严：连接板变形，间隙大，应校正处理后再使用。

3. 螺栓丝扣损伤：螺栓应自由穿入螺孔，不准许强行打入。

4. 冷铆施工时在常温下进行，用铆钉枪铆接时最大直径不得超过 13mm，用铆钉机铆接时最大直径不得超过 25mm。

5. 铆接时应避免产生各种缺陷，一旦发现有缺陷现象，必须及时修整或将铆钉铲掉重铆。

第三节　单层钢结构工程

一、概述

1. 适用范围

此工艺标准适用于单层钢结构安装工程的主体结构、地下钢结构、檩条及墙架等次要构件、钢平台、钢梯、护栏等的施工。

2. 术语

（1）零件：组成部件或构件的最小单元，如节点板、翼缘板等。

（2）部件：由若干零件组成的单元，如焊接 H 形钢、牛腿等。

（3）构件：由零件或由零件和部件组成的钢结构基本单元，如梁、柱、支撑等。

（4）抗滑移系数：高强度螺栓连接中，使连接件摩擦面产生滑动时的外力与垂直于摩擦面的高强度螺栓预拉力之和的比值。

（5）空间刚度单元：由构件构成的基本的稳定空间体系。

（6）预拼装：为检验构件是否满足安装质量要求而进行的拼装。

3. 符号

（1）Q——重力；

（2）q——单位面积上的负荷；

（3）K——系数；

（4）F——堆放面积；

（5）l——长度；

（6）h——截面高度；

（7）f——侧向弯曲矢高；

（8）H——柱子高度。

4. 基本规定

（1）钢结构工程施工单位应具备相应的钢结构工程施工资质，施工现场质量管理应有相应的施工技术标准、质量管理体系、质量控制及检验制度，施工现场应有经项目技术负责人审批的施工组织设计、施工方案（或作业指导书）等技术文件。

（2）钢结构施工必须采用经过计量检定、校验合格的计量器具。

（3）钢结构工程质量验收应在施工单位自检的基础上，按照检验批、分项工程、分部（子分部）工程的程序进行。钢结构分部（子分部）工程中的分项工程划分应按照现行国家标准《建筑工程施工质量验收统一标准》GB 50300 – 2001 的规定执行。每项钢结构分项工程可按一个或分成若干个检验批进行验收。

（4）单层钢结构安装除执行本施工工艺标准外，尚应符合国家及行业的有关现行标准要求。

二、施工准备

单层钢结构安装工程施工准备阶段主要内容有：技术准备、机具设备准备、材料准备、作业条件准备等。

1. 技术准备

技术准备工作主要包含：编制施工组织设计、现场基础准备。

（1）编制单层钢结构安装施工组织设计

主要内容包括：工程概况与特点；施工组织与部署；施工准备工作计划；施工进度计划；施工现场平面布置图；劳动力、机械设备、材料和构件供应计划；质量保证措施和安全措施；环境保护措施等。

在工程概况的编写中由于单层钢结构安装工程施工的特点，对于工程所在地的气候情况，尤其是雨水、台风情况要做详细的说明，以便于在工期允许的情况下避开雨期施工以保证工程质量，在台风季节到来前做好施工安全应对措施。

（2）基础准备

1）根据测量控制网对基础轴线、标高进行技术复核。如地脚螺栓预埋在钢结构施工前是由土建单位完成的，还需复核每个螺栓的轴线、标高，对超出规范要求的，必须采取相应的补救措施。如加大柱底板尺寸，在柱底板上按实际螺栓位置重新钻孔（或设计认可的其他措施）。

2）检查地脚螺栓外露部分的情况，若有弯曲变形、螺牙损坏的螺栓，必须对其修正。

3）将柱子就位轴线弹测在柱基表面。

4）对柱基标高进行找平。

混凝土柱基标高浇筑一般预留 50 ~ 60mm（与钢柱底设计标高相比），在安装时用钢垫板或提前采用坐浆承板找平。当采用钢垫板做支承板时，钢垫板的面积应根据基础混凝土的抗压强度、柱脚底板下二次灌浆前柱底承受的荷载和地脚螺栓的紧固拉力计算确定。垫板与基础面和柱底面的接触应平整、紧密。采用坐浆承板时应采用无收缩砂浆，柱子吊装前砂浆垫块的强度应高于基础混凝土强度一个等级，且砂浆垫块应有足够的面积以满足承载的要求。

2. 机具设备准备

单层钢结构安装工程的普遍特点是面积大、跨度大，在一般情况下应选择可移动式起重设备如汽车式起重机、履带式起重机等。对于重型单层钢结构安装工程一般选用履带式起重机，对于较轻的单层钢结构安装工程可选用汽车式起重机。单层钢结构安装工程其他常用的施工机具有电焊机、栓钉机、卷扬机、空压机、倒链、滑车、千斤顶、高强度螺栓电动扳手等。

常用履带式起重机和汽车式起重机的技术参数见附表。

3. 材料准备

材料准备包括：钢构件的准备、普通螺栓和高强度螺栓的准备、焊接材料的准备等。

（1）钢构件的准备

钢构件的准备包括：钢构件堆放场的准备；钢构件的检验。

1）钢构件堆放场的准备

钢构件通常在专门的钢结构加工厂制作，然后运至现场直接吊装或经过组拼装后进行吊装。钢构件力求在吊装现场就近堆放，并遵循“重近轻远”（即重构件摆放的位置离吊机近一些，反之可远一些）的原则。对规模较大的工程需另设立钢构件堆放场，以满足钢构件进场堆放、检验、组装和配套供应的要求。钢构件在吊装现场堆放时一般沿吊车开行路线两侧按轴线就近堆放。其中钢柱和钢屋架等大件放置，应依据吊装工艺作平面布置设计，避免现场二次倒运困难。钢梁、支撑等可按吊装顺序配套供应堆放，为保证安全，堆垛高度一般不超过 2m 和三层。钢构件堆放应以不产生超出规范要求的变形为原则。

2）钢构件验收

在钢结构安装前应对钢结构构件进行检查，其项目包含钢结构构件的变形、钢结构构件的标记、钢结构构件的制作精度和孔眼位置等。在钢结构构件的变形和缺陷超出允许偏差时应进行处理。

（2）高强度螺栓的准备

钢结构设计用高强度螺栓连接时应根据图纸要求分规格统计所需高强度螺栓的数量并配套供应至现场。应检查其出厂合格证、扭矩系数或紧固轴力（预拉力）的检验报告是否齐全，并按规定做紧固轴力或扭矩系数复验。对钢结构连接件摩擦面的抗滑移系数进行复验。

（3）焊接材料的准备

钢结构焊接施工之前应对焊接材料的品种、规格、性能进行检查，各项指标应符合现行国家标准和设计要求。检查焊接材料的质量合格证明文件、检验报告及中文标志等。对重要钢结构采用的焊接材料应进行抽样复验。

三、施工工艺

1. 吊装方法及顺序

单层钢结构安装工程施工时对于柱子、柱间支撑和吊车梁一般采用单件流水法吊装。可一次性将柱子安装并校正后再安装柱间支撑、吊车梁等构件。此种方法尤其适合移动较方便的履带式起重机。对于采用汽车式起重机时，考虑到移动不方便可以以 2 ~ 3 个轴线为一个单元进行节间构件安装。屋盖系统吊装通常采用“节间综合法”（即吊车一次吊完一个节间的全部屋盖构件后再吊装下一个节间的屋盖构件）。

2. 单层钢结构安装工艺

单层钢结构安装主要有钢柱安装、吊车梁安装、钢屋架安装等。

（1）钢柱的安装工艺

钢柱的安装方法：

一般钢柱的刚性较好，吊装时为了便于校正一般采用一点吊装法，常用的钢柱吊装法有旋转法、递送法和滑行法。对于重型钢柱可采用双机抬吊。

杯口柱吊装方法：

1）在吊装前先将杯底清理干净。

2）操作人员在钢柱吊至杯口上方后，各自站好位置，稳住柱脚并将其插入杯口。

3）在柱子降至杯底时停止落钩，用撬棍撬柱子，使其中线对准杯底中线，然后缓慢将柱子落至底部。

4）拧紧柱脚螺栓。

在双机抬吊时应注意的事项：

1）尽量选用同类型起重机。

2）根据起重机能力，对起吊点进行荷载分配。

3）各起重机的荷载不宜超过其起重能力的80%。

4）双机抬吊，在操作过程中，要互相配合，动作协调，以防一台起重机失重而使另一台起重机超载，造成安全事故。

5）信号指挥：分指挥必须听从总指挥。

钢柱的校正

1）柱基标高调整。根据钢柱实际长度，柱底平整度，钢牛腿顶部距柱底部距离，重点要保证钢牛腿顶部标高值，以此来控制基础找平标高。

2）平面位置校正。在起重机不脱钩的情况下将柱底定位线与基础定位轴线对准缓慢落至标高位置。

3）钢柱校正。优先采用缆风绳校正（同时柱脚底板与基础间间隙垫上垫铁），对于不便采用缆风绳校正的钢柱可采用可调撑杆校正。

（2）钢吊车梁的安装工艺

1）钢吊车梁的安装

钢吊车梁安装一般采用工具式吊耳或捆绑法进行吊装。在进行安装以前应将吊车梁的分中标记引至吊车梁的端头，以利于吊装时按柱牛腿的定位轴线临时定位。

2）吊车梁的校正

钢吊车梁的校正包括标高调整、纵横轴线和垂直度的调整。注意钢吊车梁的校正必须在结构形成刚度单元以后才能进行。

A. 用经纬仪将柱子轴线投到吊车梁牛腿面等高处，据图纸计算出吊车梁中心线到该轴线的理论长度l理。

B. 每根吊车梁测出两点用钢尺和弹簧秤校核这两点到柱子轴线的距离l实，看l实是否等于l理以此对吊车梁纵轴进行校正。

C. 当吊车梁纵横轴线误差符合要求后，复查吊车梁跨度。

D. 吊车梁的标高和垂直度的校正可通过对钢垫板的调整来实现。

注意吊车梁的垂直度的校正应和吊车梁轴线的校正同时进行。

（3）钢屋架安装工艺

1）钢屋架的吊装

钢屋架测向刚度较差，安装前需要进行稳定性验算，稳定性不足时应进行加固。钢屋架吊装时的注意事项如下：

A. 绑扎时必须绑扎在屋架节点上，以防止钢屋架在吊点处发生变形。绑扎节点的选择应符合钢屋架标准图要求或经设计计算确定。

B. 屋架吊装就位时应以屋架下弦两端的定位标记和柱顶的轴线标记严格定位并点焊加以临时固定。

C. 第一榀屋架吊装就位后，应在屋架上弦两侧对称设缆风固定；第二榀屋架就位后，每坡用一个屋架间调整器，进行屋架垂直度校正，再固定两端支座处并安装屋架间水平及垂直支撑。

2）钢屋架的校正

钢屋架垂直度的校正方法如下：在屋架下弦一侧拉一根通长钢丝屋架下弦轴线平行）同时在屋架上弦中心线反出一个同等距离的标尺，用线坠校正。也可用一台经纬仪，放在柱顶一侧，与轴线平移 a 距离，在对面柱子上标出同样距离为 a 的点，从屋架中线处用标尺挑出 a 距离，三点在一个垂面上即可使屋架垂直。

（4）平面钢桁架的安装

平面钢桁架的安装方法有单榀吊装法、组合吊装法、整体吊装法、顶升法等。

一般来说钢桁架的侧向稳定性较差，在条件允许的情况下最好经扩大拼装后进行组合吊装，即在地面上将两榀桁架及其上的天窗架、檩条、支撑等拼装成整体，一次进行吊装，这样不但提高工作效率，也有利于提高吊装稳定性。

桁架临时固定如需用临时螺栓和冲钉，则每个节点应穿入的数量必须经过计算确定，并应符合下列规定：

1）不得少于安装孔总数的 1 / 3；

2）至少应穿两个临时螺栓；

3）冲钉穿入数量不宜多于临时螺栓的 30%；

4）扩钻后的螺栓的孔不得使用冲钉。

钢桁架的校正方式同钢屋架的校正方式。

随着技术的进步，预应力钢桁架的采用越来越广泛，预应力钢桁架的安装分为以下几个步骤：

1）钢桁架现场拼装；

2）在钢桁架下弦安装张拉锚固点；

3）对钢桁架进行张拉；

4）对钢桁架进行吊装。

在预应力钢桁架安装时应注意事项：

1）受施工条件限制，预应力筋不可能紧贴桁架下弦，但应尽量靠近桁架下弦；

2）在张拉时为防止桁架下弦失稳，应经过计算后按实际情况在桁架下弦加设固定隔板；

3）在吊装时应注意不得碰撞张拉筋。

（5）门式刚架安装

门式刚架的特点一般是跨度大，侧向刚度很小。安装程序必须保证结构形成稳定的空间体系，并不导致结构永久变形。

四、质量标准

1. 基础和支承面

（1）基础混凝土强度达到设计要求；

（2）基础周围回填夯实完毕；

（3）基础的轴线标志和标高基准点齐备、准确；

（4）基础顶面直接作为柱的支承面和基础顶面预埋钢板或支座作为柱的支承面时，其支承面、地脚螺栓（锚栓）的允许偏差应符合表 6.1 — 1 的规定。

检查数量：抽查 10%，且不应少于 3 个。

检查方法：用经纬仪、水准仪、全站仪、水平尺和钢尺实测。

（5）采用坐浆垫板时，坐浆垫板的允许偏差应符合表 6.1 — 2 的规定。

检查数量：抽查 10%，且不应少于 3 处。

检查方法：用经纬仪、水准仪、全站仪、水平尺和钢尺实测。

（6）采用杯口基础时，杯口尺寸的允许偏差应符合表 6.1 — 3 的规定。

检查数量：抽查 10%，且不应少于 4 处。

2. 钢结构质量检验

（1）运输钢构件时，应根据钢构件的长度、重量选择车辆；钢构件在运输车辆上的支点、两端伸出的长度及绑扎方法均应保证钢构件不产生变形、不损伤涂层。

（2）钢结构安装前应对钢构件的质量进行检查。钢构件的变形、缺陷超出允许偏差时应进行处理。检查标准见《钢结构工程施工质量验收规范》GB 50205 — 2001 中的附表。

（3）钢结构采用扩大拼装单元进行安装时，对容易变形的钢构件应进行强度和稳定性验算，必要时采用加固措施。采用综合安装时，应划分成若干独立单元。每一单元的全部钢构件安装完毕后，应形成空间刚度单元。

（4）要求顶紧的节点，顶紧接触面不应小于 70%。用 0.3mm 厚的塞尺检查，可插入的面积之和不得大于接触顶紧面总面积的 30%；边缘最大间隙不得大于 0.8mm。

检查数量：抽查 10%，且不应少于 3 个。

检查方法：用 0.3mm 厚和 0.8mm 厚的塞尺现场检查。

（5）钢屋架、梁及受压杆件的垂直度和侧向弯曲矢高的允许偏差应保持在规定范围内。

检查数量：抽查 10%，且不应少于 3 个。

检查方法：用吊线、拉线、经纬仪和钢尺现场实测。

（6）单层钢结构主体结构的整体垂直度和整体平面弯曲的允许偏差应符合表 6.2 — 2 的规定。

检查数量：对主要立面全部检查。对每个检查的立面，除两列角柱外，尚应至少选取一列中间柱。

检查方法：采用经纬仪、全站仪等测量。

（7）钢柱等主要钢构件的中心线及标高基准点等标志应齐全。

检查数量：抽查 10%，且不应少于 3 件。

检查方法：观察检查。

（8）钢柱安装的允许偏差应符合 GB 50205 — 2001 附表的规定。

检查数量：抽查 10%，且不少于 3 件。

检查方法：用吊线、钢尺、经纬仪、水准仪等。

（9）钢吊车梁或类似直接承受动力荷载的构件，其安装的允许偏差应符合《钢结构工程施工质量验收规范》GB 50205—2001 附表 E.0.2 的规定。

检查数量：抽查 10%，且不应少于 3 榀。

检查方法：用吊线、拉线、钢尺、经纬仪、水准仪等检查。

（10）檩条、墙架等次要构件安装的允许误差应符合《钢结构工程施工质量验收规范》GB 50205 — 201 附表 E.0.3 的规定。

检查数量：抽查 10%，且不应少于 3 件。

检查方法：用吊线、钢尺、经纬仪等检查。

（11）钢平台、钢梯、栏杆安装应符合现行国家标准《固定直梯》GB 4053.1.《固定式钢斜梯》GB 4053.2.《固定式防护栏杆》GB 4053.3 和《固定式钢平台》GB 4053.4 的规定。钢平台、钢梯、防护栏杆安装的允许偏差应符合 GB 50205—2001 附表 E.0.4 的规定。检查数量：钢平台按总数抽查 10%，栏杆、钢梯按总长度抽查 10%，钢平台不应少于 1 个，栏杆不应少于 5m，钢梯不应少于 1 跑。

检查方法：用吊线、拉线、钢尺、经纬仪、水准仪等检查。

（12）钢结构表面应干净，结构主要表面不应有疤痕、泥沙等污垢。

检查数量：抽查 10%，但不应少于 3 件。

检查方法：观察检查。

五、安全及环境保护

1. 安全措施

（1）在单层钢结构施工以前，应健全安全生产管理体系，成立以项目经理为首的安全管理小组。专职安全员持证上岗，各专业班组有兼职安全员，层层落实安全责任制。

（2）根据工程的具体特点，做好切合实际的安全技术书面交底。定期与不定期地进行安全检查，经常开展安全教育活动，使全体员工提高自我保护能力。

（3）吊装作业范围内，设立警戒线，并树立明显的警戒标志，禁止非工作人员通行；现场所有工作人员必须坚守工作岗位，听从指挥，统一行动，以确保安全。

（4）根据工程特点，在施工以前要对吊装用的机械设备和索具、工具进行检查，如不符合安全规定则不得使用。

（5）现场用电必须严格执行 GB 50194 — 93.JGJ 46–88 等规定，电工需持证上岗。

（6）起重机的行驶道路必须坚实可靠，起重机不得停置在斜坡上工作，也不允许两个履带板一高一低。

（7）严禁超载吊装，歪拉斜吊；要尽量避免满负荷行驶，构件摆动越大，超负荷就越多，就可能发生事故。

（8）进入施工现场必须戴安全帽，高空作业必须系安全带，穿防滑鞋。

（9）吊装作业时必须统一号令，明确指挥，密切配合。

（10）高空操作人员使用的工具及安装用的零部件，应放入随身佩带的工具袋内，不可随便向下丢掷。

（11）钢构件应堆放整齐牢固，防止构件失稳伤人。

（12）要搞好防火工作，氧气、乙炔要按规定存放使用。电焊、气割时要注意周围环境有无易燃物品后再进行工作，严防火灾发生。氧气瓶、乙炔瓶应分开存放，使用时要保持安全距离，安全距离应大于 10m。

（13）在施工以前应对高空作业人员进行身体检查，对患有不宜高空作业疾病（心脏病、高血压、贫血等）的人员不得安排高空作业。

（14）做好防暑降温、防寒保暖和职工劳动保护工作，合理调整工作时间，合理发放劳保用品。

（15）雨、雪天气尽量不要进行高空作业，如需高空作业则必须采取必要的防滑、防寒和防冻措施。遇 6 级以上强风、浓雾等恶劣天气，不得进行露天攀登和悬空高处作业。

（16）施工前应与当地气象部门联系，了解施工期的气象资料，提前做好防台风、防雨、防冻、防寒、防高温等措施。

（17）基坑周边、无外脚手架的屋面、梁、吊车梁、拼装平台、柱顶工作平台等处应设临边防护栏杆。

（18）对各种使人和物有坠落危险或危及人身安全的洞口，必须设置防护栏杆，必要时铺设安全网。

（19）施工时尽量避免交叉作业，如不得不交叉作业时，不得在同一垂直方向上操作。下层作业的位置必须处于依上层高度确定的可能坠落范围之外，不符合上述条件的应设置安全防护层。

2. 环境保护

（1）施工现场必须做到道路畅通无阻碍，排水通畅无积水，现场整洁干净，临建搭设整齐。

（2）施工现场应封闭，完善施工现场的出入管理制度。施工人员在现场佩戴工作卡，严禁非工作人员进入施工现场。

（3）在居民区附近施工时要避免夜间施工，以免施工扰民。

（4）施工现场材料、机具、构件应堆放整齐，禁止乱堆、乱放。

（5）对施工现场的螺栓、电焊条等的包装纸、包装袋应及时分类回收，避免环境污染。

第四节　多层及高层钢结构工程

适用范围：多层与高层钢结构安装工艺。

多层及高层钢结构工程：根据结构平面选择适当的位置，先做样板间成稳定结构，采用“节间综合法”：钢柱一柱间支撑（或剪力墙）→钢梁（主、次梁、隅撑）、由样板间向四周发展，或采用“分件流水法”安装。

一、材料要求

（一）一般要求

1. 在多层与高层钢结构现场施工中，安装用的材料，如焊接材料、高强度螺栓、压型钢板、栓钉等应符合现行国家产品标准和设计要求。以及 CO1，C1H1，O1 等应符合焊接规程的要求。

2. 多层与高层建筑钢结构的钢材，主要采用 Q235 的碳素结构钢和 Q345 的低合金高强度结构钢。其质量标准应分别符合我国现行国家标准《碳素结构钢》GB700 和《低合金高强度结构钢》GB/T1591 的规定。当有可靠根据时，可采用其他牌号的钢材。当设计文件采用其他牌号的结构钢时，应符合相对应的现行国家标准。

3 品种规格

钢型材有热轧成型的钢板和型钢，以及冷弯成型的薄壁型钢。

热轧钢板有：薄钢板（厚度为 0.35 ~ 4mm）、厚钢板（厚度为 4.5 ~ 6.0mm）、超厚钢板（厚度 >60mm），还有扁钢（厚度为 4 ~ 60mm，宽度为 30 ~ 200mm，比钢板宽度小）。

钢板和型钢表面允许有不妨碍检查表面缺陷的薄层氧化铁皮、铁锈、由于压入氧化铁皮脱落引起的不显著的粗糙和划痕、轧辊造成的网纹和其他局部缺陷，但凹凸度不得超过厚度负公差的一半。对低合金钢板和型钢的厚度还应保证不低于允许最小厚度。

钢板和型钢表面缺陷不允许采用焊补和堵塞处理，应用凿子或砂轮清理。清理处应平缓无棱角，清理深度不得超过钢板厚度负偏差的范围，对低合金钢还应保证不薄于其允许的最小厚度。

4. 厚度方向性能钢板

要求钢板在厚度方向有良好的抗层状撕裂性能，参见国家标准《厚度方向性能钢板》GB5313-85，行业标准《高层建筑结构用钢板》YB4104-2000 中相关规定。

（二）现场安装的材料准备

1. 根据施工图，测算各主耗材料（如焊条、焊丝等）的数量，做好订货安排，确定进厂时间。

2. 各施工工序所需临时支撑、钢结构拼装平台、脚手架支撑、安全防护、环境保护器材数量确认后，安排进厂制作及搭设。

3. 根据现场施工安排，编制钢结构件进厂计划，安排制作、运输计划。对于特殊构件的运输，如有放射性、腐蚀性的，要做好相应的措施，并到当地的公安、消防部门登记；如超重、超长、超宽的构件，还应规定好吊耳的设置，并标出重心位置。

二、主要机具

在多层与高层钢结构施工中，常用主要机具有：塔式起重机、汽车式起重机、履带式起重机、交直流电焊机、CO1 气体保护焊机、空压机、碳弧气刨、砂轮机、超声波探伤仪、磁粉探伤、着色探伤、焊缝检查量规、大六角头和扭剪型高强度螺栓扳手、高强度螺栓初拧电动扳手、栓钉机、千斤顶、葫芦、卷扬机、滑车及滑车组、钢丝绳、索具、经纬仪、水准仪、全站仪等。

三、作业条件

1. 参加图纸会审，与业主、设计、监理充分沟通，确定钢结构各节点、构件分节细节及工厂制作图已完毕。

2. 根据结构深化图纸，验算钢结构框架安装时构件受力情况，科学地预计其可能的变形情况，并采取相应合理的技术措施来保证钢结构安装的顺利进行。

3. 各专项工种施工工艺确定，编制具体的吊装方案、测量监控方案、焊接及无损检测方案、高强度螺栓施工方案、塔吊装拆方案、临时用电用水方案、质量安全环保方案审核完成。

4. 组织必要工艺试验，如焊接工艺试验、压型钢板施工及栓钉焊接检测工艺试验。尤其是对新工艺、新材料，要做好工艺试验，作为指导生产的依据。对于栓钉焊接工艺试验，根据栓钉的直径、长度及是穿透压型钢板焊还是直接打在钢梁等支撑点上的栓钉焊接，要做相应的电流大小、通电时间长短的调试。对于高强度螺栓，要做好高强度螺栓连接副和抗滑移系数的检测合格。

5. 对土建单位做的钢筋混凝土基础进行测量技术复核，如轴线、标高。如螺栓预埋是钢结构施工前由土建单位已完成的，还需复核每个螺栓的轴线、标高，对超过规范要求的，必须采取相应的补救措施已完成。

6. 对现场周边交通状况进行调查，确定大型设备及钢构件进厂路线。

7. 施工临时用电用水铺设到位。

8. 劳动力进场。

所有生产工人都要进行上岗前培训，取得相应资质的上岗证书，做到持证上岗。尤其是焊工、起重工、塔吊操作工、塔吊指挥工等特殊工种。

9. 施工机具安装调试验收合格。

10. 构件进场：按吊装进度计划配套进厂，运至现场指定地点，构件进厂验收检查。

11. 对周边的相关部门进行协调，如治安、交通、绿化、环保、文保、电力、气象等。并到当地的气象部门去了解以往年份每天的气象资料，做好防台风、防雨、防冻、防寒、防高温等措施。

四、操作工艺

1. 钢结构吊装顺序

多层与高层钢结构吊装一般需划分吊装作业区域，钢结构吊装按划分的区域，平行顺序同时进行。当一片区吊装完毕后，即进行测量、校正、高强度螺栓初拧等工序，待几个片区安装完毕后，对整体再进行测量、校正、高强度螺栓终拧、焊接。焊后复测完，接着进行下一节钢柱的吊装。并根据现场实际情况进行本层压型钢板吊放和部分铺设工作等。

2. 螺栓预埋

螺栓预埋很关键，柱位置的准确性取决于预埋螺栓位置的准确性。预埋螺栓标高偏差控制在 +5mm 以内，定位轴线的偏差控制在 ±2mm。

3. 钢柱安装工艺

第一节　钢柱吊装

（1）吊点设置

吊点位置及吊点数，根据钢柱形状、断面、长度、起重机性能等具体情况确定。一般钢柱弹性和刚性都很好，吊点采用一点正吊。吊点设置在柱顶处，柱身竖直，吊点通过柱重心位置，易于起吊、对线、校正。

（2）起吊方法

①多层与高层钢结构工程中，钢柱一般采用单机起吊，对于特殊或超重的构件，也可采取双机抬吊，双机抬吊应注意的事项：a. 尽量选用同类型起重机；b. 根据起重机能力，对起吊点进行荷载分配；c. 各起重机的荷载不宜超过其相应起重能力的 80%；d. 在操作过程中，要互相配合，动作协调，如采用铁扁担起吊，尽量使铁扁担保持平衡，倾斜角度小，以防一台起重机失重而使另一台起重机超载，造成安全事故；e. 信号指挥，分指挥必须听从总指挥。

②起吊时钢柱必须垂直，尽量做到回转扶直，根部不拖。起吊回转过程中应注意避免同其他已吊好的构件相碰撞，吊索应有一定的有效高度。

③第一节钢柱是安装在柱基上的，钢柱安装前应将登高爬梯和挂篮等挂设在钢柱预定位置并绑扎牢固，起吊就位后临时固定地脚螺栓，校正垂直度。钢柱两侧装有临时固定用的连接板，上节钢柱对准下节钢柱柱顶中心线后，即用螺栓固定连接板做临时固定。

④钢柱安装到位，对准轴线，必须等地脚螺栓固定后才能松开吊索。

（3）钢柱校正

钢柱校正要做三件工作：柱基标高调整，柱基轴线调整，柱身垂直度校正。

①柱基标高调整。

放上钢柱后，利用柱底板下的螺母或标高调整块控制钢柱的标高（因为有些钢柱过重，螺栓和螺母无法承受其重量，故柱底板下需加设标高调整块——钢板调整标高），精度可达到 ±1mm 以内。柱底板下预留的空隙，可以用高强度、微膨胀、无收缩砂浆以捻浆法填实。当使用螺母作为调整柱底板标高时，应对地脚螺栓的强度和刚度进行计算。

②第一节柱底轴线调整。

对线方法：在起重机不松钩的情况下，将柱底板上的四个点与钢柱的控制轴线对齐缓慢降落至设计标高位置。如果这四个点与钢柱的控制轴线有微小偏差，可借线。

③第一节柱身垂直度校正。

采用缆风绳校正方法。用两台呈 90° 的经纬仪找垂直。在校正过程中，不断微调柱底板下螺母，直至校正完毕，将柱底板上面的两个螺母拧上，缆风绳松开不受力，柱身呈自由状态，再用经纬仪复核，如有微小偏差，在重复上述过程，直至无误，将上螺母拧紧。

地脚螺栓上螺母一般用双螺母，可在螺母拧紧后，将螺母与螺杆焊实。

④柱顶标高调整和其他节框架钢柱标高控制。

柱顶标高调整和其他节框架钢柱标高控制可以用两种方法：一是按相对标高安装，另一种是按设计标高安装，一般采用相对标高安装。钢柱吊装就位后，用大六角高强度螺栓固定连接上下钢柱的连接耳板，但不能拧得太紧，通过起重机起吊，撬棍可微调柱间间隙。量取上下柱顶预先标定得标高值，符合要求后打入钢楔、点焊限制钢柱下落，考虑到焊缝及压缩变形，标高偏差调整至 4mm 以内。

⑤第二节柱轴线调整。

为使上下柱不出现错口，尽量做到上下柱中心线重合。如有偏差，钢柱中心线偏差调整每次 3mm 以内，如偏差过大分 2–3 次调整。

注意：每一节钢柱的定位轴线决不允许使用下一节钢柱的定位轴线，应从地面控制线引至高空，以保证每节钢柱安装正确无误，避免产生过大的积累误差。

⑥第二节钢柱垂直度校正。

钢柱垂直度校正的重点是对钢柱有关尺寸预检，即对影响钢柱垂直度因素的预先控制。

经验值测定：梁与柱一般焊缝收缩值小于 2mm；柱与柱焊缝收缩值一般在 3.5mm。

为确保钢结构整体安装质量精度，在每层都要选择一个标准框架结构体（或剪力筒），依次向外发展安装。

安装标准化框架的原则：指建筑物核心部分，几根标准柱能组成不可变的框架结构，便于其他柱安装及流水段的划分。

标准柱的垂直度校正：采用两台经纬仪对钢柱及钢梁安装跟踪观测。钢柱垂直度校正可分两步。

第一步，采用无缆风绳校正。在钢柱偏斜方向的一侧打入钢楔或顶升千斤顶。

注意：临时连接耳板的螺栓孔应比螺栓直径大 4mm，利用螺栓孔扩大足够余量调节钢柱制作误差 –1 ~ +5mm。

第二步：将标准框架体的梁安装上。先安装上层梁，再安装中、下层梁，安装过程会对柱垂直度有影响，可采用钢丝绳缆索（只适宜跨内柱）、千斤顶、钢楔和手拉葫芦进行，其他框架柱依标准框架体向四周发展，其做法与上同。

框架梁安装工艺：

①钢梁安装采用两点吊。

②钢梁吊装宜采用专用卡具，而且必须保证钢梁在起吊后为水平状态。

③一节柱一般有 2 层、3 层或 4 层梁，原则上竖向构件由上向下逐件安装，由于上部和周边都处于自由状态，易于安装且保证质量 . 一般在钢结构安装实际操作中，同一列柱的钢梁从中间跨开始对称地向两端扩展安装，同一跨钢梁，先安装上层梁再安装中下层梁。

④在安装柱与柱之间的主梁时，会把柱与柱之间的开档撑开或缩小。测量必须跟踪校正，预留偏差值，留出节点焊接收缩量。

⑤柱与柱节点和梁与柱节点的焊接，以互相协调为好。一般可以先焊一节柱的顶层梁，再从下向上焊接各层梁与柱的节点。柱与柱的节点可以先焊，也可以后焊。

⑥次梁根据实际施工情况一层一层安装完成。

（5）柱底灌浆：

在第一节柱及柱间钢梁安装完成后，即可进行柱底灌浆。

（6）补漆：

补漆为人工涂刷，在钢结构按设计安装就位后进行。

补漆前应清渣、除锈、去油污，自然风干，并经检查合格。

（7）测量工艺：

①主要工作内容：多层与高层钢结构安装阶段的测量放线工作（包括控制网的建立，平面轴线控制点的竖向投递，柱顶平面放线，悬吊钢尺传递标高，平面形状复杂钢结构坐标测量，钢结构安装变形监控等）。

②作业条件。

a. 设计图纸的审核，并与设计进行充分沟通。

b. 测量定位依据点的交接与校测。

c. 测量器具的鉴定与检校。

d. 测量方案的编制与数据准备。

③测量器具的检定与检验。

为达到正确的符合精度要求的测量成果，全站仪、经纬仪、水平仪、铅直仪、钢尺等施工测量前必须经计量部门检定。除按规定周期进行检定外，在周期内的全站仪、经纬仪、铅直仪等主要有关轴线关系的，还应每 2 ~ 3 个月定期检校。

全站仪：宜采用精度为 2S、3+3PPM 级全站仪。

经纬仪：采用精度为 2S 级的光学经纬仪，如是超高层钢结构，宜采用电子经纬仪，其精度宜在 1/200000 之内。

水准仪：按国家三、四等水准测量及工程水准测量的精度要求，其精度为 ±3 mm/km.

钢卷尺：土建、钢结构制作、钢结构安装、监理等单位的钢卷尺，应统一购买通过标准计量部门校准的钢卷尺。

使用钢卷尺时，应注意检定时的尺长改正数，如温度、拉力、挠度等，进行尺长改正。

④建筑物测量验线。

钢结构安装前，土建部门已做完基础，为确保钢结构安装质量，进场后首先要求土建部门提供建筑物轴线、标高及其轴线基准点、标高基准点，依此进行复测轴线及标高。

a. 轴线复测：复测方法根据建筑物平面形状不同而采取不同的方法。宜选用全站仪进行。

矩形建筑物的验线宜选用直角坐标法。

任意形状建筑物的验线宜选用极坐标法。

对于不便量距的点位，宜选用角度（方向）交会法。

b. 验线部位：定位依据桩位及定位条件。

建筑物平面控制图、主轴线及其控制桩。

建筑物标高控制网及士 O：OOOm 标高线。

控制网及定位轴线中的最弱部位。

建筑物平面控制网主要技术指标见下表

表 7–5–1　建筑物平面控制网主要技术指标

等级	适用范围	测角中误差（秒）	边长相对中误差
1	钢结构高层、超高层建筑	± 9	1/24000
2	钢结构多层建筑	± 12	1/15000

c. 误差处理：

验线成果与原放线成果两者之差略小于或等于 1/1.414 限差时，可不必改正放线成果或取两者的平均值。

验线成果与原放线成果两者之差超过 1/1.414 限差时，原则上不予验收，尤其是关键部位。若次要部位可令其局部返工。

⑤测量控制网的建立与传递。

建立基准控制点：

根据施工现场条件，建筑物测量基准点有两种测设方法。

一种方法是将测量基准点设在建筑物外部，俗称外控法，它适用于场地开阔的工地。根据建筑物平面形状，在轴线延长线上设立控制点，控制点一般距建筑物 0.8 ~ 1.5H（H 为建筑物高度）处。每点引出两条交会的线，组成控制网，并设立半永久性控制桩。建筑物垂直度的传递都从该控制桩引向高空。

另一种测设方法是将测量控制基准点设在建筑物内部，俗称内控法。它适用于场地狭窄，无法在场外建立基准点的工地。控制点 . 的多少根据建筑物平面形状决定。当从地面或底层把基准线引至高空楼面时，遇到楼板要留孔洞，最后修补该孔洞。

上述基准控制点测设方法可混合使用。

a. 建立复测制度。要求控制网的测距相对中误差小于 1/25000，测角中误差小于 2s.

b. 各控制桩要有防止碰损的保护措施。设立控制网，提高测量精度。基准点处宜用预埋钢板，埋设在混凝土里。并在旁边做好醒目的标志。

⑥平面轴线控制点的竖向传递 .

地下部分：一般高层钢结构工程中，均有地下部分 1–6 层左右，对地下部分可采用外控法。建立井字形控制点，组成一个平面控制格网，并测设出纵横轴线。

地上部分：控制点的竖向传递采用内控法，投递仪器采用激光铅直仪。在地下部分钢结构工程施工完成后，利用全站仪，将地下部分的外控点引测到 ± 0.000m 层楼面，在 ± 0.000m 层楼面形成井字形内控点。在设置内控点时，为保证控制点间相互通视和向上传递，应避开柱梁位置。在把外控点向内控点的引测过程中，其引测必须符合国家标准工程测量规范中相关规定。地上部分控制点的向上传递过程是：在控制点架设激光铅直仪，精密对中整平：在控制点的正上方，在传递控制点的楼层预留孔 300mm × 300mm 上放置一块有机玻璃做成的激光接收靶，通过移动激光接收靶即将控制点传递到施工作业楼层上：然后在传递好的控制点上架设仪器，复测传递好的控制点，当楼层超过 100m 时，激光接收靶上的点不清楚，可采用接力办法传递，其传递的控制点必须符合国家标准工程测量规范中的相关规定。

⑦柱顶轴线（坐标）测量。

利用传递上来的控制点，通过全站仪或经纬仪进行平面控制网放线，把轴线（坐标）放到柱顶上。

⑧悬吊钢尺传递标高。

a. 利用标高控制点，采用水准仪和钢尺测量的方法引测。

b. 多层与高层钢结构工程一般用相对标高法进行测量控制。

c. 根据外围原始控制点的标高，用水准仪引测水准点至外围框架钢柱处，在建筑物首层外围钢柱处确定 +1.000m 标高控制点，并做好标记。

d. 从做好标记并经过复测合格的标高点处，用 50m 标准钢尺垂直向上量至各施工层，在同一层的标高点应检测相互闭合，闭合后的标高点则作为该施工层标高测量的后视点并做好标记 .

e. 当超过钢尺长度时，另布设标高起始点，作为向上传递的依据 .

⑨钢柱垂直度测量。

钢柱吊装时，钢柱垂直度测量一般选用经纬仪。用两台经纬仪分别架设在引出的轴线上，对钢柱进行测量校正。当轴线上有其他的障碍物阻挡时，可将仪器偏离轴线 150mm 以内。

第五节　钢网架结构安装工程

本工艺标准适用于建筑工程中的平板型钢网格结构（简称钢网架结构）安装工程，采用高空散装法，高空滑移法或地面拼装总体吊装（提升）等安装施工。

一、施工准备

（一）材料

1. 钢网架安装的钢材与连接材料，高强度螺栓、焊条、焊丝、焊剂等，应符合设计的要求，并应有出厂合格证。

2. 钢网架安装用的空心焊接球、加肋焊接球、螺栓球。半成品小拼单元、杆件，以及橡胶支座等半成品，应符合设计要求及相应的国家标准的规定。

3. 封板、锥头和套筒及制造封板、锥头和套筒所采用的原材料，其品种、规格、性能等应符合现行国家产品标准和设计要求。全数检查产品的质量合格证明文件、中文标志及检验报告等。

4. 封板、锥头、套筒外观不得有裂纹、过烧及氧化皮。每种抽查 5%，且不应少于 10 只；用放大镜观察检查和表面探伤。

（二）主要机具

电焊机、氧－乙炔切割设备、砂轮锯、杆件切割车床、杆件切割动力头、钢卷尺、钢板尺、卡尺、水准仪、经纬仪、超声波探伤仪，磁粉探伤仪、提升设备、起重设备、铁锤、钢丝刷、液压千斤顶、倒链等工具。

（三）作业条件

1. 安装前应对网架支座轴线与标高进行验线检查。网架轴线、标高位置必须符合设计要求和有关标准的规定。

2. 安装前应对柱顶混凝土强度进行检查，柱顶混凝土强度必须符合设计要求和国家现行有关标准的规定以后，才能安装。

3. 采用高空滑移法时，应对滑移轨道滑轮进行检查，滑移水平坡度应符合施工设计的要求。

4. 采用条、块安装，工作台滑移法时，应对地面工作台、滑移设备进行检查，并进行试滑行试验。

5. 采用整体吊装或局部吊装迭时，应对提升设备进行检查，对提升速度、提升吊点、高空合拢与调整等工作做好试验，必须符合施工组织设计的要求。

6. 采用高空散装法时，应搭设满堂红脚手架，并放线布置好各支点位置与标高。采用螺栓球高空散装法时，应设计布置好临时支点，临时支点的位置、数量应经过验算确定。

7. 高空散装的临时支点应选用千斤顶为宜，这样临时支点可以逐步调整网架高度。当安装结束拆卸临时支架时，可以在各支点间同步下降，分段卸荷。

（四）作业人员

起重工、铆工、钳工、气焊、机械工等。

二、操作工艺

（一）螺栓球正方四角锥网架高空散装法

1. 工艺流程

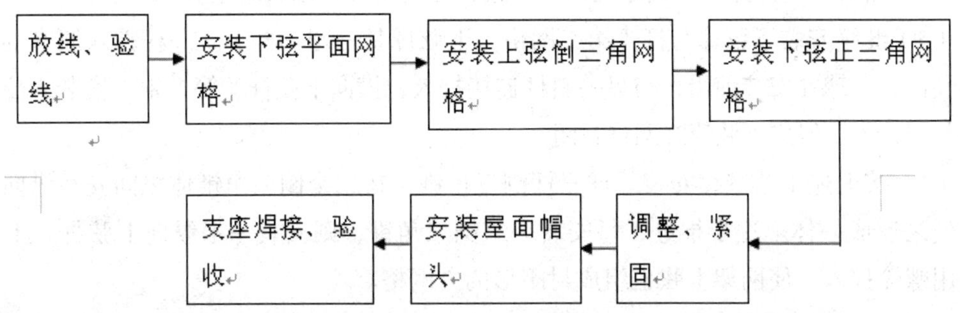

2. 放线、验线与基础检查

（1）检查柱顶混凝土强度。检查试件报告，合格后方能在高空柱顶放线、验线。

（2）由总包提供柱顶轴线位移情况，网架安装单位对提供的网架支承点位置、尺寸进行复验，经复验检查轴线位置、标高尺寸符合设计要求以后，才能开始安装。

（3）临时支点的位置、数量、支点高度应统一安排，支点下部应适当加固，防止网架支点局部受力过大，架子下沉。

3. 安装下弦平面网架

（1）将第一跨间的支座安装就位，对好柱顶轴线、中心线，用水平仪对好标高，有误差应予修正。

（2）安装第一跨间下弦球、杆，组成纵向平面网格。

（3）排好临时支点，保证下弦球的平行度，如有起拱要求时，应在临时支点上找出坡底。

（4）安装第一跨间的腹杆与上弦球，一般是一球二腹杆的小单元就位后，与下弦球拧入，固定。

（5）安装第一跨间的上弦杆，控制网架尺寸。注意拧入深度影响到整个网架的下挠度，应控制好尺寸。

（6）检查网架、网格尺寸，检查网架纵向尺寸与网架失高尺寸。如有出入，可以调整临时支点的高低位置来控制网架的尺寸。

4. 安装上弦倒三角网格

（1）网架第二单元起采用连续安装法组装。

（2）从支座开始先安装一根下弦杆，检查丝扣质量，清理螺孔、螺扣，干净后拧入，同时从下弦第一跨间也装一根下弦杆，组成第一方网格，将第一节点球拧入，下弦第一网格封闭。

（3）安装倒三角锥体，将一球三杆小单元（即一上弦球、一上弦杆、二腹斜杆组成的小拼单元）吊入现场。将二斜杆支撑在下弦球上，在上方拉紧上弦杆，使上弦杆逐步靠近已安装好的上弦球，拧入。

（4）然后将斜杆拧入下弦球孔内，拧紧，另一斜杆可以暂时空着。

（5）继续安装下弦球与杆（第二网格，下弦球是一球一杆）。一杆拧入原来的下弦球螺孔内，一球在安装前沿，与另一斜杆连接拧入，横向下弦杆（第二根）安装入位，两头各与球拧入，组成下弦第二网格封闭。

（6）按上述工艺继续安装一球三杆倒三角锥，在二个倒三角锥体之间安装纵向上弦杆，使之连成一体。逐步推进，每安装一组倒三角锥，则安装一根纵向上弦杆，上弦杆两头用螺栓拧入，使网架上弦也组成封闭形的方网格。

（7）逐步安装到支座后组成一系列纵向倒三角锥网架。检查纵向尺寸，检查网架挠度，检查各支点受力情况。

5. 安装下弦正三角网格

（1）网架安装完倒三角锥网格后，即开始安装正三角锥网格。

（2）安装下弦球与杆，采用一球一杆形式（即下弦球与下弦杆），将一杆拧入支座螺孔内。

（3）安装横向下弦杆，使球与杆组成封闭四方网格，检查尺寸。也可以采用一球二杆形式（下弦球与相互垂直二根下弦杆同时安装组成封闭四方网格）。

（4）安装一侧斜腹杆，单杆就位，拧入，便于控制网格的矢高。

（5）继续安装另一侧斜腹杆，两边拧入下弦球与上弦球，完成一组正三角锥网格。逐步向一侧安装，直到支座为止。

（6）每完成一个正三角锥后，再安装检查上弦四方网格尺寸误差，逐步调整，紧固螺栓。正三角锥网格安装时，应时即注意临时支点受力的情况。

6. 调整、紧固

（1）高空散装法安装网架，应随时测量检查网架质量。检查下弦网格尺寸及对角线，检查上弦网格尺寸及对角线，检查网架纵向长度、横向长度、网格矢高。在各临时支点未拆除前还能调整。

（2）检查网架整体挠度，可以通过上弦与下弦尺寸的调整来控制挠度值。

（3）网架在安装过程中应随时检查各临时支点的下沉情况，如有下降情况，应及时加固，防止出现下坠现象。

（4）网架检查、调整后，应对网架高强度螺栓进行重新紧固。

（5）网架高强螺栓紧固后，应将套筒上的定位小螺栓拧紧锁定。

7. 安装屋面帽头

（1）将上弦球上的帽头焊件拧入。

（2）在帽头杆件上找出坡度，以便安装屋面板材。

（3）对螺栓球上的未用孔以及螺栓与套筒、杆件之间的间隙应进行封堵，防止雨水渗漏。

8. 支座焊接与验收

（1）检查网架整体尺寸合格后，检查支座位置是否在轴线上，以及偏移尺寸。网架安装时尺寸的累积误差应该两边分散，防止一侧支座就位正确，另一侧支座偏差过大。

（2）检查网架标高、矢高，网架标高以四周支点为准，各支点尺寸误差应在标准规范以内。

（3）检查网架的挠度。

（4）各部尺寸合格后，进行支座焊接。

（5）支座焊接应有操作说明。网架支座有弹簧型、滑移型、橡胶垫型。支座焊接应保护支座的使用性能。有的应保护防止焊接飞溅的侵入；橡胶垫型在焊接时，应防止焊接火焰烤伤胶垫、故焊接时应用水随时冷却支座，防止烤伤胶垫。

（二）焊接球地面安装高空合拢法

1. 工艺流程

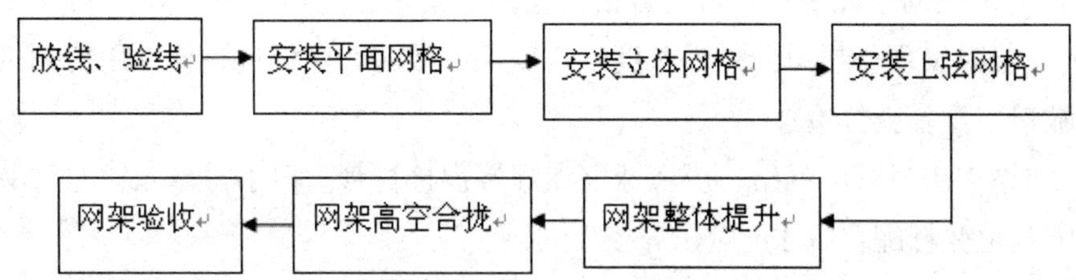

2. 放线、验线

（1）顶放线与验线：标出轴线与标高，检查柱项位移；网架安装单位对提供的网架支承点位置、尺寸、标高经复验无误后，才能正式安装。

（2）网架地面安装环境应找平放样，网架球各支点应放线，标明位置与球号。

（3）网架球各支点砌砖墩。墩材可以是钢管支承点，也可以是砖墩上加一小截圆管作为网架下弦球支座。

（4）对各支点标出标高，如网架有起拱要求时，应在各支承点上反映出来，用不同高度的支承钢管来完成对网架的起拱要求。

3. 钢网架平面安装

（1）放球：将已验收的焊接球，按规格、编号放入安装节点内，同时应将球调整好受力方向与位置。一般将球水平中心线的环形焊缝置于赤道方向。有肋的一边在下弦球的上半部分。

（2）放置杆件：将备好的杆件，按规定的规格布置钢管件件。放置杆件前，应检查杆件的规格、尺寸，以及坡口、焊缝间隙、将杆件放置在二个球之间，调整间隙，点固。

（3）平面网架的拼装应从中心线开始，逐步向四周展外，先组成封闭四方网格，控制好尺寸后，再拼四周网格，不断扩大。注意应控制累积误差，一般网格以负公差为宜。

（4）平面网架焊接，焊接前应编制好焊接工艺和网架焊接顺序，防止平面网架变形。

（5）平面网架焊接应按焊接工艺规定，从钢管下测中心线左边 20 ~ 30mm 处引弧，向右焊接，逐步完成仰焊、主焊、爬坡焊、平焊等焊接位置。

（6）球管焊接应采用斜锯齿形运条手法进行焊接，防止咬肉。

（7）焊接运条到圆管上测中心线后，继续向前焊 20 ~ 30mm 处收弧。

（8）焊接完成半圆后，重新从钢管下侧中心线右边 20 ~ 30mm 处反向起弧，向左焊接，与上述工艺相同，到顶部中心线后继续向前焊接，填满弧坑，焊缝搭接平稳，以保证焊缝质量。

4. 网架主体组装

（1）检查验收平面网架尺寸、轴线偏移情况，检查无误后，继续组装主体网架。

（2）将一球四杆的小拼单元（一球为上弦球，四杆为网架斜腹杆）吊入平面网架上方。

（3）小拼单元就位后，应检查网格尺寸，矢高，以及小拼单元的斜杆角度，对位置不正、角度不正的应先矫正，矫正合格后才准以安装。

（4）安装时发现小拼单元杆件长度、角度不一致时，应将过长杆件用切割机割去，然后重开坡口，重新就位检查。

（5）如果需用衬管的网络，应在球上点焊好焊接衬管。但小拼单元暂勿与平面网架点焊，还需与上弦杆配合后才能定位焊接。

5. 钢网架上弦组装与焊接

（1）放入上弦平面网络的纵向杆件，检查上弦球纵向位置、尺寸是否正确。

（2）放入上弦平面网架的横向杆件，检查上弦球横向位置、尺寸是否正确。

（3）通过对立体小拼单元斜腹杆的适量调整，使上弦的纵向与横向杆件与焊接球正确就位。对斜腹杆的调整方法是，既以切割过长杆件，也可以用倒链拉开斜杆的角度，使杆件正确就位。保证上弦网格的正确尺寸。

（4）调整各部间隙，各部间隙基本合格后，再点焊上弦杆件。

（5）上弦杆件点固后，再点焊下弦球与斜杆的焊缝，使之连系牢固。

（6）逐步检查网格尺寸，逐步向前推进。网架腹杆与网架上弦杆的安装应相互配合着进行。

（7）网架地面安装结束后，应按安装网架的条或块的整体尺寸进行验收。

（8）待吊装的网架必须待焊接工序完毕，焊缝外观质量，焊缝超声波探伤报告合格后，才能起吊（提升）。

6. 网架整体吊装（提升）

（1）钢网架整体吊装前的验收，焊缝的验收，高空支座的验收。各项验收符合设计要求后，才能吊装。

（2）钢网架整体吊装前应选择好吊点，吊绳应系在下弦口点上，不准吊在上弦球节点上。如果网架吊装过程中刚度不够，还应采用办法对被吊网架进行加固。一般加固措施是加几道脚手架钢管临时加固，但应考虑这样会增加吊装重量，增加荷载。

（3）制订吊装（提升）方案，调试吊装（提升）设备。对吊装设备如把杆、缆风卷扬机的检查，对液压油路的检查，保证吊装（提升）能平稳、连续、各吊点同步。

（4）试吊（提升）：正式吊装前应对网架进行试提。试提过程是将卷扬机起动，调整各吊点同时逐步离地。试提一般在离地 200 ~ 300mm 之间。各支点全部撤除后暂时不动，观察网架各部分受力情况。如有变形可以及时加固，同时还应仔细检查网把吊装前沿方向是否有碰或挂的杂物或临时脚手架，如有应及时排除。同时还应观察吊装设备的承载能力，应尽量保持各吊点同步，防止倾斜。

（5）连续起吊：当检查妥当后，应该连续起吊，在保持网架平正不倾斜的前提下，应该连续不断地逐步起吊（提升）。争取当天完成到位，防止大风天气。

（6）逐步就位：网架起吊即将到位时，应逐步降低起吊（提升）速度，防止吊装过位。

7. 高空合拢

（1）网架高空就位后，应调整网架与支座的距离，为此应在网架上方安装几组倒链供横向调整使用。

（2）检查网架整体标高，防止高低不匀，如实在难以排除，可由一边标高先行就位，调整横向倒链，使较高合格一端先行就位。

（3）标高与水平距离先合格一端，插入钢管连接，连接杆件可以随时修正尺寸，重开坡口，但是修正杆件长度不能太大，应尽量保持原有尺寸。调整办法是一边拉紧倒链，另一边放松倒链，使之距离逐步合适。

（4）已调整的一侧杆件应逐步全部点固后，放松另一侧倒链，继续微调另一侧网架的标高。可以少量的起吊或者下降，控制标高。注意此时的调整起吊或下降应该是少量的，逐步地进行，不能连续。边调整，还应观察已就位点固一侧网架的情况，防止开焊。

（5）网架另一侧标高调整后，用倒链拉紧距离，初步检查就位情况，基本正确后，插入塞杆，点固。

（6）网架四周杆件的插入点固。注意此时点焊塞杆，应有一定斜度，使网架中心略高于支座处。因此时网架受中心起吊的影响，一旦卸荷后会略有下降，为防变形，故应提前提高 3 ~ 5mm 的余量。

（7）网架四周杆件合拢点固后，检查网架各部尺寸，并按顺序、按焊接工艺规定进行焊接。

8. **网架验收**

（1）网架验收分两步进行，第一步是网架仍在吊装状态的验收；第二步是网架独立荷载，吊装卸荷后的验收。

（2）检查网架焊缝外观质量，应达到设计要求与规范标准的规定。

（3）四边塞杆，（即合拢时的焊接管），在焊接 24h 后的超声波探伤报告，以及返修记录。

（4）检查网架支座的焊缝质量。

（5）钢网架吊装设备卸荷。观察网架的变形情况。网架吊装部分的卸荷应该缓慢、同步进行，防止网架局部变形。

（6）将合拢用的各种倒链分头拆除，恢复钢网架自然状态。

（7）检查网架各支座受力情况；检查网架的拱度或起拱度。

（8）检查网架的整体尺寸。

四、质量标准

（一）支承面顶板和支承垫块

1. **主控项目**

（1）钢网架结构支座定位轴线的位置、支座锚栓的规格应符合设计要求。

检查数量：按支座数抽查 10%，且不应少于 4 处。

检验方法：用经纬仪和钢尺实测。

（2）支承面顶板的位置、标高、水平度以及支座锚栓位置的允许偏差应符合表 7–6–1 的规定。

表 7–6–1　支承面顶板、支座锚栓位置的允许偏差

项　目		允许偏差（mm）
支承面顶板	位置	15.0
	顶面标高	0 – 3.0
	顶面水平度	L ／ 1000
支座锚栓	中心偏移	± 5.0

检查数量：按支座数抽查 10%，且不应少于 4 处。

检验方法：用经纬仪、水准仪、水平尺和钢尺实测。

（3）支承垫块的种类、规格、摆放位置和朝向，必须符合设计要求和国家现行有关标准的规定。橡胶垫块与刚性垫块之间或不同类型刚性垫块之间不得互换使用。

检查数量：按支座数抽查 10%，且不应少于 4 处。

检验方法：观察和用钢尺实测。

（4）网架支座锚栓的紧固应符合设计要求。

检查数量：按支座数抽查 10%，且不应少于 4 处。

检验方法：观察检查。

2. 一般项目

支座锚栓尺寸的允许偏差应符合表 7-6-2 的规定。支座锚栓的螺纹应受到保护。

检查数量：按支座数抽查 10%，且不应少于 4 处。

检验方法：用钢尺实测。

表 7–6–2　地脚螺栓（锚栓）尺寸的允许偏差

项　目	允许偏差（mm）
螺栓（锚栓）露出长度	+30.0 0.0
螺纹长度	+30.0 0.0

（二）总拼与安装

1. 主控项目

（1）小拼单元的允许偏差应符合表 7–6–3 的规定。

检查数量：按单元数抽查 5%，且不应少于 5 个。

检验方法：用钢尺和拉线等辅助量具实测。

（2）中拼单元的允许偏差应符合表 4 的规定。

检查数量：全数检查。

检验方法：用钢尺和辅助量具实测。

（3）对建筑结构安全等级为一级，跨度 40m 及以上的公共建筑钢网架结构，且设计有要求时，应按下列项目进行节点承载力试验，其结果应符合以下规定：

①焊接球节点应按设计指定规格的球及其匹配的钢管焊接成试件，进行轴心拉、压承载力试验，其试验破坏荷载值大于或等于 1.6 倍设计承载力为合格。

②螺栓球节点应按设计指定规格的球最大螺栓孔螺纹进行抗拉强度保证荷载试验，当达到螺栓的设计承载力时，螺孔、螺纹及封板仍完好无损为合格。

检查数量：每项试验做 3 个试件。

检验方法：在万能试验机上进行检验，检查试验报告。

（4）钢网架结构总拼完成后及屋面工程完成后应分别测量其挠度值，且所测的挠度值不应超过相应设计值的 1.15 倍。

检查数量：跨度 24m 及以下钢网架结构测量下弦中央一点；跨度 24m 以上钢网架结构测量下弦中央一点及各向下弦跨度的四等分点。

检验方法：用钢尺和水准仪实测。

表 7–6–3 小拼单元的允许偏差

项目			允许偏差（mm）
节点中心偏移			2.0
焊接球节点与钢管中心的偏移			1.0
杆件轴线的弯曲矢高			L1 / 1000，且不应大于 5.0
锥体型小拼单元	弦杆长度		± 2.0
	锥体高度		± 2.0
	上弦杆对角线长度		± 3.0
平面桁架型小拼单元	跨长	≤ 24m	+ 3.0 − 7.0
		> 24m	+ 5.0 − 10.0
	跨中高度		± 3.0
	跨中拱度	设计要求起拱	± L / 5000
		设计未要求起拱	+ 10.0
注：1. Ll 为杆件长度； 2. L 为跨长。			

表 7–6–4 中拼单元的允许偏差

项目		允许偏差（mm）
单元长度≤ 20m，拼接长度	单跨	± 10.0
	多跨连续	± 5.0
单元长度＞ 20m，拼接长度	单跨	± 20.0
	多跨连续	± 10.0

2. **一般项目**

（1）钢网架结构安装完成后，其节点及杆件表面应干净，不应有明显的疤痕、泥沙和污垢。螺栓球节点应将所有接缝用油腻子填嵌严密，并应将多余螺孔封口。

检查数量：按节点及杆件数抽查 5%，且不应少于 10 个节点。

检验方法：观察检查。

（2）钢网架结构安装完成后，其安装的允许偏差应符合表 7–6–5 的规定。

检查数量：除杆件弯曲矢高按杆件数抽查 5% 外，其余全数检查。

检验方法：见表 7–6–55。

表 7–6–5　钢网架结构安装的允许偏差

<table>
<tr><th>项　目</th><th>允许偏差（mm）</th><th>检验方法</th></tr>
<tr><td>纵向、横向长度</td><td>L/2000，且不应大于 30.0
－L / 2000，且不应小于－30.0</td><td>用钢尺实测</td></tr>
<tr><td>支座中心偏移</td><td>L / 3000，且不应大于 30.0</td><td>用钢尺和经纬仪实测</td></tr>
<tr><td>周边支承网架相邻支座高差</td><td>L / 400，且不应大于 15.0</td><td rowspan="3">用钢尺和水准仪实测</td></tr>
<tr><td>支座最大高差</td><td>30.0</td></tr>
<tr><td>多点支承网架相邻支座高差</td><td>Ll / 800，且不应大于 30.0</td></tr>
<tr><td colspan="3">注：1. L 为纵向、横向长度；
2. Ll 为相邻支座间距。</td></tr>
</table>

五、应注意的质量问题

1. 钢网架在安装时，对临时支点的设置应认真对待。应在安装前，安排好支点和支点标高，临时支点既要使网架受力均匀，杆件受力一致，还应注意临时支点的基础（脚手架）的稳定性，一定要注意防止支点下沉。

2. 临时支点的支承物最好能采用千斤顶，这样可以在安装过程中逐步调整。注意临时支点的调整不应该是某个点的调整，还要考虑到四周网架受力的均匀，有时这种局部调整会使个别杆件变形、弯曲。

3. 临时支点拆卸时应注意见组支点应同步下降，在下降过程中，下降的幅度不要过大，应该是逐步分区分阶段按比例地下降，或者用每步不大于 100mm 的等步下降法拆除支撑点。

4. 焊接球网架安装焊接时，应考虑到焊接收缩的变形问题，尤其是整体吊装网架和条块网架，在地面安装后，焊接前要掌握好焊接变形量和收缩值。因为钢网架焊接时，焊接点（受热面）均在平面网架的上侧，因此极易使结构由于单向受热而变形。一般变形规律为网架焊接后，四周边支座会逐步自由翘起，如果变形量大时，会将原有计划的起拱度抵消。如原来不考虑起拱时，会使焊接产生很大的下挠值，影响验收的质量要求。因此在施工焊接球网架时应考虑到单向受热的变形因素。

5. 网架安装后应注意支座的受力情况，有的支座允许焊死，有的支座应该是自由端，有的支座需要限位等等，所以网架支座的施工应严格按照设计要求进行。支座垫板、限位板等应按规定顺序、方法安装。

六、成品保护

1. 网架安装后，在拆卸架子时应注意同步，逐步的拆卸，防止应力集中，使网架产生局部变形，或使局部网格变形。

2. 钢网架安装结束后，应及时涂刷防锈漆。螺栓球网架安装后，应检查螺栓球上的孔洞是否封闭，应用腻子将孔洞和筒套的间隙填平后刷漆，防止水分渗入，使球、杆的丝扣锈蚀。

3. 钢网架安装完毕后，应对成品网架保护，勿在网架上方集中堆放物件。如有屋面板、檩条需要安装时，也应在不超载情况下分散码放。

4. 钢网架安装后，如需用吊车吊装檩条或屋面板时，应该轻拿轻放，严禁撞击网架使网架变形。

七、职业健康安全与环境管理

1. 施工过程危害辨识评价及控制措施。

表 7–6–6　施工过程危害辨识评价及控制措施

序号	主要来源	可能发生的事故或影响	风险级别	控制措施
1	起重机械	机械伤害、物体打击	大	设置安全警戒区域，无关人员禁止入内； 按程序审批吊装方案，并进行认真技术交底。
2	高处作业	高处坠落	大	配置和带好安全三宝：安全帽、安全带、安全网； 遵守有关作业安全规程。

2. 环境因素辨识评价及控制措施。

表 7-6-7　环境因素辨识评价及控制措施

序号	主要来源	可能的环境影响	影响程度	控制措施
1	噪声	扰民，损伤听力，影响人体内分泌而引发各种疾病，影响语言交流	一般	白天作业，必要时采取隔音措施

第六节　钢结构涂装工程

一、防腐涂装

（一）涂装施工准备

1. 涂装前构件表面的处理

（1）钢材在涂装前表面应作除锈处理，除锈等级应达到设计规定的等级。

（2）在现场钢材表面修补涂层时，可采用手工和动力工具除锈方法。

1）手工除锈：主要是用刮刀、手锤、钢丝刷和砂布等工具除锈。

2）动力工具除锈：主要是用风动或电动砂轮和除锈机等动力工具除锈。

（3）钢材除锈后，应用刷子或无油水的压缩空气清理，除去锈尘等污物，并应在当班涂完底漆。

（4）钢构件现场涂装前，应彻底清除构件表面上的油、泥、灰尘等污物。

2. 涂装的储运与保管

（1）涂装运输前应对涂料的名称、型号、颜色进行检查。

（2）涂料及其辅助材料宜贮存在通风良好的阴凉库房内，温度控制在 5 ~ 35℃，按原包装密封保管。

（3）涂料及其辅助材料库房附近应杜绝火源，有“严禁烟火”标志牌和灭火工具。

（4）仓库内存放的涂料应先入库先使用。

3. 技术准备

防腐涂料施工前，相关负责人已熟悉涂装工艺参数，同时完成制订合理的涂装施工方案，涂装前技术资料完整，操作人员经过技术培训。使其了解本工程中所运用到的防腐涂料产品的特性及施工时需注意的要点，以确保施工质量。

（二）涂装施工

1. 涂装施工部位及要求

钢结构构件暴露室外的构件和节点均采用热浸镀锌处理，镀锌层大于600g/ ㎡。室内部分底漆为无机富锌底漆共两遍（干膜总厚度不小于70μm），底漆涂装在工厂内完成，面漆也为两道（漆膜总厚度为μm），等构件运到现场后再进行面漆的涂装。底漆和面漆均采用高压无气喷涂。对于底漆要求耐盐雾、耐老化试验达到10000h。工厂拼装、焊接完成后，对焊接位置做表面处理后，进行补漆工作。

工程中不需涂装的部位为：埋入混凝土中部分；被混凝土覆盖的钢构件表面；箱形及钢管截面内的封闭区；地脚螺栓和底板板底；被混凝土覆盖的钢构件表面；高强度螺栓接点摩擦面；现场焊接部位及两侧100mm范围内，且要满足超声波探测要求的范围。

钢构件出厂前不需要涂防腐漆，但是构件安装后需补漆的部位：1）高强螺栓未涂漆部分；2）工地拼接部位及两侧100mm；3）因碰撞油漆脱落的地方。

其余有防腐要求的钢构件除锈后3小时内涂装无机富锌底漆，底漆、面间漆与防火漆应配套使用。

2. 涂装施工步骤及工艺

（1）涂料开桶后，应进行搅拌，同时检查涂料的外观质量，不得有析出、结块等现象，对于颜料比重较大的涂料宜在开桶前1 ~ 2天将桶倒置，以便开桶时搅匀。

（2）调整涂料“施工黏度”，涂料开桶搅拌均匀后，测定黏度，如测得的黏度高于规定的“施工黏度”可加入适量稀释调整到规定的“施工黏度”，施工黏度应由专人调整。当天配置的涂料应当天使用。

（3）用同一品种的涂料进行多层施工时，其中间层应选用不同颜色的涂料，一般应选浅于面层颜色的涂料。

（4）本工程底漆和中间漆使用高压无气喷涂方法。施工时应按下列要点操作。

1）喷涂“施工黏度”按有关规定执行。

2）喷枪嘴与被喷物体的距离，一般控制在30 ~ 38cm为宜。

3）喷流幅度：较大的物体30 ~ 40cm为宜，较小的物体20 ~ 30cm为宜，较小物体一般为30cm。

4）喷嘴与物面的喷射角宜为300 ~ 600。

5）喷枪运行速度宜为60 ~ 100cm/min。

6）喷幅的搭接边应为涂层幅宽的1 ~ 1/5。

7）喷涂完毕后，立即用溶剂清洗设备，同时排出喷枪内的剩余涂料，吸入溶剂作彻底的循环清洗，并用压缩空气吹净管内的溶剂。

（5）漆膜在干燥过程中，应保持周围环境清洁，防止被灰尘、雨、水、雪等物污染。

（6）油漆涂装后，如发现有气泡，凹陷洞孔，剥离生锈或针孔锈等现象时，应将漆膜刮除并经表面处理后，再按规定涂装时间隔层次予以补漆；

（7）涂装完毕后，应在构件上标注构件的编号。

（三）涂装施工质量控制

1. 防腐涂料材料的控制

（1）对防腐涂料、稀释剂和固化剂等相关材料的品种规格、性能应符合设计要求及现行国家产品标准的规定。应具备相应的产品出厂合格证明文件。

（2）现场对涂料质量有疑义的，应取样复验，符合质量要求后方可使用。取样方法应符合现行国家标准 GB3186 的规定。

（3）防腐涂料应配套使用，涂膜应有底漆、中间漆构成，不得用单一品种作为防护涂膜。

（4）底漆除了具有一定的底漆功能外，还应具有一定的面漆性能，每道漆膜厚度应比底漆厚。

2. 施工过程中的控制

（1）涂装施工中，针对不同干燥快慢的涂料，控制涂装的速度。对于干燥较快的，应快速、连续刷平和修饰，不宜反复刷涂。

（2）漆膜的刷涂厚度应均匀适中，防止流挂、起皱和漏涂。施工时按使用量进行涂装，对于边、角、焊缝、切痕等部位，在喷涂之前先涂刷一道，然后进行大面积的涂装。施工时经常用湿膜测厚认仪测定漆膜厚度。

（3）施工中，发现有气泡，凹陷洞孔，剥离生锈或针孔锈等现象以及漆膜如出现有龟裂，起皱，刷纹，垂流粉化，失光或散雾等现象时应将漆膜刮除或以砂纸研磨后，重新补漆。

（4）涂装修补的操作过程：在进行修补前，首先应对各部分旧漆膜和未涂区的状况以及设计技术要求规定进行研究，采取砂轮片打磨或钢丝刷等方法进行钢材表面处理。为保持修补漆膜的平整性，应在缺陷四周的漆膜 10 ~ 20cm 的距离内进行修补，使漆膜有一定的斜度。修补工作应按厚涂层涂刷工艺要求和程序进行补涂。

3. 施工完工后的控制

防腐涂料施工完成后，设计单位、监理单位及施工单位应联合对防腐涂装质量进行验收。

验收的项目及方法包括：

1）首先检查现场使用的防腐涂料、稀释剂、固化剂等原材料的品种、颜色是否符合设计规定，具有出厂合格证书和复试报告；

2）防腐涂料涂装工程可按变形缝、楼层或施工段等划分成一个或若干个检验批进行检验；

3）目视检查涂膜外观是否均匀、平整，丰满有光泽，其颜色应与设计规定的颜色一致；

4）涂膜的底层、中间层和面层，不得有咬边、裂纹、针孔、分层剥落、漏涂和返锈等缺陷；

5）涂料、涂装遍数、涂层厚度应符合设计要求，防腐涂料的厚度按照国家规定用涂层测厚仪进行检测，检测平均值不应低于设计规定的厚度。

6）涂膜厚度检测量：桁架、梁、柱等主要构件按同类构件重量的 20% 检测，最低不少于 5 件，次要构件按同类构件总量的 10% 检测，最低不少于 3 件，每个被检测构件检测 3 处。

7）对于有缺陷的涂膜面，应用钢丝绒等工具对厚有漆膜进行打毛处理，用无油、水的压缩空气清理表面，按原涂装设计进行修补。

二、防火涂装

（一）概述

防火喷涂是钢结构工程重要的组成部分，对于浙大体育馆工程尤为重要。本工程防火等级为一级。

主要结构构件耐火极限如下：

表 7–7–1

序号	构件	耐火极限（h）	防火涂料类型	备注
1	屋盖结构中的主梁、桁架、屋面支撑、周圈支撑柱及柱间支撑、低屋盖挑檐系统构件	2.5	薄涂型防火涂料	施工需符合《钢结构防火涂料应用技术条件》CECS24：94 规定。
2	檩条及其他次要构件	2.0	薄涂型防火涂料	

（二）涂装施工准备

1. 涂料的进场验收

防火涂料进场前应对防火涂料送专业的检测机构进行检测。每使用 100t 薄涂型钢结构防火涂料应抽样检测一次黏结强度。

2. 涂装前构件表面的处理

在防火涂料施工前，应对钢结构的表面进行检查，如果在钢结构吊装过程中对钢结构的油漆有损坏的，应对油漆进行修补，同时还应检查钢结构的表面清洁度，如钢结构的表面有灰尘、泥土或其他杂物等，应进行清理，其连接处的缝隙应用防火涂料或其他防火材料填补堵平后方可施工，否则会影响防火涂料的粘给强度。

3. 涂装的储运与保管

涂装运输前应对涂料的名称、型号、颜色进行检查。

涂料及其辅助材料宜贮存在通风良好的阴凉库房内，温度控制在 5—35℃，按原包装密封保管。

仓库内存放的涂料应先入库先使用。

4. 技术准备

防火涂料施工前对防火涂料产品做必要的调配和搅拌，双组份的涂料要按材料说明书上的调配方法进行调配，调配和搅拌的稠度应适宜，具体根据现场实际情况确定。

薄型防火涂料施工采用高压无气喷涂为主，同时配合手工涂刷施工。

（三）涂装施工

1. 涂装的施工顺序

防火涂装须在钢结构安装完成并经验收合格后进行涂装施工，涂装前需对构件表面进行清理，先涂装梁构件再涂装柱构件，涂装由内往外的顺序进行。

2. 涂装的施工措施

本工程采用薄涂型防火涂料，在使用前应用便携式电动搅拌器予以适当的搅拌。

由防火涂料生产厂家提供的干粉料，现场加水或其他稀释剂进行调配，应按照涂料使用说明书规定配合比混合搅拌，边配边用。

搅拌和调配的涂料应调度适宜，应能在输送管道中畅通流动，喷涂后应不会发生流淌和下坠现象。

对于化学固化干燥的防火涂料，配制的涂料必须在规定时间内用完。

薄涂型钢结构防火涂料施工

1）薄涂型钢结构防火涂料的底层宜采用重力式喷枪喷涂，其压力约为 0.4mpa，局部修补和小面积施工，可用手工刷涂。

2）底层涂料喷涂两遍，每遍喷涂厚度不应超过 2.5mm，必须在前一遍干燥后再喷涂后一遍，喷涂时应确保涂层完全闭合，轮廓清晰。

3）底层涂料操作者要携带测厚针随时检测涂层厚度，确保涂层喷涂厚度达到设计要求。

4）当设计要求喷涂表面要平整光滑时，应对底层涂料最后一遍涂层作抹平处理，确保外表面均匀平整。

3. 涂装施工要求

序号	涂装施工
1	防火涂料施工的气候条件：在防火施工过程中和施工之后涂层干燥固化前，环境温度宜为 5-38℃，相对湿度在 80% 左右，空气应保持流通，同时避免明火。
2	当风速大于 5m/s 或雨后及构件表面结晶时，不宜作业。
3	防火涂料施工前对防火涂料产品作必要的调配和搅拌，不应存在结皮、结块、凝胶的现象。喷涂后不存在流淌和下坠现象。
4	喷涂后的涂层要适当维修，对明显的乳突，应采用抹灰刀等工具剔除，以确保涂层表面均匀。
5	防火涂料施工时，对可能污染到的施工现场的成品用彩条布或塑料薄膜进行遮挡保护。
6	施工完后，涂刷工具用专用稀释剂清洗干净，放还到规定的位置，搅拌涂料应一次用完，每日工作完成，现场剩余的涂料应入库保存，库管员做好记录。

（四）涂装施工质量控制

1. 防火涂料材料的控制

对防火涂料及相应溶剂的品种规格、性能应符合设计要求及现行国家产品标准的规定。并通过国家检测机构的耐火极限检测报告和理化性能检测报告，生产单位必须有防火监督部门核发的生产许可证。防火涂料中的底层核面层涂料应相互配套，底层涂料不得锈蚀钢材。

2. 施工过程中的控制

在防火涂料施工时进行检查，发现有以下情况之一的，应进行重喷或补涂：

（1）由于涂料施工操作不好，气候条件不宜，使得涂料固化不好、粘给不牢或分化、空鼓、起层脱落的涂层应重新喷涂。

（2）由于钢结构连接处的缝隙未完全填平或涂装施工不仔细，造成的连接接头、转角处涂层有凹陷时，应补涂。

（3）在涂装过程中掉落一些涂料在低部位构件的涂层上面，形成浮浆，应铲除浮浆，重新涂装到规定的厚度，涂料干燥后若出现裂缝且深度超过 1mm，应针对裂缝进行补涂。

（4）任一部位的厚度少于规定厚度的 85% 时应继续涂抹，当涂抹的厚度大于规定厚度的 85% 时，但不足规定的面积的长度超过 1m 时，也要补涂直到达到规定的厚度要求。

3. 施工完工后的控制

防火涂料施工完成后，有建设单位组织邀请当地的公安消防监督部门、设计单位、监理单位及施工单位联合进行验收。

验收的项目及方法包括：

（1）首先检查现场使用的防火涂料的品种、颜色是否符合实际规定；

（2）目视法检查是否有漏涂、裂缝、凹凸不平等缺陷；

（3）用 0.5kg 榔头进行轻击，检查粘给牢固强度；

（4）对防火涂料的厚度按照国家规定用涂层测厚仪进行检测；

三、涂装过程中的注意事项

序号	注意事项
1	涂装时的环境温度和相对湿度应符合涂料产品说明书的要求。当说明书无要求时，室内环境温度在 5 ～ 38℃之间。相对湿度不应大于 85%；
2	在雨、雾、雪和较大灰尘的条件下，禁止户外施工。施工时遇雨天或构件表面结露现象不宜施工或延长施工间隔时间；
3	涂装时根据图纸要求选择涂料种类，涂料应有出厂的质量证明书。施工前应对涂料名称、型号、颜色进行检查，确定是否与设计规定的相符。同时检查生产日期是否超过储存期，如超过储存期，应进行检查，质量合格仍可使用，否则严禁使用；
4	涂装下道油漆前，应彻底清除涂装件表面的油、泥、灰尘等污物。一般可用水冲、布擦或溶剂清洗等方法。要保证构件清洁、干燥、底漆未经损坏。
5	涂装应均匀，无明显起皱、流挂，附着应良好；
6	施涂油性涂料 4h 内严禁受雨淋、风吹，或粘上砂粒、尘土、油污等，更不得损坏涂膜。
7	油漆涂装后，如发现有气泡，凹陷洞孔，剥离生锈或针孔锈等现象时，应将漆膜刮除并经表面处理后，再按规定涂装时间隔层次予以补漆；
8	涂装完毕后，应在构件上标注构件的编号。

第八章　防水工程

第一节　屋面防水工程

屋面防水工程是房屋建筑的一项重要工程，工程质量好坏关系到建筑物的使用寿命，还会直接影响人民生产活动和生活的正常进行。据统计，导致屋面渗漏的原因有几方面：材料占 20% ~ 22%，设计占 18% ~ 26%，施工占 45% ~ 48%，管理维护占 6% ~ 15%。目前屋面防水出现许多新型材料，但是卷材防水层仍然占着重要的位置，因此本文重点谈谈屋面卷材防水的施工。

一、屋面卷材防水施工前的准备

（一）施工前的技术准备工作

屋面工程施工前，施工单位应组织技术管理人员会审屋面工程图纸，掌握施工图中的细部构造及有关技术要求并根据工程的实际情况编制屋面工程的施工方案或技术措施。这样避免施工后留下缺陷，造成返工，同时工程依据施工组织有计划地展开施工，防止工作遗漏、错乱、颠倒影响工程质量。

有了施工组织，下一步施工负责人应向班组进行技术交底。内容包括：施工的部位、施工顺序、施工工艺、构造层次、节点设防方法、增强部位及做法，工程质量标准，保证质量的技术措施，成品的保护措施和安全注意事项。

（二）对施工人员及施工程序的要求

屋面工程的防水必须由防水专业队伍或防水工施工，严禁没有资质等级证书的单位和非防水专业队伍或非防水工进行屋面工程的防水施工，建设单位或监理公司应认真地检查施工人员的上岗证。施工中施工单位应按施工工序、层次进行质量的自检、自查、自纠并且做好施工记录，监理单位做好每步工序的验收工作，验收合格后方可进行下道工序、层次的作业。

（三）对防水材料的质量要求

屋面工程所采用的防水材料应有材料质量证明文件，并经指定质量检测部门认证，确保其质量符合《屋面工程技术规范》（GB50207—94）或国家有关标准的要求。防水材料进入施工现场后应附有出厂检验报告单及出厂合格证，并注明生产日期、批号、规格、名称。施工单位应按规定取样复检，取样复检严格按照见证取样送样制度，在建设单位代表或监理单位人员见证下，由施工人员在现场抽样，送到试验室进行试验。经复检合格，提交复检试验报告合格单后方可在防水工程中应用。严禁在工程中使用不合格的防水材料，不合格材料一经发现应即刻全部撤离施工现场。

二、屋面防水施工要点

（一）施工的环境要求

为了保证施工操作以及卷材铺贴的质量，宜在 +50C ~ +350C 气温下施工；高聚物改性沥青以及高分子防水卷材不宜在负温以下施工，热熔法铺贴卷材可以在 –100C 以上的气温条件下施工，这种卷材耐低温，在负温下不易被冻坏。雨、雪、霜、雾，或大气湿度过大，以及大风天气均不宜露天作业，否则应采取相应的技术措施。

（二）对屋面排水坡度的要求

平屋面的排水坡度为 2% ~ 3%，当坡度小于等于 2% 时，宜选用材料找坡；当坡度大于 3% 时，宜选用结构找坡。天沟、檐沟的纵向坡度不应小于 1%，沟底落差不得超过 200mm。水落口周围直径 500mm 范围内坡度不应小于 5%。

（三）对屋面基层空隙、裂缝的处理

基层是预制混凝土板的，当板与板之间的缝隙宽度小于 20mm 时，采用细石混凝土灌缝，石子粒径不得大于 10mm，其强度等级不得小于 C20，并尽可能使用膨胀水泥或掺膨胀剂搅拌的混凝土进行灌缝；当板与板之间的缝隙宽度大于 40mm 时，板缝内应设 1 ф 6 钢筋或按设计要求配置的钢筋，浇筑完板缝混凝土后，应及时覆盖并浇水养护 7 天，混凝土强度等级达到 C15 时，方可继续施工。防止灌缝混凝土过早承受施工荷载的影响，确保板间的粘贴强度。

基层是现浇钢筋混凝土时，当板内存在有裂缝，应先用凿子把裂缝凿成 15 ~ 20mm 宽，深倒八字形的槽沟，然后把石渣清走，把沟槽吹干净，用填缝膏分二至三次填满裂缝，每次间隔时间必须有 15 分钟之久，填满裂缝后用滚筒压平即可。

（四）屋面找平层的要求

找平层是铺贴卷材防水层的基层，给防水卷材提供一个平整、密实、有强度、能黏结

的构造基础。因此，铺贴卷材的找平层应坚实，不得有突出的尖角和凹坑或表面起砂现象，当用 2 米长的直尺检查时，直尺与找平层表面的空隙不应超过 5mm，空隙只允许平缓变化，且每米长度内不得超过一处。找平层相邻表面构成的转角处，应做成圆弧或钝角。

当基层为整体混凝土时，采用水泥砂浆找平层，厚度为 20mm，水泥与砂浆比为 1 ∶ 2.5 ~ 1 ∶ 3（体积比），水泥标号不低于 42.5。找平层还要设分格缝，并嵌填密封材料，这样可避免或减少找平层开裂，以至于当结构变形或温差变形时，防水层不会形成裂缝，导致造成渗漏。郑州誉丰：上街区济源路金路粤商务 702 缝宽为 20mm，分格缝的纵向和横向间距不大于 6m，分格缝的位置设在屋面板的支端，屋面转角处防水层与突出屋面构件的交接处，防水层与女儿墙交接处等。且应与板端的缝对齐，均匀顺直。

水泥砂浆找平层施工时，先把屋面楼板杂物清理干净并洒水湿润。在铺设砂浆时，按由远到近，由高到低的程序进行，每分格内一次连续铺成，按设计控制好坡度，用 2m 以上长度刮杆刮平，待砂浆稍收水后，用抹子压实抹平，12 小时后用草袋覆盖，浇水养护。对于突出屋面上的结构和管道根部等细部节点应做圆弧、圆锥台或方锥台，并且用细石砼制成，以避免节点部位卷材铺贴折裂，利于粘实粘牢。

1. 水落口：周围 500mm 范围内做成，坡度 ≥5%，且平滑。

2. 女儿墙、出屋面烟道、楼梯层的根部做成圆弧，半径为 80mm，用细石砼制成。

3. 伸出屋面管道根部周围，用细石砼做成方锥台，锥台底面宽度 300mm，高 60mm，整平抹光。

（五）基层处理剂

为了加强防水卷材与基层之间的黏结力，保证整体性，在防水层施工前，预先涂刷在基层上的涂料。常用的基层处理剂有冷底子油及与各种高聚物改性沥青卷材和合成高分子卷材配套的底胶（基层处理剂），选用时应与卷材的材质相容，以免卷材受到腐蚀或不相容黏结不良脱离。

冷底子油、基层处理剂喷、涂前要检查找平层的干燥并清扫干净，然后用毛刷对屋面的节点、周边、拐角等部位先行处理，最后才能大面积喷、刷。喷、刷要薄而均匀，不能够漏白或过厚起皮。冷底子油在铺贴前 1 ~ 2 天涂刷，基层处理剂涂刷后 4 天左右干燥才铺贴卷材。

（六）卷材的铺贴

1. 卷材的铺贴方向。卷材的铺设方向应根据屋面坡度和屋面是否有振动来确定。当屋面坡度小于 3% 时，卷材宜平行于屋脊铺贴；屋面坡度在 3% ~ 15% 时，卷材可平行或垂直于屋脊铺贴；屋面坡度大于 15% 或受震动时，沥青卷材应垂直于屋脊铺贴，其他可根据实际情况考虑采用平行或垂直屋脊铺贴。由檐口向屋脊一层层地铺设，各类卷材上下应搭接，多层卷材的搭接位置应错开，上下层卷材不得垂直铺贴。

2. 贴卷材的顺序。防水层施工时，应先做好节点、附加层和屋面排水比较集中部位（如屋面与水落口连接处，檐口、天沟、檐沟、屋面转角处、板端缝等）的处理，然后由屋面最低标高处向上施工。铺贴天沟、檐沟卷材时，宜顺天沟、檐口方向，减少搭接。

铺贴多跨和有高低跨的屋面时，应按先高后低、先远后近的顺序进行。

3. 卷材搭接方法及宽度。铺贴卷材采用搭接法，上下层及相邻两幅卷材的搭接接缝应错开。平行于屋脊的搭接缝应顺水流方向搭接：垂直于屋脊的搭接缝应顺当地与主导风向搭接。叠层铺设的各层卷材，在天沟与屋面的连接处应采用交叉接法搭接，搭接缝应错开；接缝宜留在屋面或天沟侧面，不宜留在沟底。

坡度超过 25% 的拱形屋面和天窗下的坡面上，应尽量避免短边搭接，必须短边搭接时，在搭接处应采取防止卷材下滑的措施。

（七）防水卷材细部做法

泛水与屋面相交处基层应做成钝角（>1350）或圆弧（R=50 ~ 100mm），防水层向垂直面的上卷高度不宜小于 250mm，常为 300mm；卷材的收口应严实，以防收口处渗水，卷材防水檐口分为自由落水、外挑檐，女儿墙内天沟几种形式，其构造简图如下图所示。

（八）对屋面防水卷材保护

防水卷材铺贴完成之后，必须做好保护，以免影响防水效果。在防水层面上铺 300mm × 300mm 膨胀珍珠岩隔热块，再在其上面加设一层 3cm 厚水泥砂浆保护层，该层内布钢丝网，保护层设分格缝，缝内用密封材料填充，更好地保护防水层。

三、注意事项

为了阻断来自室内的水蒸气影响，引起屋面防水层出现起鼓现象，一般构造上常采取在屋面的保温层内设置排气道和其上做隔汽层（如油纸一道，或一毡两油，或一布两胶等），阻断水蒸气向上渗透。排气道间距宜为 6 米纵横设置，不得堵塞，并同与大气连通的排气孔相连，排水屋面防水层施工前，应检查排气道是否被堵塞，并加以清扫、疏通。

做好屋面卷材防水层并不是一件很困难的事情，只要我们按照屋面卷材防水工序施工，层层落实，严格把关，认真按规范做好每步工作，就可以杜绝施工造成的屋面漏水。

第二节　地下防水工程

一、施工前的准备工作

1. 承包人应结合现行标准规范以及施工图纸的具体要求，编制地下防水工程施工专项方案，并上报监理机构及发包人现场工程部审核；杜绝无方案或虽有方案但未批准就施工的现象。

2. 工程部应按如下要求审核地下防水工程施工专项方案：

1）施工工艺（模板支撑体系、钢筋工程绑扎、防水砼浇捣、防水层施工等）能否满足规范及设计图纸有关工程质量方面的系列要求；

2）各工作内容不同工艺过程的质量检查标准是否清楚，关键质量点的保证措施是否到位并具有可操作性；

3）场地布置（包括场内交通组织、场地排水、安全围护）及标化建设等，是否满足国家、浙江省及杭州市（含开发区）的相关规定以及正常工期的要求等；

4）人、材、机的配置能否满足施工质量、进度及安全施工的要求；工程施工所用工具、机械、设备应配备齐全，并经过检修试验后备用；

5）施工组织（包括工作段划分）及工期计划能否满足总工期的要求；

6）应急预案是否全面到位，应急措施是否具有可操作性；

7）如地下室结构模板工程为高大模板支撑系统的（高大模板支撑系统是指建设工程施工现场混凝土构件模板支撑高度超过 8m，或搭设跨度超过 18m，或施工总荷载大于 15kN/ ㎡，或集中线荷载大于 20kN/m 的模板支撑系统），其专项施工方案应按杭州市的有关规定进行论证，通过论证后方可作为现场施工的依据。

3. 工程部所需做的各项准备工作。工程部人员（包括安装专业）应在地下防水工程施工前做好下列各项工作：

1）熟悉图纸、把握设计意图，明确施工重点及难点（以及可能采取的相应的质量保证措施）；

2）熟悉相关标准规范图集，了解地下防水工程施工的主要施工工艺、方法，和主要施工要求（包括验收标准）；熟悉材料验收标准（包括取样试验要求等）、把好材料验收关；

3）熟悉地下防水工程施工期间，常见的安全问题及防范措施等；

4）分析讨论地下防水工程施工期间，潜在的质量及安全危险因素，把握关键环节及主要因素的防范措施（尤其常见的安全预案应急措施等）。

4. 核查承包人确定相应资质的专业防水施工队伍和支模架搭设架子工，主要施工人员的有效执业资格证书。

5. 核查工程所选防水材料的出厂合格证书和性能检测报告，是否符合设计要求及国家规定的相应标准。对进场防水材料应规范要求进行见证抽样复验，不合格的防水材料严禁用于工程。合格的进场材料应按品种、规格妥善放置、有专人保管。

6. 监督检查承包人是否采取措施防止地面水流入基坑；是否做好基坑的降排水工作，要稳定保持地下水位在基底最低标高 0.5m 以下，直至施工完毕。

7. 监督做好施工现场消防、环保、文明工地等准备工作。

二、施工过程中的控制

（一）防水结构工程施工：

1. 施工工艺流程

施工准备→绑扎钢筋、支模→混凝土搅拌→混凝土运输→混凝土浇筑→养护→拆模→质量验收。

2. 模板工程施工的控制

1)地下室工程模板采用木模板，模板拼缝应严密，不漏浆、不变形，吸水性小，支撑牢固，应在浇筑前用水充分湿润其表面。

2）模板构造应牢固稳定，可承受混凝土拌合物的侧压力和施工荷载，且应装拆方便。

3）地下外墙模板对拉螺栓采用止水螺栓，止水环规格 50×50×3mm。止水环与螺栓必须满焊。止水环两端根据墙体厚度焊顶模棍（墙厚定位），规格尺寸如下图：

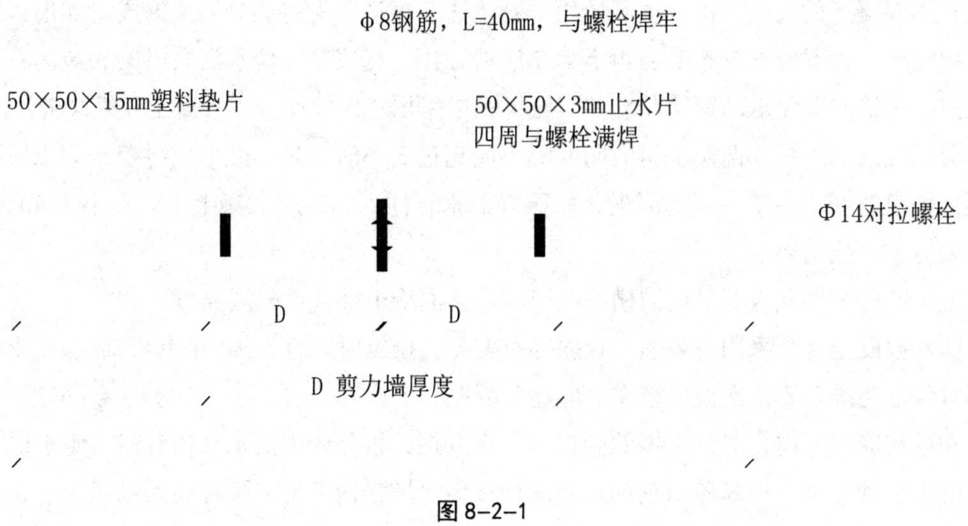

Φ8钢筋，L=40mm，与螺栓焊牢

50×50×15mm塑料垫片

50×50×3mm止水片
四周与螺栓满焊

Φ14对拉螺栓

D D

D 剪力墙厚度

图 8-2-1

3. 钢筋工程施工的控制

1）做好钢筋绑扎前的除污、除锈工作。

2）绑扎钢筋时，应按设计规定留足保护层，且迎水面钢筋保护层厚度不应小于50mm。应以相同配合比的细石混凝土或水泥砂浆制成垫块，将钢筋垫起，以保证保护层厚度，严禁以垫铁或钢筋头垫钢筋，或将钢筋用铁钉及钢丝直接固定在模板上。

3）钢筋应绑扎牢固，避免因碰撞、振动使绑扣松散、钢筋移位，造成露筋。

4）钢筋及绑扎钢丝均不得接触模板。采用铁马凳架设钢筋时，在不便取掉铁马凳的情况下，应在铁马凳上加焊止水环。

5）地下室外墙局部钢筋绑扎完成后发现保护层偏大时应加以调整满足规范要求，并按图纸要求加设构造网片。

4. 防水混凝土浇捣的控制

①混凝土运输：

混凝土采用预拌混凝土，混凝土运输过程中，尽量减少运输中转环节，尽快到达浇筑现场，以防止混凝土拌和物产生分层、离析现象。同时要防止漏浆。

混凝土拌合物运至浇筑地点后，先要进行混凝土和易性和坍落度检查，本工程抗渗混凝土坍落度要求 140 ~ 160mm。如出现分层、离析现象或坍落度损失后不能满足施工要求时，应将预拌混凝土退回搅拌站重新搅拌，严禁直接加水搅拌。

注意坍落度损失，浇筑前坍落度每小时损失值不应大于 30mm，坍落度总损失值不应大于 60mm。

②混凝土浇筑：

浇捣混凝土前，必须对模板做一次全面检查，模板内杂物和建筑垃圾必须清理干净，模板缝隙超过 2mm 的应用发泡剂堵塞，模板及老混凝土必须浇水湿润，施工缝处须套浆。底板及梁混凝土的浇捣，由一端开始用“赶浆法”推进，先将梁分层浇捣成阶梯形，第一层下料慢些，使梁底充分振实后再下第二层料，用“赶浆法”使水泥浆沿梁底包裹石子向前推进，振捣时避免触动钢筋及埋件。振捣完毕采用二次抹面减少混凝土收缩裂缝。

分层浇筑时，相邻两层浇筑时间间隔不应超过 2 小时，且不能形成冷缝，第二层防水混凝土浇筑时间应在第一层初凝前，将振捣器垂直插入到下层混凝土中应不小于 50mm，插入要迅速，拔出要缓慢。

地下室剪力墙浇筑要采用溜槽或串筒，防止混凝土拌合物分层离析。

防水混凝土必须采用高频插入式振捣器振捣，振捣时间宜为 10 ~ 30s，以混凝土泛浆和不冒气泡为准。要依次振捣密实，应避免漏振、欠振和超振。

在砼初凝时间内，对已浇捣的砼进行一次复振，排除砼因泌水在粗骨料、水平筋下部生成的水分和空隙，提高砼与钢筋之间的握裹力。增强密实度，按标高用刮尺刮平，在初凝前用木蟹抹平、压实，以闭合收水裂缝。

浇捣混凝土时派钢筋工和木工观察钢筋和模板，预留孔洞、预埋件、插筋等有无位移变形或堵塞情况，发现问题及时校正。

③拆模：

防水混凝土不宜过早拆除模板。拆模时间要由现场施工员严格控制，必须按规范规定设置与构件砼同条件养护的砼试块，待试块强度达到设计和规范规定的强度要求后再拆底模。

炎热季节拆模时间以早、晚间为宜，应避开中午或温度最高的时段。

5. 混凝土养护

（1）混凝土养护应在浇筑完毕后 12h 内进行，派专人看护浇水湿润，视气温情况，按施工规范进行养护。一般在混凝土进入终凝（浇筑后 4 ～ 6h）即应覆盖，并浇水养护。夏天加盖湿草包或塑料薄膜养护；冬季做好防冻保暖工作，防止结冰以避免混凝土在初凝时受冻而使结构存在隐患。

（2）防水混凝土的养护对其抗渗性能影响极大，特别是早期湿润养护更为重要，浇水湿润养护不少于 14d。因为在湿润条件下，混凝土内部水分蒸发缓慢，不致形成早期失水，有利于水泥水化，特别是浇筑后的前 14d，水泥硬化速度快，强度增长几乎可达 28d 标准强度的 80%，由于水泥充分水化，其生成物将毛细孔堵塞，切断毛细通路，并使水泥石结晶致密，混凝土强度和抗渗性均能很快提高；14d 以后，水泥水化速度逐渐变慢，强度增长亦趋缓慢，虽然继续养护依然有益，但对质量的影响不如早期大，所以应注意前 14d 的养护。

（3）对于大体积防水混凝土应采取保温保湿养护、并控制内外温差，混凝土中心温度与表面温度的差值不应大于 25℃，混凝土表面温度与大气温度的差值不应大于 25℃。控制升温和降温速度。升温速度：对表面系数小于 6 的结构，不宜超过 60℃ /h；对表面系数等于和大于 6 的结构，不宜超过 8℃ /h，恒温温度不得高于 50℃；降温速度：不宜超过 5℃ /h。

6. 特殊部位的质量控制

1）穿墙套管、预埋件的预埋

穿墙套管必须设止水环，安装套管式以不破坏墙柱受力钢筋为原则，因套管过大而必须切断受力筋时，必须按规范要求在套管四周加设附加筋。套管及预埋件与钢筋骨架焊接牢固，并应经防腐处理。

2）止水带安装

按照图纸设计要求后浇带，施工缝部位安装，安装时橡胶止水带必须做好保护，防止破损。钢板止水带要注意接缝必须四周严密，焊缝饱满防止接缝漏水。止水带安装必须牢固、位置正确，防止砼浇捣过程中移位变形，影响止水效果。

3）施工缝的处理

①底板混凝土以后浇带为分界线，分段施工，每段内连续浇筑，不留置施工缝。

②剪力墙外墙施工缝留置

导墙处水平施工缝留置于距基础梁顶面 500m 处，防水节点采用钢板止水带。具体做法详见地下室施工图防水节点构造。

剪力墙外墙后浇带位置按设计，防水构造采用橡胶止水带及钢板止水带，具体做法按设计图纸。

剪力墙外墙竖向施工缝以后浇带位置留置，防水构造采用钢板止水带，具体做法详见地下室防水节点构造。

4）后浇带处理

混凝土底板未达到龄期之前，产生大量水化热，引起收缩，如果底板较长，在收缩过程中会发生中间部位断裂。所以预先在底板中间部位留出 80cm 宽的缝。40 天左右后浇带两侧的混凝土达到了龄期，停止了收缩后，再作后浇带，或按图纸设计要求时间经行封闭。

5）止水螺杆的处理

模板拆除后应及时将之水螺杆切割，凿除固定墙厚的保护木片或塑料片，及时用 1:2 膨胀水泥砂浆封堵，封堵要分层修补，以免出现收缩裂纹，修补完成后应进行洒水养护 3 日以上。

7. 抗渗混凝土试块的留置

①用于检验结构构件砼质量的试件，应在砼的浇筑地点随机取样制作。

②抗渗混凝土的试件组数除按常规留置以外还应按下列规定留置：连续浇筑混凝土每 500m³ 留置一组抗渗试件（一组为 6 个抗渗试件），且每项工程不得少于两组。

③同时应按规范要求留置只够的标准养护和同条件养护抗压强度事件，一般按每 100m³ 取样一次，当一次连续浇捣超过 1000m³ 时，同一配合比的混凝土每 200m³ 取样一次。

8. 质量要求

①防水混凝土的原材料、配合比及坍落度必须符合设计要求。

②防水混凝土的抗压强度和抗渗压力必须符合设计要求。

③防水混凝土的变形缝、施工缝、后浇带、穿墙管道；埋设件等设置和构造，均必须符合设计要求，严禁有渗漏。

④混凝土在浇筑地点的坍落度，每工作班至少检查两次。

⑤防水混凝土抗渗性能，采用标准条件下养护混凝土抗渗试件的试验结果评定。试件在浇注地点制作。

⑥防水混凝土的施工质量检验数量，应按混凝土外露面积每 100 ㎡抽查 1 处，每处 10 ㎡，且不得少于 3 处；细部构造应按全数检查。

⑦防水混凝土结构表面应坚实、平整，不得有露筋、蜂窝等缺陷，埋件设置位置正确。

⑧防水混凝土结构表面的裂缝宽度不应大于 0.2mm，并不得贯通。

⑨采用防水混凝土的构件，迎水面受力钢筋保护层厚度不应小于 50mm。

9. 成品保护

保护钢筋、模板的位置正确，不得踩踏钢筋和改动模板。

在拆模或吊运物件时，不得碰坏施工缝及撞坏止水带。

在支模、绑扎钢筋、浇筑混凝土等整个施工过程中注意保护后浇带部位的清洁，不得任意将建筑垃圾抛在后浇带内。

保护好穿墙管、电线管、电门盒及预埋件的位置，防止振捣时挤偏或将预埋件凹进混凝土内。

（二）防水层施工

1. 底板双面自粘防水卷材施工

1）施工工艺流程

基层清理→涂刷基层处理剂→节点加强处理→确定铺贴卷材基准线→铺设自粘防水卷材→节点密封→ 50 厚 C20 细石混凝土浇筑→工作面移交

2）施工操作要点

①清理基层

防水基层表面应平整，其强度等级应达到设计要求，不得有空鼓、裂缝、起砂、脱皮等缺陷；且管子根、阴阳角等部位应做成圆弧，圆弧半径≥ 50mm，以便卷材粘贴。

防水基层、穿墙管件、变形缝、后浇带等部位必须符合设计和规范的规定，并验收合格。

在垫层混凝土上砌好保护墙，抹好防水基层并干燥。

高聚物改性沥青防水卷材，进入施工现场按规定要进行抽样复验。不合格的材料绝对不能应用在地下防水工程上。

在涂刷基层处理剂之前，必须将防水基层彻底打扫干净，清除一切杂物，棱角处的灰尘用吹尘器吹净，并随时保持干净。

②涂刷基层处理剂

基层清理干净后，用自粘防水卷材配套基层处理剂涂刷于基层上，晾放至指触不粘（不粘脚）；

用滚刷蘸基层处理剂认真滚刷，阴阳角处用油漆毛刷涂刷，要求涂刷均匀、薄厚一致，切勿反复滚刷、漏刷，不得有麻点、露底现象。

③铺贴附加层

地下室底板的积水坑、电梯井等阴阳角、穿墙管、变形缝等薄弱部位要铺贴附加层，宽度不小于 500mm，两边均匀搭接 250mm，在由三个面组成的阴角、底板外侧立在与平面交接处阴角以及防水容易被从外侧损坏的地方，还需在防水外面加第二层附加保护层。附加层必须经项目质检员验收合格后方可进入下道工序。附加层可根据不同部位选用满粘、点粘或空铺；阴阳角附加层剪裁成型图见下图：

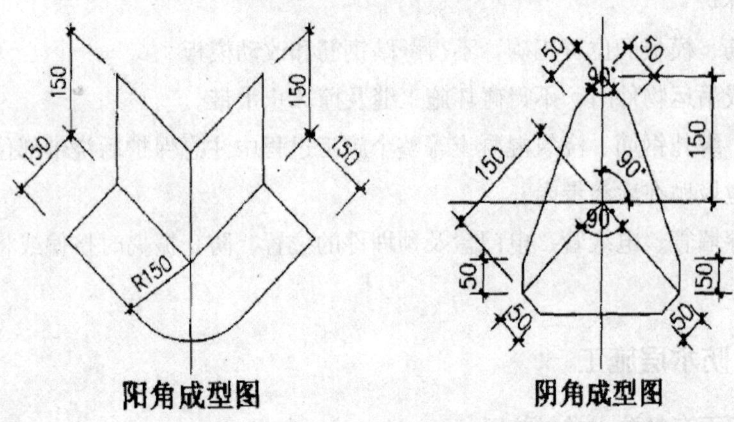

图 8–2–2

④铺贴大面积卷材

根据现场实际情况，安排好铺贴顺序及方向，宜在基层上弹线，以便第一幅卷材定位准确；

将卷材黏结面对准基准线平铺在基面上，从一端将隔离纸从背面揭起，两人拉住揭下的隔离纸均匀用力向后（或由上而下）拉，慢慢将整幅长的隔离纸全部拉出，同时将揭掉隔离纸的部分粘贴在基层上。在拉铺卷材时，应随时注意与基准线对齐，速度不宜过快，以免出现偏差难以纠正。卷材粘贴时，不得用力拉伸。卷材粘贴后，随即用胶辊（或刮板）用力向前、向外侧滚（赶）压，排出空气，使之牢固粘贴在基层上；

搭接铺贴下一幅卷材时，将位于下层的卷材搭接部位的透明隔离膜揭起，将上层卷材平服粘贴在下层卷材上，卷材搭接宽度不小于 60mm；

⑤封边处理

相对薄弱的部位（即卷材收头部位、卷材剪裁较多的异形部位等）应采用专用密封膏密封。

⑥防水卷材的搭接

防水卷材长边及短边搭接均不小于 100mm。同一层相邻两幅卷材的横向接缝，应彼此错开 1.5m 以上，避免接缝部位集中。

上层卷材纵横接缝与下层卷材接缝宜相互错开 1/3 ~ 1/2 幅宽。且两层卷材不得相互垂直铺贴。地下室立面与底板面的交接处，卷材的接缝应留在底板平面止，距离立面应不小于 600mm。

防水卷材在临时保护墙处，应先铺立面，拐入平面 600mm，再铺底板卷材。

3）施工注意事项

①基层质量直接影响到卷材防水层的铺贴质量。基面一定要坚实、平整、清洁、干燥，无疏松麻面、无浮杂污物；阴阳角做成顺直的圆弧形。

②涂刷基层处理剂时要用力薄涂，厚薄均匀，不漏底，不堆积。基层处理剂干燥后要

及时铺贴卷材，否则落上过多灰尘则需重新涂刷。

③同层相邻两幅卷材的短边接缝及上下两层卷材之间的所有搭接缝应相互错开 1/3-1/2 幅宽，以免多层接头重叠而使得卷材粘贴不平服。

④粘贴大面卷材时，不要将卷材背面搭接部位的透明隔离膜过早揭掉，以免污染黏结层或误粘。如卷材需要黏结的 HDPE 膜面有污染，可用专用基层处理剂清洗。

⑤避开雨雪、高温及五级以上大风等恶劣天气施工。

⑥施工完毕并通过验收后应及时隐蔽，如因特殊情况无法及时隐蔽，应采取有效的临时保护措施。

⑦地下室底板卷材防水层与桩头涂膜防水层交接处的处理必须满足规范和图纸设计要求。防止因防水不到位而存在渗水隐患。

4）质量标准

①所用材料及主要配套材料必须符合设计要求和规范规定。

②卷材防水层及其变形缝、预埋管件等细部做法必须符合设计要求和规范规定。

③防水层严禁有渗漏现象。

④基层坚固、平整，表面光滑、洁净，不得有空鼓、松动、起砂和脱皮现象。

⑤铺设方法和搭接、收头符合设计要求、规范和防水构造图。

⑥卷材的铺贴方向正确，搭接宽度允许偏差为 ± 10mm。

底板防水卷材层施工完成经验收合格后，应立即进行细石混凝土保护层施工。细石混凝土保护层应用平板振捣器振捣，初凝前用铁抹子随打随抹实。并进行浇水养护。

2. 地下室外墙双面自粘防水卷材施工

1）施工流程

清理基面→湿润基层（如基层湿润无须此项工序）→定位、弹线→搅拌并铺抹水泥浆→铺贴卷材→提浆、排气、晾放→搭接边密封→卷材收头、密封→检查验收

2）基层要求

地下室外墙止水螺栓突出墙面的部分用气焊割除，并用扁口錾子修整周围混凝土后，用 1 ：2 膨胀水泥砂浆修补平整。

模板拼缝处砼错台用磨光机打磨平整，麻面、气孔用 1 ：2 水泥砂浆抹实压光，将外墙面上附着的砂浆疙瘩等杂物清除干净，保持外墙面牢固、平整、清洁、干燥，无空鼓、裂缝。

外墙阳角用磨光机打磨出圆弧角，半径不小于 50mm。

出墙面的管根用 1 ：2 水泥砂浆抹出半径不小于 50mm 的圆弧角，注意管道连续集中处，管与管之间的管根也要处理到位，防止遗漏。

墙面顶部防水收头处的凹槽，清理干净后用 1 ：2 的水泥砂浆抹出凹槽槽口，阴阳角部位抹成圆弧角。

各种预埋构、配件已安装完毕，固定牢固。

3）施工方法

①清除基层表面的灰尘、杂物，干燥的基面预先洒水润湿；

②根据现场基层平整度情况，确定水泥浆铺抹厚度，厚度通常为 3 ~ 5mm，在卷材铺贴范围内抹水泥浆（范围不宜过大、边抹边铺）；

③揭掉自粘防水卷材下表面的隔离膜，将自粘防水卷材平铺在刚刚铺抹的砂浆上；

④第一幅卷材铺贴完毕后，再抹水泥浆，铺设第二幅卷材，以此类推；

⑤用抹子或橡胶板拍打、赶压卷材上表面，提浆、排出卷材下表面的空气，使卷材与砂浆紧密贴合；

⑥根据现场情况，可选择铺贴卷材时进行搭接或在水泥浆具有足够强度时再进行搭接。搭接时，将位于下层的卷材搭接部位的透明隔离膜揭起，将上层卷材平服粘贴在下层卷材上，卷材搭接宽度不小于 60mm；

⑦卷材铺贴完毕后，将卷材收头、管道包裹等部位用密封膏密封严密。

4）施工注意事项

①施工防水层之前，须将各种管道及预埋件安装固定好，以避免在防水层施工好后，打洞凿孔，破坏防水层，留下渗漏隐患。

②铺贴方向：外墙双面自粘防水卷材应沿着外墙垂直方向由下至上铺贴。满粘法施工，粘贴密实，严禁空鼓。

相邻两排卷材的短边接头应相互错开 1/3 幅宽以上，以免多层接头重叠而使得卷材粘贴不平服。

③滚铺卷材时水泥浆不要污染卷材边缘的自粘胶面，若有不慎污染要及时清理干净。

④在侧墙上自粘防水卷材铺贴时，铺抹水泥浆应上下多人配合加快速度，并于水泥浆表面失水前粘贴卷材，施工中若铺抹好的水泥浆失水过快，可在表面重新用宽幅软刷子刷上适量清水使其表面恢复黏性和流动性。

⑤避开雨雪、高温、五级以上大风等恶劣天气施工。

⑥施工完毕并通过验收后应及时隐蔽，如因特殊情况无法及时隐蔽，应采取有效的临时保护措施。

⑦搭接要求

外墙双面自粘防水卷材搭接要求与底板防水卷材和搭接要求基本相同，但同一层卷材长边搭接搭接≥ 100mm，短连搭接应≥ 150mm。

⑧封边处理，检查验收

外墙每层防水卷材铺贴完后，应进行封边处理，封边要求同底板防水卷材相应做法。

防水卷材铺贴完成，经自检合格，报总包、监理验收。

经监理验收合格后，将聚苯板紧贴防水卷材后立即进行土方回填。保护层及灰土回填过程中，应注意对防水卷材的成品保护。

5）质量标准

①所用材料及主要配套材料必须符合设计要求和规范规定。

②卷材防水层及其变形缝、预埋管件等细部做法必须符合设计要求和规范规定。

③防水层严禁有渗漏现象。

④基层坚固，不得有空鼓、松动、起砂和脱皮现象。

⑤铺设方法和搭接、收头符合设计要求、规范和防水构造图。

⑥卷材的铺贴方向正确，搭接宽度允许偏差为 ±10mm。

6）成品保护及注意事项。

（1）地下室做完防水层后应及时采取保护措施，禁止穿硬底鞋人员在防水层上行走或堆放物品，以免造成渗漏隐患。

（2）外防外贴的立墙防水层甩茬部分一定要保护好，防止碰伤或损坏，以便立墙防水层的搭接。

（3）底板上绑扎钢筋，或浇筑细石混凝土保护层时，施工现场应有防水工看护，如有碰破防水层时，必须立即修复，以免留下渗漏隐患。

（4）高聚物改沥青防水卷材采取热熔法施工，现场严禁吸烟，办好现场用火证，并配备适量的干粉灭火器等消防器材。

（5）地下室防水工程如发生渗漏，多在阴阳角、穿墙管处、变形缝、后浇带或桩头等防水薄弱部位，这些部位一定要做好附加层，认真操作，确保防水质量。

（6）施工防水层之前，须将穿墙或穿板管道及预埋件等安装固定好，以避免在防水层施工好后因打洞凿孔而破坏防水层、留下渗漏隐患。

三、成品保护技术措施

1）地下防水施工工序要组织得当，防水施工完成验收后及时组织保护层施工，底板防水卷材施工完毕验收后，及时组织保护层施工，使防水及时隐蔽保护。地下室外墙防水施工保护层时，要及时组织回填土施工，使卷材防水及其保护层及时隐蔽保护。

2）冷底子油未干透之前，禁止任何闲杂人员进入现场，由项目栋号施工员负责。

3）防水保护层未施工前，严禁任何穿带钉子鞋的人员进入施工现场，以免破坏防水层。

4）浇注砼保护层时，所用的手推车等直接接触防水层的铁件，必须用橡胶垫包扎牢固，避免破坏防水层。一旦发现破损，立即进行返修，否则不得进行保护层施工。

5）安装施工进户管线时，注意不得破坏卷材防水及其保护层，施工管理人员及时提醒注意防水保护。

6）必须在防水层上打洞破坏防水层时，应有补救方案经批准后施工，施工时注意检查各道工序质量。

7）卷材平面防水层施工，不得在防水层上放置材料及作为施工运输车道。底板防水细石混凝土保护层没施工前和施工后强度没达到前，严禁在防水层上堆放各种材料。

8）严禁在卷材防水附近或防水层上使用电焊、火焊，高空在卷材防水部位动用电焊，应设防护措施和设直接火盆。

9）监督施工班组和操作人员，做好成品保护和隐蔽前的检查工作。

第九章 装饰工程

第一节 楼地面装饰施工工艺

一、地面铺石材

（一）施工准备

1. 材料

1）石材（由石材厂加工的成品）的品种、规格、质量应符合设计和施工规范要求。

2）水泥：32.5 号普通硅酸盐水泥或矿渣硅酸盐水泥，并准备适量擦缝用白水泥。

3）砂：中砂或粗砂。

4）石材表面防护剂。

2. 作业条件

大理石板块进场后应堆放在室内，侧立堆放，底下应加垫木方。并详细核对品种、规格、数量、质量等是否符合设计要求，有裂纹、缺棱掉角的不得使用。需要切割钻孔的板材，在安装前加工好。石材加工安排在场外加工。室内抹灰、水电设备管线等均已完成。房内四周墙上弹好 +50cm 水平线。施工前应放出铺设大理石地面的施工大样图。

（二）操作工艺

1. 熟悉图纸：以施工图和加工单为依据，熟悉了解各部位尺寸和做法，弄清洞口、边角等部位之间关系。

2. 试拼：在正式铺设前，对每一房间的大理石（或花岗石）板块；应按图案、颜色、纹理试拼。试拼后按两个方向编号排列，然后按编号放整齐。

3. 弹线：在房间的主要部位弹出互相垂直的控制十字线，用以检查和控制大理石板块的位置，十字线可以弹在混凝土垫层上，并引至墙面底部。

4. 试排：在房内的两个相互垂直的方向，铺两条干砂，其宽度大于板块，厚度不小于 3cm。根据图纸要求把大理石板块排好，以便检查板块之间的缝隙，核对板块与墙面、柱、洞口等的相对位置。

5. 基层自理：在铺砌大理石板之前将混凝土垫层清扫干净（包括试排用的干砂及大理石块），然后洒水湿润，扫一遍素水泥浆。

6. 铺砂浆：根据水平线，定出地面找平层厚度，拉十字线，铺找平层水泥砂浆，找平层一般采用 1 ∶ 3 的干硬性水泥砂浆，干硬程度以手捏成团不松散为宜。砂浆从里往门口处摊铺，铺好后刮大杠、拍实，用抹子找平，其厚度适当高出根据水平线定的找平层厚度。

7. 铺大理石块：一般房间应先里后外进行铺设，即先从远离门口的一边开始，按照试拼编号，依次铺砌，逐步退至门口。铺前将板块预先浸湿阴干后备用，在铺好的干硬性水泥砂浆上先试铺合适后，翻开石板，在水泥砂浆上浇一层水灰比 0.5 的素水泥浆，然后正式镶铺。安放时四角同时往下落，用橡皮锤或木槌轻击木垫板（不得用木槌直接敲击大理石板），根据水平线用水平尺找平，铺完第一块向两侧和后退方向顺序镶铺，如发现空隙应将石板掀起用砂浆补实再行安装。大理石板块之间，接缝要严，不留缝隙。

8. 打蜡：当各工序完工不再上人时可打蜡达到光滑洁亮。

（三）质量标准

1. 主控项目

1）大理石面层所用板块的品种、规格、颜色和性能应符合设计要求。

2）面层与下一层应结合牢固，无空鼓。

3）饰面板安装工程的预埋件、连接件的数量、规格、位置、连接方法和防腐处理必须符合设计要求。

2. 一般项目

1）大理石面层的表面应洁净、平整、无磨痕，且应图案清晰、色泽一致、接缝均匀、周边顺直、镶嵌正确、板块无裂纹、掉角、缺楞等缺陷。

2）大理石面层的允许偏差应符合质量验收规范的规定。

表面平整度：2mm

缝格平直：2mm

接缝高低：0.5mm

踢脚线上口平直：2mm

板块间隙宽度：1mm

（四）石材六面防护剂涂刷时需注意的事项

涂刷石材的防护必须待石材的水分干透后方可涂刷。如水分还未干透，工期赶紧的情况下，可先刷五面防护剂，正面待项目完成后石材面水分完全蒸发后才做最后一道的正面石材防护剂处理，最后石材打蜡。石材防护剂的涂刷如处理得不好，会把石材的水分封闭在石材里跑不出来，造成石材里保留水影，一旦形成水影后，此类质量问题就非常难处理和修复了。

二、复合地板地面

（一）施工准备

材料

1. 面层材料

（1）材质：宜选用耐磨、纹理清晰、有光泽、耐朽、不易开裂、不易变形的国产优质复合木地板，厚度应符合设计要求。

（2）规格：通常为条形企口板 .

（3）拼缝：企口缝。

2. 基层材料

防潮垫。

（二）作业条件

1. 施工程序

水泥砂浆找平油光—垫复合木地板防潮垫—复合木地板层板安装。

2. 施工要点

（1）面层铺设施工

面层施工主要是包括面层开板条的固定及表面的饰面处理。固定方式以钉接固定为主。即用元钉将面层板条固定在水泥地面上。

1）条形木地板的铺设方向应考虑铺钉方便，固定牢固，使用美观的要求。对于走廊、过道等部位，应顺着行走的方向铺设；而室内房间，宜顺着光线铺钉。对于大多数房间来说，顺着光线铺钉，同行走方向是一致的。

2）以墙面一侧开始，将条心木板材心向上逐块排紧铺钉，缝隙不超过 1MM，圆钉的长度为板厚的 2.0 ~ 2.5 倍。硬木板铺钉前应先钻孔，一般孔径为钉径 0.7 ~ 0.8 倍。

3）用钉固定，在钉法上有明钉和暗钉两种钉法。明钉法，先将钉帽砸扁，将圆钉斜向钉入板内，同一行的钉帽应在同一条直线上，并须将钉帽冲入板 3 ~ 5MM。暗钉法，先将钉帽砸扁，从板边的凹角处，斜向钉入。在铺钉时，钉子要与表面呈一定角度，一般常用 45 度或 60 度斜钉入内。

（三）施工注意事项

1. 一定要按设计要求施工，选择材料应符合选材标准。

2. 木地板靠墙处要留出 9MM 空隙，以利通风。在地板和踢脚板相交处，如安装封闭木压条，则应在木踢脚板上留通风孔。

3. 实铺式木地板所铺设的油毡防潮层必须与墙身防潮层连接。

4. 在常温条件下，细石混凝土垫层浇灌后至少 7D，方可铺装复合木地板面层。

6. 木地板的铺设方向：以房间内光线进入方向为木地板的铺设方向。

（四）质量标准

1. 主控项目

（1）复合地板面层所采用的条材和块材，其技术等级和质量要求应符合设计要求。

（2）面层铺设应牢固；粘贴无空鼓

2. 一般项目

（1）实木复合地板面层图案和颜色应符合设计要求，图案清晰，颜色一致，板面无翘曲。

（2）面层的接头位置应错开、缝隙严密、表面洁净。

（3）踢脚线表面应光滑，接缝严密，高度一致。

复合木地板面层的允许偏差应符合质量验收规范的规定。

实木复合地板面层

检验方法

（1）板面缝隙宽度 2.0 用钢尺检查

（2）表面平整度 2.0 用 2m 靠尺及楔形塞尺检查

（3）踢脚线上口平齐 3.0

（4）板面拼缝平直 3.0 拉 5m 通线，不足 5m 拉通线或用钢尺检查

（5）相邻板材高差 0.5 用尺量和楔形塞尺检查

（6）踢脚线与面层的接缝 0.1 楔形塞尺检查

三、地面铺瓷砖

（一）施工准备

1. 材料要求

（1）水泥：32.5 级以上普通硅酸盐水泥或矿渣硅酸盐水泥；

（2）砂：粗砂或中砂，含泥量不大于 3%，过 8mm 孔径的筛子；

（3）瓷砖：进场验收合格后，在施工前应进行挑选，将有质量缺陷的先剔除，然后将面砖按大中小三类挑选后分别码放在垫木上。

2. 主要机具

小水桶、半裁桶、笤帚、方尺、平锹、铁抹子、大杠、筛子、窄手推车、钢丝刷、喷

壶、橡皮锤、小线、云石机、水平尺等。

3. 作业条件

（1）墙上四周弹好 +50cm 水平线；

（2）地面防水层已经做完，室内墙面湿作业已经做完；

（3）穿楼地面的管洞已经堵严塞实；

（4）楼地面垫层已经做完；

（5）板块应预先用水浸湿，并码放好，铺时达到表面无明水。

（6）复杂的地面施工前，应绘制施工大样图，并做出样板间，经检查合格后，方可大面积施工。

（二）工艺流程

基层处理→找标高、弹线→铺找平层→弹铺砖控制线→铺砖→勾缝、擦缝→养护→踢脚板安装

（三）操作工艺

1. 基层处理、定标高

（1）将基层表面的浮土或砂浆铲掉，清扫干净，有油污时，应用 10% 火碱水刷净，并用清水冲洗干净；

（2）根据 +50cm 水平线和设计图纸找出板面标高。

2. 弹控制线

（1）先根据排砖图确定铺砌的缝隙宽度，一般为：缸砖 10mm；卫生间、厨房通体砖 3mm；房间、走廊通体砖 2mm；

（2）根据排砖图及缝宽在地面上弹纵、横控制线。注意该十字线与墙面抹灰时控制房间方正的十字线是否对应平行，同时注意开间方向的控制线是否与走廊的纵向控制线平行，不平行时应调整至平行。以避免在门口位置的分色砖出现大小头。

（3）排砖原则

1）开间方向要对称（垂直门口方向分中）。

2）破活尽量排在远离门口及隐蔽处，如：暖气罩下面。

3）为了排整砖，可以用分色砖调整。

4）与走廊的砖缝尽量对上，对不上时可以在门口处用分色砖分隔。

5）根据排砖原则画出排砖图。

6）有地漏的房间应注意坡度、坡向。

3. 铺贴瓷砖

为了找好位置和标高，应从门口开始，纵向先铺 2 ~ 3 行砖，以此为标筋拉纵横水平

标高线，铺时应从里面向外退着操作，人不得踏在刚铺好的砖面上，每块砖应跟线，操作程序是：

（1）铺砌前将砖板块放人半截水桶中浸水湿润，晾干后表面无明水时，方可使用；

（2）找平层上洒水湿润，均匀涂刷素水泥浆（水灰比为 0.4 ~ 0.5），涂刷面积不要过大，铺多少刷多少；

（3）结合层的厚度：一般采用水泥砂浆结合层，厚度为 10 ~ 25mm；铺设厚度以放上面砖时高出面层标高线 3 ~ 4mm 为宜，铺好后用大杠尺刮平，再用抹子拍实找平（铺设面积不得过大）；

（4）结合层拌和：干硬性砂浆，配合比为 1 ∶ 3（体积比），应随拌随用，初凝前用完，防止影响黏结质量。干硬性程度以手捏成团，落地即散为宜。

（5）铺贴时，砖的背面朝上抹黏结砂浆，铺砌到已刷好的水泥浆：找平层上，砖上棱略高出水平标高线，找正、找直、找方后，砖上面垫木板，用橡皮锤拍实，顺序从内退着往外铺贴，做到面砖砂浆饱满、相接紧密、结实，与地漏相接处，用云石机将砖加工成与地漏相吻合。铺地砖时最好一次铺一间，大面积施工时，应采取分段、分部位铺贴。

（6）拨缝、修整：铺完二至三行，应随时拉线检查缝格的平直度，如超出规定应立即修整，将缝拨直，并用橡皮锤拍实。此项工作应在结合层凝结之前完成。

4. 勾缝、擦缝

面层铺贴应在 24 小时后进行勾缝、擦缝的工作，并应采用同品种、同标号、同颜色的水泥，或用专门的嵌缝材料。

（1）勾缝：用 1 ∶ 1 水泥细砂浆勾缝，缝内深度宜为砖厚的 1 / 3，要求缝内砂浆密实、平整、光滑。随勾随将剩余水泥砂浆清走、擦净。

（2）擦缝：如设计要求缝隙很小时，则要求接缝乎直，在铺实修好的面层上用浆壶往缝内浇水泥浆，然后用干水泥撒在缝上，再用棉纱团擦揉，将缝隙擦满。最后将面层上的水泥浆擦干净。

5. 养护

铺完砖 24 小时后，洒水养护，时间不应小于 7 天。

（四）质量标准

1. 主控项目

（1）面层所有的板块的品种、质量必须符合设计要求。

（2）面层与下一层的结合（黏结）应牢固，无空鼓。

2. 一般项目

（1）砖面层的表面应洁净、图案清晰，色泽一致，接缝平整，深浅一致，周边顺直。板块无裂纹、掉角和缺棱等缺陷。

（2）面层邻接处的镶边用料及尺寸应符合设计要求，边角整齐、光滑。

（3）楼梯踏步和台阶板块的缝隙宽度应一致、齿角整齐；楼层梯段相邻踏步高度不应大于 10mm；防滑条顺直。

（4）面层表面的坡度应符合设计要求，不倒泛水、不积水，与地漏、管道结合处应严密牢固，无渗漏。

（5）砖面层的允许偏差应符合《建筑装饰装修工程质量验收规范》表 8.3.11 的规定。

表面平整度：2mm；

缝格平直：3mm；

接缝高低：0.5mm；

踢脚线上口平直：3mm；

板块间隙宽度：2mm；

5. 成品保护

（1）在铺贴板块操作过程中，对已安装好的门框、管道都要加以保护，如门框钉装保护铁皮，运灰车采用窄车等。

（2）切割地砖时，不得在刚铺贴好的砖面层上操作。

（3）刚铺贴砂浆抗压强度达 1.2MPa 时，方可上人进行操作，但必须注意油漆、砂浆不得存放在板块上，铁管等硬器不得碰坏砖面层。喷浆时要对面层进行覆盖保护。

（六）应注意的质量问题

1. 板块空鼓：基层清理不净、洒水湿润不均、砖未浸水、水泥浆结合层刷的面积过大、风干后起隔离作用、上人过早影响黏结层强度等因素都是导致空鼓的原因。

2. 板块表面不洁净：主要是做完面层之后，成品保护不够，油漆桶放在地砖上、在地砖上拌和砂浆、刷浆时不覆盖等，都造成层面被污染。

3. 有地漏的房间倒坡：做找平层砂浆时，没有按设计要求的泛水坡度进行弹线找坡。因此必须在找标高，弹线时找好坡度，抹灰饼和标筋时，抹出泛水。

4. 地面铺贴不平，出现高低差：对地砖未进行预先选挑，砖的薄厚不一致造成高低差，或铺贴时未严格按水平标高线进行控制。

5. 地面标高错误：多出现在厕浴间。原因是防水层过厚或结合层过厚。

6. 厕浴间泛水过小或局部倒坡：地漏安装过高或 +50cm 线不准。

四、地面铺地毯

（一）施工准备

1. 材料

（1）地毯：阻燃地毯。

（2）地毯胶粘剂、地毯接缝胶带、麻布条。

（3）地毯木卡条（倒刺板）、铝压条（倒刺板）、锑条、铜压边条。

（4）施工工具：张紧器、裁边机、切割刀、裁剪剪刀、漆刷、熨斗、弹线粉袋、扁铲、锤子等。

（二）操作工艺

工艺流程：清理基层、裁剪地毯、钉卡条、压条、接缝处理、铺接工艺、修整、清理。

1. 清理基层

（1）铺设地毯的基层要求具有一定的强度。

（2）基层表面必须平整，无凹坑、麻面、裂缝，并保持清洁干净。若有油污，须用丙酮或松节油擦洗干净，高低不平处应预先用水泥砂浆填嵌平整。

2. 裁剪地毯

（1）根据房间尺寸和形状，用裁边机从长卷上裁下地毯。

（2）每段地毯和长度要比房间长度长约 20mm，宽度要以裁出地毯边缘后的尺寸计算，弹线裁剪边缘部分。要注意地毯纹理的铺设方向是否与设计一致。

3. 钉木卡条和门口压条

（1）采用木卡条（倒刺板）固定地毯时，应沿房间四周靠墙脚 1 ~ 2cm 处，将卡条固定于基层上。

（2）在门口处，为不使地毯被踢起和边缘受损，达到美观的效果，常用铝合金卡条、锑条固定。卡条、锑条内有倒刺扣牢地毯。锑条的长边与地面固定，待铺上地毯后，将短边打下，紧压住地毯面层。

（3）卡条和压条可用钉条、螺丝、射钉固定在基层上。

4. 接缝处理

（1）地毯是背面接缝。接缝是将地毯翻过来，使两条缝平接，用线缝后，刷白胶，贴上牛皮胶纸，缝线应较结实，针脚不必太密。

（2）胶带黏结法即先将胶带按地面上的弹线铺好，两端固定，将两侧地毯的边缘压在胶带上，然后用电熨斗在胶带的无胶面上熨烫，使胶质熔解，随着电熨斗的移动，用扁铲在接缝处辗压平实，使之牢固地连在一起。

（3）用电铲修葺地毯接口处正面不齐的绒毛。

5. 铺接工艺

（1）用张紧器或膝撑将地毯在纵横方向逐段推移伸展，使之拉紧，平伏地平，以保证地毯在使用过程中遇至一定的推力而不隆起。张力器底部有许多小刺，可将地毯卡紧而推移，推力应适当，过大易将地毯撕破，过小则推移不平，推移应逐步进行。

（2）用张紧器张紧后，地毯四周应挂在卡条上或铝合金条上固定。

6. **修整、清理**

地毯完全铺好后，用搪刀裁去多余部分，并用扁铲将边缘塞入卡条和墙壁之间的缝中，用吸尘器吸去灰尘等。

（三）施工注意事项

1. 凡能被雨水淋湿、有地下水侵蚀的地面，特别潮湿的地面，不能铺设地毯。

2. 在墙边的踢脚处以及室内柱子和其他突出物处，地毯的多余部分应剪掉，再精细修整边缘，使之吻合服帖。

3. 地毯拼缝应尽量小，不应使缝线露出，要求在接缝时用张力器将地毯张平服帖后再进行接缝。接缝处要考虑地毯上花纹、图案的衔接，否则会影响装饰质量。

4. 铺完后，地毯应达到毯面平整服帖，图案连续、协调，不显接缝，不易滑动，墙边、门口处连接牢靠，毯面无脏污、损伤。

（四）质量标准

1. **主控项目**

地毯的品种、规格、颜色、花色、胶料和辅料及其材质必须符合设计要求和国家现行地毯产品标准的规定。地毯表面应平服、拼缝处粘贴牢固、严密平整、图案吻合。

2. **一般项目**

地毯表面不应起鼓、起皱、翘边、卷边、显拼缝、露线和无毛边，绒毛顺光一致，毯面干净，无污染和损伤。地毯同其他面层连接处、收口处和墙边、柱子周围应顺直、压紧。

五、不锈钢踢脚安装

（一）施工工艺

施工准备→固定木楔安装→防腐剂刷涂→踢脚板木基板安装→不锈钢踢脚板安装

（二）施工方法与技术措施

1. 木踢脚板基层板应在木地板刨光后在安装，以保证踢脚板的表面平整。

2. 在墙内安装踢脚板基板的位置，每隔 400mm 打入木楔。安装前，先按设计标高将控制线弹到墙面，使木踢脚板上口与标高控制线重合。

3. 木踢脚板与地面转角处安装木压条或安装圆角成品木条。

4. 木踢脚板基板接缝处应做陪榫或斜坡压槎，在 90° 转角处做成 45° 斜角接槎。

5. 木踢脚板背面刷水柏油防腐剂。安装时，木踢脚板基板要与立墙贴紧，上口要平直，钉接要牢固，用气动打钉枪直接钉在木楔，若用明打钉接，钉帽要砸扁，并冲入板内 2-3mm，钉子的长度是板厚度的 2.0 ~ 2.5 倍，且间距不宜大于 1.5m。

6. 不锈钢饰面工作待室内一切施工完毕后进行。表面保护膜竣工前撕毁，亚光不锈钢饰面板与基层板胶结时，应间隔胶结，间隔距＜ 300mm，接口处应采用压条压平整。

（三）质量要求

1. 木踢脚板基层板应钉牢墙角，表面平直，安装牢固，不应发生翘曲或呈波浪形等情况。

2. 采用气动打钉枪固定木踢脚板基层板，若采用明钉固定时钉帽必须打扁并打入板中 2 ~ 3mm，钉时不得在板面留下伤痕。板上口应平整。拉通线检查时，偏差不得大于 3mm，接搓平整，误差不得大于 1mm。

3. 木踢脚板基层板接缝处做斜边压搓胶粘法，墙面明、阳角处宜做 45° 斜边平整粘接接缝，不能搭接。木踢脚基层板与地坪必须垂直一致。

4. 木踢脚基层板含水率应按不同地区的自然含水率加以控制，一般不应大于 18%，相互胶粘接缝的木材含水率相差不应大于 1.5%。

5. 不锈钢饰面板板缝、接口处高差不大于 0.5mm，平整不大于 0.5mm、接缝宽度不大于 1mm。

六、PVC 地板

（一）现场要求

1. 地面水分含量在 4.5% 以下，若为底层地面应先做防水处理；

2. 环境温度在 10 ~ 35℃，相对湿度不得大于 80%，通风或空气流动条件好，并且室内其他各项工程已基本完成，不得有上下交叉作业；

3. 施工现场配备照明装置；

4. 每 300 ㎡设有一处接地点。

（二）施工准备

1. 熟悉设计图纸并勘察施工现场；

2. 结合实际情况及建设单位要求，制定切实可行的施工方案；

3. 各种施工材料、设备、工具准备齐全，确保无误；

4. 材料送达工地后，报送业主确定。

（三）施工步骤

1. 清理地面，清除地面浮尘；

2. 定位铺设基准线；

3. 铺拉接地导网（铜泊）；

4. 涂刷导电胶；

5. 铺贴 PVC 地板；

6. 滚压 PVC 地板；

7. 开 4mm 宽焊接槽；

8. 焊接地板缝隙；

9. 静电接地。

七、地面铺地毯（块毯）

（一）施工准备

1. 材料

（1）地毯：阻燃地毯。

（2）地毯胶粘剂、地毯接缝胶带、麻布条。

（3）施工工具：裁边机、切割刀、裁剪剪刀、漆刷、熨斗、弹线粉袋、扁铲、锤子等。

（二）施工工序

1. 粘贴法固定方式

基层地面处理→实量放线→裁割地毯→刮胶晾置→铺设银压→清理、保护。

2. 施工要点

（1）在铺装前必须进行实量，测量墙角是否规方，准确记录各角角度。根据计算的下料尺寸在地毯背面弹线、裁割。

（2）接缝处应用胶带在地毯背面将两块地毯粘贴在一起，要先将接缝处不齐的绒毛修齐，并反复揉搓接缝处绒毛，至表面看不出接缝痕迹为止。

（3）黏结铺设时刮胶后晾置 5 ~ 10 分钟，待胶液变得干粘时铺设。

（4）地毯铺平后用毡辊压出气泡。

（5）多余的地毯边裁去，清理拉掉的纤维。

（6）裁割地毯时应沿地毯经纱裁割，只割断纬纱，不割经纱，对于有背衬的地毯，应从正面分开绒毛，找出经纱、纬纱后裁割。

（三）质量标准

1. 主控项目

1）各种地毯的材质、规格、技术指标必须符合设计要求和施工规范规定。

2）地毯与基层固定必须牢固，无卷边、翻起现象。

2. 一般项目

1）地毯表面平整，无打皱、鼓包现象。

2）拼缝平整、密实，在视线范围内不显拼缝。

3）地毯与其他地面的收口或交接处应顺直。

4）地毯的绒毛应理顺，表面洁净，无油污物等。

（四）注意事项

1. 注意成品保护，用胶粘贴的地毯，24 小时内不许随意踩踏。

2. 地毯铺装对基层地面的要求较高，地面必须平整、洁净，含水率不得大于 8%，并已安装好踢脚板，踢脚板下沿至地面间隙应比地毯厚度大 2 ～ 3 毫米。

准确测量房间尺寸和计算下料尺寸，以免造成浪费。

八、地面铺塑胶

1. 准备工作

（1）材料进场

（2）施工工具与器械的准备

（3）水电到位

2. 基础处理

（1）对不符合条件的地面进行打磨、修补

（2）清扫场地

3. 放线

先确定四条曲直分界线，在运动场地的直断面放线，标线应以鲜艳色彩为宜，以曲直分界线为基准，放出内沿施工线，然后由内向外依次放出各施工线。

4. 材料打磨

将塑胶材料（底部朝上）自然摊铺在地面，使用打磨机对底层表面进行打磨。

作用：增强材料与基础面层的粘合力，使其粘接得更为牢固。打磨过程中打磨机要匀速前进，切勿损坏场地表面。

5. 铺涂底胶

用专业的封底胶（甲乙组比例 1 ： 4，2% 的催化剂，另加少量胶粉）进行铺涂。

作用：

（1）防止底层渗水

（2）基础找平

（3）该专业封底胶与底层基础和上层胶板具有较好的粘接力，从而确保场地的粘接效果。

6. **场地粘接**

（1）摊铺胶板

施工标线画好后，以一条曲直分界线为基准，由内沿开始将场地展开，沿画好的施工标线对齐，依次摆放场地，横向压头以200毫米为宜，纵向场地以对齐为宜，并根据温度不同要放置30 ~ 60分钟。

作用是：

①橡胶面层让物料回复原状态和适应天气；

②把橡胶面层铺在对应的位置上；

③质量检查（把损坏和不平整的切割掉）；

④把所有接口切齐和整理好。

（2）铺涂胶黏剂

场地摆好后，在黏接前，先将场地由两端分别卷起，由卷好的场地中心往一方向在地面上刮胶。地面刮胶时，胶黏剂的用量应适中，每平方米应控制在0.7 ~ 1 Kg/㎡之间，刮涂要均匀，控制好胶黏剂的黏度，在最佳时间内进行铺设。

（3）粘接

塑胶材料在与地面粘接时，操作场地铺设要十分细心，材料的侧边应与地面施工标线对齐。先将卷起场地的一侧进行粘接，粘接好后，在将另一侧进行粘接，依次先将内侧场地粘接好。

其他各道铺设过程与一道铺设大体相同。

塑胶材料两侧边在粘接过程中，应将存留在场地底部的空气赶挤干净，为确保侧边粘接牢固应在场地与场地侧边，用专用工具撬划一下在压稳，这样可以使侧边的粘接接口压住，直至胶水固化。小方格一半填了胶水一半填满空气。运动员在上面竞赛时，空气和原胶受压缩储藏能量和避反震，在脚底离开面层时，天然胶和空气随着扩充把能量反送回给运动员。

（4）表面压制

材料与地面粘接好后，为确保场地与地面粘接牢固，为防止场地翘边，就将以粘接好的场地用重物将边缘部分压住，场地两侧可用建筑红砖，用砖的大平面，一块接一块压稳，场地与场地端面接口处应用重方式处理，采用压边方法，但需用四层红砖，沿中心向两侧各摆三排平砖，直至胶水固化，以确保铺设质量。

（5）端口裁接

端面接口粘接时应先将一端场地用钢尺压稳，裁齐。上压场地与下压场地在端口粘接时应考虑低温时的收缩量，使上压板与下压板有余量，挤粘两端口应涂有粘接剂，以便粘接效果更好。

7. 清洗场地

场地粘接完毕且胶粘剂完全固化后，将场地清洗干净，同时检查场地端口的接口处，对接口不牢或不平整的区域及时修补，为下一道工序做好准备。

8. 画线

场地经过修补、清洗后，进行画线工作。画线是精雕细作程序，除确保测量仪器、设备、工具的精确度以外，施工人员应具备责任心强、工作认真的素质。其测量精度为万分之一，选用的钢尺应充分考虑尺长检定及修改，点位线放完后，应进行三人校对，校对符合要求后，再喷线。喷线盒应每道一个，以保证场地弧线的均匀一致性。喷线过程中，注意喷线盒要及时清洗，避免喷线漆滴落在场地表面，以保证场地表面的美观、整洁。

9. 清理场地

完成以上所有工序后，进行场地清理，保持场内清洁。

第二节　天棚施工工艺

一、施工准备

1. 主要材料：纸面石膏板、轻钢龙骨及配件的材料、品种、规格、质量严格按照施工设计要求。

2. 主要机具：电锯、无齿锯、射钉枪、手电钻、砂轮切割机、电焊机等。

3. 作业条件

（1）熟悉图纸和设计说明及施工现场。

（2）对图纸要求标高、洞口及顶内管道设备等核对证实无误。

（3）进场材料已合格验收完毕且备足。

二、施工工艺流程

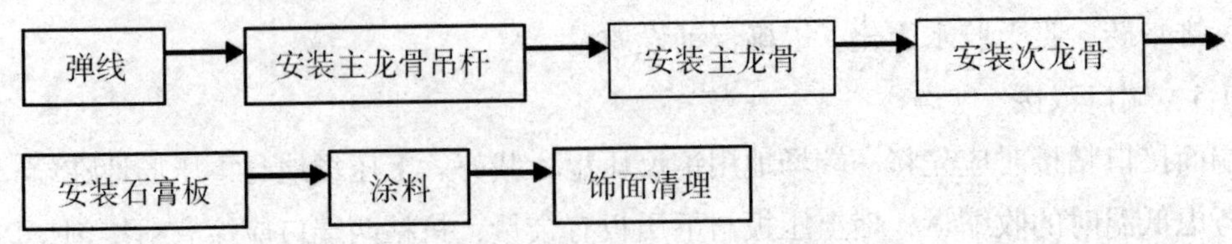

1. 弹线

根据楼层标高水平线、设计标高，沿墙四周弹顶棚标高水平线，并沿顶棚的标高水平线，在墙上划好龙骨分档位置线。

2. 安装主龙骨吊杆

在弹好顶棚标高水平线及龙骨位置线后，确定吊杆下端头的标高，安装吊筋。一般从房间吊顶中心向两边分，不上人吊顶间距为 1200 ~ 1500mm，吊点分布要均匀。如遇梁和管道固定点大于设计和规程要求，应增加吊杆的固定点。

3. 安装主龙骨

主龙骨沿房间长向布置，间距宜为 1200 ~ 1500mm，主龙骨用与之配套的龙骨吊件与吊筋安装。主龙骨距墙边小于等于 200mm。

4. 安装边龙骨

边龙骨安装时用水泥钉固定，固定间距在 300 mm 左右。

5. 安装次龙骨

间距为 300 ~ 600mm。

6. 纸面石膏板的安装

纸面石膏板与轻钢龙骨固定的方式采用自攻螺钉固定法，在已安装好并经验收轻钢骨架下面（即做隐蔽验收工作）安装纸面石膏板。安装纸面石膏板用自攻螺丝（规格 25 × 3.5mm）固定，自攻螺丝钉距板边以 150 ~ 170mm 为宜，板中钉距不超过 200mm 螺钉应与板面垂直，均匀布置，已弯曲、变形的螺钉应剔除，并在离原钉位 50mm 处另安装螺钉。自攻螺丝钉距板边（纸面石膏板即包封边）10 ~ 15mm 为宜，切割的板边以 15–20mm。钉头嵌入纸面石膏板深度以 0.5 ~ 1.0mm 为宜，钉帽应刷防锈涂料，并用石膏腻子抹平。

7. 刷防锈漆

轻钢龙骨架罩面板顶棚吊杆、固定吊杆铁件，在封罩面板前应刷防锈漆。

8. 吊顶与墙体处收边

轻钢龙骨纸面石膏板吊顶的水平面与墙面垂直面交界处采用 W 型烤漆铝条分隔。

三、质量标准及要求

1. 注意龙骨与龙骨架的强度与刚度。龙骨的接头处、吊挂处是受力的集中点，施工时应注意加固。如在龙骨上悬吊设备，必须在龙骨上增加吊点。

2. 纸面石膏板吊顶要表面平整，洁净，无污染。边缘切割整齐一致，无划伤，缺楞掉角。

3. 控制吊顶的平整度：应从标高线水平度、吊点分布与固定、龙骨的刚度等几方面来考虑。标高线水平度准确要求标高基准点和尺寸要求准确，吊顶面的水平控制线应拉通线，线要拉直，最好采用尼龙线。对于跨度较大的吊顶，在中间位置加设标高控制点。吊点分布合理，安装牢固，吊杆安装后不松动不产生变形，龙骨要有足够的刚度。

4. 所有连接件、吊挂件要固定牢固，龙骨不能松动，既要有上劲，也要有下劲，上下都不能有松动。

5. 要处理好吊顶面与吊顶设备的关系：吊顶表面装有灯槽盘、空调出风等，这些设备与顶面的关系处理不好，会破坏吊顶的完整性，影响美观，故安装灯盘与灯槽时，一定要从吊顶平面的整体性着手，不能把灯盘和灯槽装得高低不平，与顶面衔接不吻合。

6. 吊筋应符合设计要求，吊筋顺直与吊挂件连接应符合安装规范及有关要求，使用前应进行除锈，涂刷防锈漆要均匀，表面光洁。

7. 板材应在自由状态下进行固定，防止出现弯棱、凸鼓现象；

8. 纸面石膏板的长边（即包封边）应沿纵向次龙骨铺设。

9. 石膏板的接缝，应按设计要求进行板缝处理；

10. 纸面石膏与龙骨固定，应从一块板的中间向板的四边固定，不得多点同时作业；

11. 拌制石膏腻子必须用清洁水和清洁容器。

四、室内石膏板吊顶控制要点

1. 轻钢龙骨顶棚骨架施工，先高后低。

2. 主龙骨和次龙骨要求达到平直，为了消除顶棚由于自重下沉产生挠度和目视的视差。可在每个房间的中间部位，用吊杆螺栓进行上下调节，预先给予一定的起拱量，短向起拱为 1/500，待不平度全部调好后，再逐个拧紧吊杆螺帽。如顶棚需要开孔，先在开孔部位划出开孔的位置，将龙骨加固好，再用钢锯切断龙骨和石膏板，保持稳固牢靠。

3. 施工顶棚轻钢龙骨时，不能一开始将所有卡夹都夹紧，以免校正主龙骨时，左右一敲，夹了松动，且不易再紧，影响牢固。正确的方法是：安装时先将次龙骨临时固定在主龙骨上，每根次龙骨用两只卡夹固定，校正主龙骨平正后再将所有的卡夹一次全部夹紧，顶棚骨架就不会松动，减少变形。

遇到大面积房间（跨度大于 15m 以上）采用轻钢龙骨吊顶时，需每隔 12m 在大龙骨上部焊接横卧大龙骨一道，以加强大龙骨侧向稳定及吊顶整体性。面积超过 100 ㎡吊顶应设伸缩缝。

4. 在吊顶施工中应注意工程之间的配合，避免返工拆装损坏龙骨及板材。吊顶上的风口、灯具等可在吊顶板就位后安装，也可预留周围吊顶板，待上述设备安装后再行安装。初次施工，先做一标准样板间，总结经验，经过设计，监理单位、业主等验收认可后，再大面积施工。

5. 表面平整无凸状四边与墙连接部位的标高、平整度达到要求。

6. 吊顶板与灯周边结合的平整、严密、美观。

7. 上下阳角对齐，整体目测美观，纵向阳角平直、方正，纵向阴角方正、通顺，小立面平整无高低弯曲现象。

五、成品保护

1. 吊顶施工待吊顶内管线、设备施工安装完毕后，办理好交接后，再调整龙骨，封罩面板，并做好吊顶内的管线、设备的保护，并配合好各专业对灯具、喷淋头、烟感、回风、送风口用纸胶带、塑料布进行粘贴、扎绑保护。

2. 骨架、饰面板及其他吊顶材料在进场、存放、使用过程中应严格管理，保证不变形、不受潮、不生锈。施工部位已安装的门窗、地面、墙面、窗台等应注意保护，防止损坏。

3. 已装好的轻骨架上不得上人踩踏，其他工种的吊挂件不得吊于轻骨架上。

4. 一切结构未经原设计单位同意，不能乱打乱凿。

5. 饰面板安装后，应采取保护措施，防止损坏、污染。

六、工程质量通病及预防措施

1. 各种外露的铁件，必须作防锈处理；

2. 所有焊接部分必须焊缝饱满；吊件、挂件必须拧紧牢固。

3. 控制吊顶不平，施工中应拉通线检查，做到标高位置正确、大面平整。

第三节　门窗工程施工工艺

一、门窗施工工艺流程

准备工作→测量、放线→确认安装基准→安装门窗框→校正→固定门窗框→土建抹灰收口→安装门窗扇→填充发泡剂→塞海绵棒→门窗外周圈打胶→安装门窗五金件→清理、清洗门窗→检查验收

二、施工准备

（一）技术准备

1. 施工组织准备

安装作业人员在接到图纸后，先对图纸进行熟悉了解。不仅要对门窗施工图要了解，对土建建筑结构图也需了解，主要了解以下几个方面内容：

对图纸内容进行全面的了解；

找出设计的主导尺寸（分格），不可调节尺寸和可调节尺寸；

对照土建图纸验证施工方案及设计；

了解立面变化的位置、标高变化的特点。

2. 上墙安装前，首先检查洞口表面平整度、垂直度应符合施工规范，对土建提供的基准线进行复核。事先与土建施工队协商安装时的上墙步骤、技术要求等，做到相互配合，确保产品安装质量。

3. 根据土建施工弹出的门窗安装标高控制线及平面中心位置线测出每个门窗洞口的平面位置、标高及洞口尺寸等偏差。要求洞口宽度、高度允许偏差 ±10mm，洞口垂直水平度偏差全长最大不超过 10mm。否则要求土建施工队在门窗框安装前对超差洞口进行修补。

4. 根据实测的门窗洞口偏差值，进行数理统计，根据统计结果最终确定每个门窗安装的平面位置及标高。

（1）门窗安装平面位置的确定

根据每层同一部位门窗洞口平面位置偏差统计数据，求得该部位门窗平面位置偏差值的平均数 V1；然后统计出门窗洞口中心线位置偏差出现概率最大的偏差值 Q1。

当出现概率最大的偏差值 Q1 的出现概率小于 50% 时，门窗安装平面位置为：门窗洞中心线理论位置加上门窗洞平面位置偏差值的平均数 V1；当出现概率最大的偏差值 Q1 的出现概率大于 50% 时，门窗安装平面位置为：门窗洞中心线理论位置加上出现概率最大的偏差值 Q1。

（2）门窗安装标高确定

门窗的安装标高，每层一确定，且确保同一层不同类型门窗的门窗楣在同一标高。

由门窗的标高控制线测出的门窗洞上口标高偏差值 A。根据本楼层所有门窗标高偏差值求得偏差值平均数 V2（本值有方向）及出现概率最大的偏差值 Q2。当出现概率最大的偏差值 Q2 的出现概率小于 50% 时，本楼层门窗的安装标高为：门窗洞理论位置标高加上门窗洞标高偏差值的平均数 V2；当出现概率最大的偏差值 Q2 的出现概率大于 50% 时，本楼层门窗的安装标高为：门窗洞理论位置标高加上出现概率最大的偏差值 Q2。

（3）逐个清理洞口。

（二）人员准备

1. 施工人员

安装人员都必须经过专业技术培训。

2. 岗前培训

工人进场后由项目经理对进场全部施工人员讲解本工程的重要性，使全体施工人员了解工程大致情况及工地的各项要求。

由施工员向操作工人详细讲解相关的标准、规范及施工现场安全管理有关规定及安全生产准则等。

由技术员向施工人员进行施工方案、技术、安全等方面的交底，使工人在施工前做到心中有数，熟知各个环节的施工质量标准，以做到在施工过程中严格控制。

3. **门窗框安装**

门窗框在外墙保温及室内抹灰施工前进行。按照施工计划将即将安装的门窗框运到指定位置，同时注意其表面的保护。

将固定片镶入组装好的门窗框，固定片的位置应距门窗角、中竖框、中横框 150 ~ 200mm，固定片之间的间距应不大于 600 ㎜。不得将固定片直接装在中横框、中竖框的挡头上。

根据设计图纸及门窗扇的开启方向，确定门窗框的安装位置，并把门窗框装入洞口，并使其上下框中线与洞口中线对齐。安装时应采取防止门窗变形的措施。无下框平开门应使两边框的下脚低于地面标高线 30mm。带下框的平开门或推拉门应使下框低于地面标高线 l0mm。然后将上框的一个固定片固定在墙体上，并应调整门框的水平度、垂直度和直角度，用木楔临时固定。当下框长度大于 0.9m 时，其中间也用木楔塞紧。然后调整垂直度、水平度及直角度。

4. **门窗扇、五金件安装**

工艺流程：施工准备→检查验收→将门窗扇按层次摆放→初安装→调整→固定→自检→报验。

门窗扇在外保温施工完闭、外墙涂料施工前进行安装。门窗扇可以先在地面组装好，也可以在门窗框安装完毕验收后再行安装。

用垂直升降设备将门窗扇、玻璃先后运输到需安装的各楼层，由工人运到安装部位。

上墙前对组装的门窗进行复查，如发现有组装不合格者，或有严重碰、划伤者，缺少附件等应及时加以处理。

根据图纸要求安装门窗扇；框与门窗扇配合紧密、间隙均匀；门窗扇与框的搭接宽度允许偏差 ±1mm。

门窗附件必须安装齐全、位置准确、安装牢固，开启或旋转方向正确、启闭灵活、无噪声，承受反复运动的附件在结构上应便于更换。

5. **玻璃安装及打胶**

固定门窗玻璃，需门窗框抹灰养生后，严格按照《塑钢门窗工艺标准》用调整垫块将玻璃调整垫好。

安装前将合页调整好，控制玻璃两侧预留间隙基本一致，然后安装扣条。安装玻璃时在玻璃上下用塑料垫块塞紧，防止门窗扇变形；装配后应保证玻璃与镶嵌槽间隙，并在主要部位装有减振垫块，使其能缓冲启闭力的冲击。

清理和修型。

注发泡剂、塞海绵棒、打胶等密封工作在保温面层及主框施工完毕外墙涂料施工前进行。

首先用压缩空气清理门窗框周边预留槽内的所有垃圾，然后向槽内打发泡剂，并使发泡剂自然溢出槽口；清理溢出的发泡剂并使其沿主框周圈成宽 × 深为 10mm × 10mm（53 系列门窗）、20mm × 10mm（64 系列门窗）的凹槽。将海绵棒塞入槽内准确位置，然后将基层表面尘土、杂物等清理干净，放好保护胶带后进行打胶。注胶完成后将保护胶带撕掉、擦净门窗主框、窗台表面（必要时可以用溶剂擦拭）。注胶后注意保养，胶在完全固化前不要粘灰和碰伤胶缝。最后做好清理工作。

三、成品保护措施

1. 加工阶段的防护

型材加工、存放所需台架等均垫胶垫等软质物。

型材周转车、工具等凡与型材接触部位均以胶垫防护，不允许型材与钢质件或其他硬质物品直接接触。

加工完的门窗框立放，下部垫木方。

玻璃运输用玻璃架上采取垫胶皮等防护措施。

玻璃加工平台需平整，并垫毛毡等软质物。

2. 包装阶段的防护

型材包装采用先贴保护胶带，然后外包编织带的方法实施保护。包装前将其表面及腔内碎屑清净，防止划伤型材；当包装过程中发现型材变形、表面划伤、气泡、腐蚀等缺陷或其他产品质量问题时应随即抽出，单独存放，不得出厂。

对于截面尺寸较小的型材，应视具体尺寸用编织带成捆包扎；不同规格、尺寸、型号的型材不能混在一起包装；包装应严密、避免在周转运输中散包。

包装完成后，如不能立即装车发送现场，要在指定地点摆放整齐存放。

3. 施工现场的防护

未上墙的框料，在工地临时仓库存放，要求按类别、尺寸摆放整齐。

框料上墙前，撤去包裹编织带；但框料表面粘贴的工程保护胶带不得撕掉，以防止室内外抹灰、刷涂料时污染框料。门窗框、扇表面的保护胶带应在本层外墙涂料、室内抹灰完毕及外脚手架拆除后撕掉。

门窗框与墙面打密封胶及喷涂外墙涂料时，应在玻璃、门窗框及窗扇上贴分色纸，防止污染框料及玻璃。

加强现场监管，防止拆除脚手架时碰撞门窗框料表面，以防造成变形及表层损坏。

第四节　涂料、油漆施工工艺

一、抹灰面油漆施工

工艺流程：

基层处理→刷底漆→刮腻子、打磨→刷第一遍乳胶漆→刷第二遍乳胶漆 2）操作工艺：

（1)基层处理：将墙面起皮及松动处清除干净，并用水泥砂浆补抹，将残留灰渣铲干净，然后将墙面扫净。

（2）用水石膏将墙面磕碰处及坑洼接缝等处找平，干燥后用砂纸将凸出处磨掉，将浮尘扫净。

（3）刷底漆：将抗碱闭底漆用刷子顺序刷涂不得遗漏，旧墙面在涂饰涂料前应清楚疏松的旧装饰层。

（4）刮腻子、打磨：刮腻子遍数可由墙面平整程度决定，一般情况为三遍。第一遍用胶皮刮板横向满刮，一刮板紧接着一刮板，接头不得留槎，每刮一刮板最后收头摇干净利落。干燥后磨砂纸，将浮腻子及斑迹磨光，再将墙面清扫干净。并找补阴阳角及坑凹处，令阴阳角顺直，用胶皮刮板横向满刮，所用材料及方法同第一便腻子，干燥后砂纸磨平并清扫干净。第二遍用胶皮刮板找补腻子或用钢片刮板满刮腻子，将墙面刮平刮光，干燥后用细砂纸磨平磨光，不得遗漏或将腻子磨穿。

（5）刷第一遍乳胶漆：涂刷顺序是先刷顶板后刷墙面，墙面是先上后下。先将墙面清扫干净，用布将墙面粉尘擦掉。乳胶漆用排笔涂刷，使用新排笔时，将排笔上的浮毛和不牢固的毛理掉。乳胶漆使用前应搅拌均匀，适当加稀释剂稀释，防止偷遍漆刷不开。干燥后复补腻子，再干燥后用砂纸磨光，清扫干净。

（6）刷第二遍乳胶漆：做法同第一遍乳胶漆。由于乳胶漆膜干燥较快，应连续迅速操作，涂刷时从一头开始，逐渐刷向另一头，要上下顺刷互相衔接，后一排笔紧接前一排笔，避免出现干燥后接头。

二、墙面喷刷涂料

操作工艺：

1. 清理墙、柱表面

首先将墙、柱表面起皮及松动清理干净，将灰渣铲干净，然后将墙、柱表面扫净。

2. 补墙、柱表面

修补前，先涂刷一遍用三倍水稀释后的 107 胶水。然后，用水石膏将、柱表面的坑洞、缝隙补平，干燥用砂纸将突出处磨掉，将浮尘扫净。

3. 刮腻子

遍数可由墙面平整程度决定，一般为两遍，腻子以纤维素溶液、福粉，加少量107胶、光油和石膏粉拌合而成。第一遍用抹灰钢光匙横向满刮，一刮板紧接着一刮板，接头不得留槎，每刮一刮板最后收头要干净平顺。干燥后磨砂纸，将浮腻主班迹磨平磨光，再将墙柱表面清扫干净。第二遍用抹灰钢光匙竖向满刮，所用材料及方法同第一遍腻子、干燥后用砂纸磨平并扫干净。

4. 刮第二遍仿瓷涂料

第二遍涂料的操作方法同第一遍。使用前要充分搅拌，不宜太稀，以防露底。

5. 施工注意事项：避免工程质量通病。

（1）透底

产品原因是涂层薄，因此刮仿瓷涂料时除应注意为漏刮外，还应保持涂料的稠度，不可随意加炎过多。有时磨砂纸时磨穿腻子也会出现透底。

（2）接搓明显

涂刮时要上下顺刮，后一刮紧接前一刮，若间隔时间稍长，就容易看出接头，因此大面积涂刮时，应配足人员，互相衔接。

（3）刮纹明显

仿瓷涂料稠度要适中，刮子用力要适当，多理多顺防止刮纹过大。

涂刮带颜色的涂料时，配料要合适，保证独立面每遍用同一批涂料，并且一次用完，保证颜色一致。

（4）产品保护

墙柱表面的涂料未干前，室内不得清扫地面，以免尘土粘污墙柱面，干燥后也不得往墙柱面泼水，以免沾污。

墙柱面涂刮涂料完成后，要妥善保护，不得碰撞。

第十章　冬期与雨期施工

第一节　土方工程的冬期施工

在冬季进行施工的过程称为冬期施工。冬季气温下降，不少地区温度在0°　C之下（即负温），土壤、混凝土、砂浆等所含的水分冻结，建筑材料容易脆裂，给建筑施工带来许多困难。

当室外日平均气温连续5d稳定低于5℃即进入冬期施工，冬季气温下降，不少地区温度在0℃之下（即负温），土壤、混凝土、砂浆等所含的水分冻结，建筑材料容易脆裂，给建筑施工带来许多困难。连续5日平均气温低于5℃或日最低气温低于–3℃时，就要采取冬期施工措施，以保证工程质量。由于冬季施工需保温覆盖和消耗较多热能，增加工程造价，因此如场地平整、地基处理、室外装饰、屋面防水及高空灌筑混凝土等工程项目要尽量避免在冬季施工。对于不得不在冬季施工的项目，则须因时因地制宜，制定冬期施工措施，并及时掌握气温变化。

一、冻土的特性

土壤在温度等于或小于0℃，含有固态冰，当温度条件改变时，其物理力学性质随之改变，并可产生冻胀、融陷、热融滑塌等现象的土称为冻土。冻土内有未冻结水存在，使土壤改变了固有的物理－力学性能，如强度、形变性、导电性、导热性等均发生了变化。

二、冬期土方工程的基本要求

土方工程应尽量安排在入冬之前施工较为合理。对冬期开挖的工程，要随挖、随砌、随回填，严防地基受冻。对跨年度工程及冻前不能交付正常使用的工程，应对地基采取相应的过冬保温措施。

土方冬季施工条件：在反复冻融地区，昼夜平均温度在–3℃以下，连续10天以上时，进行施工称为冬季施工。当昼夜平均温度虽然上升到–3℃以上，但冻土未完全融化时，亦应按冬季施工办理。

三、土体防冻技术

土体防冻技术的选择取决于土方工程施工的进度期限和当地气候条件。土的防冻应尽量利用自然条件，以就地取材为原则。土体防冻应在初寒来临前实施，但要在秋季多雨期结束之后进行。

1. 地面耕松耙平防冻法。在指定施工的部位，进入寒冻之前将表层土翻松耙平，其宽度宜为开挖时冻结深度的两倍加基槽（坑）底宽之和。

2. 覆雪防冻法。在积雪量大的地方，可以利用自然条件，覆雪防冻，效果很好。覆雪防冻的方法，通常有三种类型；

第一种类型是利用灌木和小树林等植物挡风起涡旋存雪，这些植物应等到挖土开始之前再铲除。第二种类型是在面积宽阔而又没有植物的地面上，可设篱笆或造雪堤以为积雪之用、第三种类型是在面积较小的地面，特别是拟挖掘的地沟面，若在土冻结之前，初次降雪后，即在地沟的位置上挖沟。

3. 保温材料防冻法

对于中负温地区小面积保温可用此法。可以用干树叶、泥炭、木屑、稻草、刨花、芦苇、炉渣等当地现有的保温材料进行土壤防冻。也可以用合成材料，如聚酞胺薄膜、泡沫塑料、浮渣等保温材料进行土壤防冻。

四、土壤解冻技术

冻土的融解是依靠外加的热能来完成的，所以费用较高，只有在面积不大的工程上采用。

土壤的解冻技术很多，有热融法、明火融化法、辐射融化法、电热融化法、化学解冻法、蒸汽融化法、固体燃料燃烧法、液体燃料燃烧法、气体燃烧法、高频电融化法、低频电融化法、辐射法、高压电融化法、低压电融化法、表面法、加热效应法、导电效应法、电保温室法气循环针法、辐射线法、深部加热法等。通常有循环针法、电热法和烘烤法三种。

1. 循环针法：循环针法适用于热源充足，工程量较小的土方工程。循环针分蒸汽循环针与热水循环针两种。先在冻土中按预定的位置钻孔，然后把循环针插到孔中，热量通过土传导，使冻土逐渐融解。通蒸汽循环的叫作蒸汽循环针，通热水循环的叫作热水循环针。

2. 电热法：电热法适用于电源充足，工程量不大的土方工程。电热法有水平电极法、垂直电极法、电针法和深电极法等。使用电热法时，应该结合当地条件，在小量工程、急需工程，或者用此法比别的方法更为合理的时候，才可以使用电热法。

3. 烘烤法：工程量小的工程可采用烘烤法。烘烤所用燃料最常用的是锯末、刨花、劈柴、植物杆、树枝、稻壳、板皮等，也有工业废料可作燃料的，如铝镁石粉、废机油、油渣等。

4. 冻土电化学加热法：冻土解冻速度取决于融化区的电阻。用电解质溶液可减小电阻，电解质溶液通过电流时时放出大量的热。

5. 冻土化学解冻法：氯化钠溶液在土内融化冰晶，用这种方法解冻的土具有不冻土的强度，可以用普通挖土机械开挖。

五、防止土体冻胀措施

在低温时间较长、土粒较细、补给水较充裕地区，其土壤在冻结期间，由于土粒周围薄膜水和毛细水的作用，土中水分不断地向冻结线积聚，形成冰层，体积增大，以致土粒间的空隙无法容纳而向上隆起，造成冻胀，其胀力可大至 0.5 ~ 1.0MPa。如不做妥善处理，基础会被抬起，使建筑物开裂、倾斜、抬高乃至倒坍。所以在冻胀土上建造建筑物时，要考虑基础形式，尽量减少底面及侧面面积，合理确定其埋置深度，加强土壤保温，做好地表排水。此外，铺设砂垫层可以切断土壤的毛细水作用，回填多孔材料也可防止冻胀影响。

1. 防止地基土冻结和提高冻胀内基础稳定性的措施

①尽可能地干燥施工场地，并排出进入坑槽内的水。建筑场地应尽量选择地势高、地下水位低、地表排水良好的地段。为避免施工和使用期间的雨水、地表水、生产废水和生活污水等浸入地基，应做好排水设施。②缩小坑槽尺寸。③加快从槽底解冻到基础施工并进行回填土的整个施工进度。对跨年度工程及冻前不能交付正常使用的工程，应对地基采取相应的过冬保温措施。

2. 防止冻胀土的措施

①土壤排水，排表面水和冰层水；电化学法加固土壤。②构筑防胀地基。合理确定基础的埋置深度，采用独立基础、桩基或砂垫层等措施，使基础埋设在冻结线以下。③采用施工结构措施，绝热堆积物、排水建筑物、集水管、钻孔等。对建在标准冻深大于 2m 及标准冻深大于 1.5m，基底以上为冻胀土和强冻胀土上的非采暖建筑物，为防止冻切力对基础侧面的作用，可在基础侧面回填粗砂、中砂、炉渣等非冻胀性材料或其他保温材料。当基础梁下有冻胀性土时，应在梁下填以炉渣等松散材料。

3. 减少土壤工业化侵蚀的措施

保护基础附近的季节性可冻土免遭过分湿润，在的季节性可冻土冻结土层范围内的基础表面上涂润滑油、聚合膜等，把基础锚固在季节性冻融层以下的土中。

六、冬期土方工程施工方法

1. 土方开挖

冬期土方工程施工方法的主要工作程序如下。在冬期到来前要采取措施防止土体冻结，在土方工程前要热融冻土。进行土方工程时，首先用爆破、冲击、切割、振动、掘凿等方法再开挖冻土前将其疏松，最后进行机械开挖。若早知道冬期开挖地点，事先应采取措施防止土体冻结。

开挖冻土通常采用机械和爆破两种方法。

当冻土层厚度为 0.25m 以内时，可用中等动力的普通挖土机挖掘。当冻土层厚度不超过 0.4m 时，可用大马力的掘土机开掘土体。用拖拉机牵引的专用松土机，能够松碎不超过 0.3m 的冻土层。厚度在 0.6 ~ lm 的冻土，通常是用吊锤打桩机或用楔形锤打桩机进行机械松碎。厚度在 1 ~ 1.5m 的冻土，可以用重锤冲击破碎冻土。

当冻土深度超过 0.7m 时，机械挖土已不经济，可用爆破。爆破冻土宜用硝铵炸药，以雷管引爆。其炮眼位置、孔径、孔深及炸药用量经计算确定，操作时要注意人身安全。这个方法是以炸药放入直立爆破孔或水平爆破孔中进行爆破，冻土破碎后用挖土机挖出，或借爆破的力量向四外崩出，形成需要的沟槽。爆破孔可用电钻、风钻或人工打钎成型。炸药可使用黑色炸药、硝铵炸药或 TNT 炸药。冬期严禁使用甘油类炸药。雷管可使用电雷管或火雷管。炸药用量由计算确定或不超过孔深的 2/3，外面装以砂土。冻土深度在 2m 以内时可以采用直立爆破孔。冻土深度在 2m 以上时可以采用水平爆破孔。

此外，为了减轻挖掘困难，可用蒸汽循环针或电气加热融化冻土的方法。但耗用热能甚巨，只在电力热源充沛、经济合理等条件下采用。

2. 土方回填

冻土块坚硬不易压实，解冻融化后易导致塌陷，故回填尽量采用不冻土，如用冻土应限制其粒径与掺用量。

3. 堤防工程冬季负气温土方填筑施工方法

一种堤防工程冬季负气温土方填筑施工方法。即在冬季负气温条件下，地表冻结变硬，承载力提高，各种大、中型施工机械设备可以顺利进场，解决了非冬季陷车、不能施工的问题。

堤防工程冬季负气温土方填筑施工包括以下主要步骤：①将料场、堤基和老堤堤坡、堤炕以及堤基范围内坑、槽、沟表面的不合格土、杂草、冰雪、植物根系清除干净，堤基范围内的坑、槽、沟进行回填处理；②用履带推土机平行堤轴线错轨碾压三遍，使堤基土密实；③在堤基土上部分段作业进行分层填筑土料；④将填筑后的土表面的坑、注整平，然后进行碾压；⑤每层铺土碾压后进行干密度和含水率的检测；⑥冻土融化后进行土堤整形。

七、冬期回填土

冬期回填土方时，每层铺土厚度应比常温施工时减少 20% ~ 5%。预留沉陷量应比常温施工时增加。对于大面积回填土和有路面的路基及其人行道范围内的平整场地填方，可采用含有冻土块的土回填。

填方边坡的表层 100cm 以内，不得采用含有冻土块的土填筑；整个填方上层部位应采用未冻的或透水性好的土回填。

室外的基槽（坑）或管沟可采用含有冻土块的土回填，管沟底以上 50cm 范围内不得用含有冻土块的土回填。室内的基槽（坑）或管沟不得采用含有冻土块的土回填。

八、建筑土方工程冬季施工质量事故原因及防治

1. 挖方的事故原因及防治

（1）基础下残留冻土层过厚使地基融沉现象：在初春气温上升，解冻后较长一段时间内，建筑墙体出现裂缝，由裂缝的走向来看，属于基础沉降而引起。房屋两端裂缝呈正八字或倒八字形；房屋中央部位的裂缝呈上宽下窄或上窄下宽。

原因分析：春融期间挖土方到达基础底面标高时，下面仍存在较厚的冻土层，施工人员因缺乏冻土特性的知识，而把基础放在过厚的冻土层上。解冻之后几个月时间内，由于基础下冻土层融化地基产生压缩变形，加之地基土质不均匀，融化后压缩变形也不相同，以及由于阳面和阴面冻土融化速度不同等原因，使基础发生了不均匀沉降而导致墙体裂缝。

防治方法：在季节性冻土地区，基础下留有一定厚度的残留冻土层是允许的。但是应当注意的是要根据地基土的融沉性来确定容许残留的冻土厚度。如果超过允许范畴，冻土层过厚，就容易产生沉降导致裂缝。

事故处理：由于残留冻土层过厚而产生不均匀沉降是一次性的，当墙体裂缝趋于稳定后，不会再扩展。因此，可根据墙体裂缝情况采取措施，一次处理完毕。

（2）冬期挖槽后基础施工不及时，基底受冻现象：与上面的现象相似。

原因分析：地基开挖后由于某种原因没有及时进行基础施工，使基槽受冻。由于土的含水率不同、室外温度不同，基槽冻深也不同。基础施工时在冻土层上，当此冻土层厚度过大，气温上升、地基土解冻后，地基产生不均匀压缩变形，基础不均匀沉降，导致墙体开裂。

防治方法：冬期地槽开挖后不能及时施工时，应按土方工程的有关规定，对开挖地槽进行人工维护，采取有效保温措施，防止地槽受冻。保温应因地而异，就地取材。其厚度要通过热工计算来确定。

事故处理：裂缝出现后，经过一个夏季已基本稳定，要在临冬之前将墙体处理完毕，如正在施工过程中出现的裂缝，应在没施工的楼层采取增强房屋整体刚性的措施，以承担由于基础沉降不均匀而产生的内力。

（3）靠近原有房屋挖槽后，没做保温而停工越冬，使原有房屋受冻胀现象：在基槽挖完后的第一个冬季，原有房屋的墙体产生裂缝，靠近挖槽处裂缝较严重，裂缝一般情况下为上大下小。来年解冻后裂缝逐渐缩小。

原因分析：基槽挖完后，由于停建、缓建等原因，工程必须越冬暂停。停工时对基槽和原有的基础没有采取有效保温覆盖措施，在负温条件下地基直接受冻，将房屋基础拱起，墙体上移。原有房屋远离基槽的其他基础，没有受冻胀影响，墙体则保持不动。由此使墙体产生裂缝。由于冻胀力是向上拱的，所以墙体裂缝呈上小下大。解冻后冻胀的地基土又

被压缩，拱起房屋又下沉，因而裂缝也随之减小。

防治方法：基槽挖完后，原有的房屋的基础已暴露在外面。在越冬之前必须将已暴露的基础和地基作妥善保温覆盖处理。常用的方法是把袋装珍珠岩沿原有基础通常堆成 2m 宽、1m 高一道保温墙，待明年复工时珍珠岩没有耗损还可以利用。

事故处理：由于上述原因而产生的裂缝不要急于处理，必须待基槽和原有基础的保温覆盖完成之后，在冻土完全融化后，裂缝基本恢复时才能对墙体裂缝和其他破坏处进行维修、加固。

对此类裂缝处理一般方法是：小缝采取堵缝、大缝剔砖重砌、裂缝严重的拆除等，其原则是保证墙体的整体性和保温性能。

（4）越冬工程先施工设备地沟，使地基冻胀现象：越冬工程的第一个冬季，靠地沟的墙和基础就产生裂缝，不仅此墙产生裂缝，此前与其他墙连接处也产生裂缝。

原因分析：在跨年施工中，先施工地沟，造成地沟处基础埋深不足，在地沟底处地基受冻胀将基础拱起，使墙体产生裂缝。

防治方法：有两种情况，一是挖完地沟后才决定该工程需越冬时，应在临冬前对地沟采取保温措施，避免基底土受冻；二是事先已决定该工程需越冬，在安排施工时不能先施工地沟。

事故处理：待来年解冻，地基土融化后，才能对裂缝进行处理，这时地基融沉已经稳定，裂缝基本恢复，处理后不会再发生新的裂缝。

对水平裂缝的处理一般采取堵缝及压力灌浆方法。对竖直缝和其他缝的处理应根据裂缝情况而定，采取堵缝，剔砖新砌、拆除重砌等措施。

（5）冻胀土地区地梁下没留空隙，造成冻害现象：每年冬季地梁被冻胀土拱起，使外墙产生裂缝；外墙与内墙连接处也产生斜裂缝。夏季裂缝又有所恢复。

原因分析：由于地梁底直接贴冻胀土，冬季地梁下的土发生冻胀后，把地梁抬起来，使上部墙体产生裂缝。梁底面直接贴土，是由于施工地梁时将土当底模所致。

防治方法：施工地梁时可以把土作梁底模使用，但地梁到达预定的强度后，应将梁底下面的土挖空。

事故处理：处理是将地梁底的土挖空 5–15cm，而后两侧用立砖挡住，在梁下形成空气隔层，然后在两侧再回填。

2. 填方的事故原因及防治

（1）用冻结法施工砂垫层和砂石垫层，造成融沉事故现象：当人工地基采用砂垫层时，在解冻后出现基础不均匀下沉、墙体开裂等。

原因分析：冬期施工砂垫层时，对砂石没有加热，也没有掺加防冻溶液，而采用冷作施工，分层夯实。实质上冻结的砂石在表面有一层冰膜，即使夯实，也是在冻结条件下进行的。待解冻之后冰膜融化，砂石垫层产生融沉，使墙体开裂。因为砂石要保证不冻胀，其含水量有一定要求。砂石属于粗颗粒土，在冻结期间如果水能自由排出，则不具有冻胀性；若水分不能自由排出，含水量大于起始冻胀含水量时，仍能产生冻胀融沉。当砂石垫层周围土透水性不好时，冬季用冷做法施工也会出现事故。

防治方法：如必须在冬期施工砂垫层或砂石垫层时，应采取将砂石加热，控制含水率不大于初始冻胀含水率，并按当时温度掺入适量的防冻外加剂，然后分层夯实，施工完毕后及时做好保温处理，以砂石冻结。在一般情况下，冬期不宜施工砂垫层和砂石垫层。不能认为砂石在任何情况下都是非冻胀材料。

事故处理：因砂垫层和砂石垫层冻胀后融沉而产生墙体裂缝是一次性的，不必急于处理，待夏季彻底融化后变形停止时再作处理。

（2）越冬工程基础被冻胀拱起现象：完全按设计施工图施工的工程，因当年不能交付使用而越冬，而没有基础被冻起，墙体产生裂缝。在寒冷地区多发生在内墙基础被拱起，夏季又恢复。

原因分析：虽然基础埋深完全符合设计要求，但设计只考虑当年交付使用，而没有考虑越冬。若地基属于冻胀性土，在冬季寒冷季节内墙基础埋深不足，地基产生冻胀使墙体产生裂缝。裂缝随着气温的降低而逐渐发展。

防治方法：越冬时，应在结冻之前与设计部门共同商定越冬措施。

事故处理：由于没有采取越冬措施而使地基冻胀也属于一次性的，应在来年解冻后对墙体裂缝进行处理。应注意的是：由于某种原因而在第二个冬季之前仍不能交付使用时，除对裂缝进行处理外，还必须采取可靠的越冬保温措施。

（3）用冻土块作回填，使地面下沉现象：解冻后发现回填冻土的地面下沉，形成陷坑，影响正常使用。在工业建筑中，由于地面下沉，使其上部设备也随之下沉。

原因分析：由于用超过规定粒径的冻土块和超过最大冻土含量的土进行填方，即使夯实，也达不到致密的效果，冻土在冬季很硬，填方空隙较大，待冻土解冻之后，发生融沉，出现陷坑。一般呈现出较大沉陷量。

防治方法：不应采用冻土进行填方，冬期施工填方之前应准备好暖土，或冻土加温融化后才可利用。冬期施工中填方工程应遵守有关规定。

事故处理：由于采用冻土填方造成融沉，使地面塌陷的事故是一次性的，待融沉完毕后可进行继续填平的处理。如果管沟发生坍陷，应先检查管道有无损坏，而后再填平。

土方工程尽量安排在入冬之前施工较为合理，但有时由于工期要求，为了保证建筑施工常年进行，不受气候影响，进行冬期进行施工又在所难免。在进行冬期土方工程时有三个基本目标，一是要保证工程质量，二是要降低工程成本，三是要保证施工安全。为此要根据当地的气候条件和具体的施工情况选择适当的施工方法。一般而言，在确定进行冬期土方工程后要对土体开始进行保温，施工前要进行解冻，土方开挖要根据具体施工情况确定是采用人工开挖或机械开挖或爆破方法，土方回填要保证回填土的质量。

第二节　砌筑工程的冬期施工

一、一般规定

1. 适用范围：本操作手册适用于工业与民用建筑所有砌体工程的冬期施工

2. 当室外平均气温连续 5d 稳定低于 5℃时，砌体工程应采取冬期施工措施。

注：①、气温根据当地气象资料确定。

②、冬期施工期限以外，当日最低气温低于 0℃时，也应按本章的规定执行。

3. 冬期施工的砌体工程质量验收除应符合本章外，尚应符合本规范前面各章的要求及国家现行标准《建筑工程冬期施工规程》JGJ104-97 的规定。

4. 砌体工程冬期施工应有完整的冬期施工方案。

5. 冬期施工所用材料应符合下列规定：

（1）石灰膏、电石膏等应防止受冻，如遭冻结，应经融化后使用。

（2）拌制砂浆用砂，不得含有冰块和大于 10 ㎜的冻结块。

（3）砌体用砖或其他块材不得遭水浸冻。

6. 冬期施工砂浆试块的留置，除应按常温规定要求外，尚应增留不少于 1 组与砌体同条件养护的试块，测试检验 28d 强度。

7. 基土无冻胀性时，基础可在冻结的地基上砌筑；基土有冻胀性时，应在未冻的地基上砌筑。在施工期间和回填土前，均应防止地基遭受冻结。

8. 普通砖、多孔砖和空心砖在气温高于 0℃条件下砌时，应浇水湿润。在气温低于、等于 0℃条件下砌筑时，可不浇水，但必须增大砂浆稠度。抗震设防烈度为 9 度的建筑物，普通砖、多孔砖和空心砖无法浇水湿润时，如无特殊措施，不得砌筑。

二、施工准备

1. 技术准备

（1）根据防冻剂性能和设计要求进行冬季施工砂浆的配合比试验，委托有关部门对砂浆配合比进行试配，并出具砂浆配合比报告；

（2）根据气温变化情况决定外加剂的种类和掺加数量；

（3）当采用掺盐砂浆法施工时，宜将砂浆强度等级按常温施工的强度等级提高一级。

2. 材料准备

（1）按冬季施工砂浆配合比要求，对所需原材料的品种、规格、数量上报材料进场计划并对进场材料质量进行检查验收；

（2）由持证材料员和试验员按规定对原材料进行抽样检验，确保原材料质量符合要求。

（3）冬季砌体施工中的保温，升温、围挡材料根据施工方案要求的落实进场计划和现场措施工作。

3. 现场管理准备

（1）做好有关施工人员的冬期施工培训工作，组织相关人员进行一次全面检查。

（2）每天记录好十天内天气预报，并以此为依据做好相应的工作安排和计划调整。

（3）机械设备搭好防护棚，材料入库，并做好防寒工作，室外的覆盖好，现场标养室挂好门帘遮风。须设立专人负责当日的测温工作，做好冬施砼施工记录。

（4）做好冬期砌体施工的技术交底工作，并对相关的临时设施、机械、设备等做彻底的全面检查，并做其保温和保养工作，保证其符合冬施生产的需要。

三、施工工艺流程

烧水升温
↓
现场围挡升温→砂浆搅拌→砌砖墙→砌体覆盖保温

四、操作要点

1. 冬期施工拌和砂浆宜采用两步投料法。水的温度不得超过 80℃；砂的温度不得超过 40℃。砂子不得含有冰块和直径大于 10 ㎝的冻结块

2. 砂浆使用温度应符合下列规定。

（1）采用掺外加剂法时，不应低于 +5℃。

（2）采用氯盐砂浆法时，不应低于 +5℃。

（3）采用暖棚法时，不应低于 +5℃。

3. 砌筑砂浆稠度：考虑到冬季施工砌块浇水有困难，可增加砂浆稠度来解决砖含水率不足而影响砌筑质量的问题，但砂浆最大稠度不应超过 130 ㎜。

4. 采用冻结法当室内温度分别为 0 ～ -11℃、-11 ～ -25℃、-25℃以下时，砂浆使用最低温度分别为 10℃、15℃、20℃。

5. 采用暖棚法施工，块材在砌筑时的温度不应低于 5℃，距离所砌的结构底面 0.5m 处的棚内温度也不应低于 +5℃。在暖棚内的砌体养护时间，应根据暖棚内温度，按表 10-3-1 确定。

表 10-3-1 暖棚法砌体的养护时间（d）

暖棚的温度	5	10	15	20
养护时间	≥ 6	≥ 5	≥ 4	≥ 3

6. 在冻结法施工的解冻期间，应经常对砌体进行观测和检查，如发现裂缝、不均匀下沉等情况，应立即采取加固措施。

7. 配筋砌体不得采用掺盐砂浆法施工。

8. 冬季砌体施工要点：

（1）砌筑前应清除加气混凝土砌块表面污物冰雪等，不得使用遭水浸和受冻后的砖或砌块。冬季施工砌块禁止浇水湿润。

（2）填充墙体施工时要求在正温下进行，施工时，将外墙门窗洞口用彩条布和草袋围护密封。若仍低于零度可用炉子烧火升温，以确保室内温度加热至 0℃以上。环境最低温度低于 -10℃时停止露天砌筑施工作业。

（3）掺盐法砌筑砖石砌体，应采用“三一”砌筑法进行砌筑操作。砌筑时灰缝应饱满，灰缝厚薄均匀，水平灰缝和垂直灰缝的厚度和宽度应控制在 0.8 ～ 1 ㎝。

（4）每日砌筑后应及时对砌筑表面用草帘进行覆盖，砌筑表面不应留有砂浆，继续砌筑前，应扫净砌筑表面。

（5）砂浆试块的留置：除应按常温规定外，增设两组与砌体同条件养护的试块，用于检验各龄期强度和转入常温 28 天的砂浆强度。

（6）砌体在外墙转角处和内外墙交接处，应同时进行砌筑施工，否则应留踏步槎。每日下班时，砌体表面不得铺砂浆，应用保温材料适当覆盖。每日砌筑高度，一般不超过1.8。

（7）冬季砌体施工的其他操作要点同普通砌体要求。

五、质量通病预防措施

（一）砌体结构裂缝

1. 现象

砌体施工结束后的第二年春天出现砌体隔断墙和填充墙与混凝土框架柱梁接触处产生竖向裂缝。在错层砖砌墙体上出现水平或竖向裂缝。楼层外墙或顶层墙体产生水平和斜向裂缝。顶层山墙和前后纵墙上的女儿墙根部出现裂缝。

2. 原因分析

（1）砌体材料由于膨胀系数不同，收缩不均匀和伸缩量不同，受温度差影响而引起的裂缝。冬期施工中砂浆不饱满或保温措施不到位造成砂浆受冻，春天气温回暖砂浆融化造成砌体下沉所致。

（2）楼层外墙或顶层受温度变化影响较大，冬期施工中外墙围挡和保温不足造成砌体胀缩或受冻，温度应力大，砌砖抗剪能力很低，因此出现砌体水平裂缝或在纵墙上出现竖向裂缝。

3. 预防措施

（1）严格按照冬期施工技术规程和方案要求做好砌体的保温工作，外墙或顶层砌体砌完后应及时做好保温隔热层，防止顶层梁板受烈日照射变化因温度而引起结构的膨胀和收缩。

（2）女儿墙因结构层后保温层温度变化或冻融产生变形，将女儿墙根推开而产生水平方向裂缝，为防止出现这一质量通病，铺设结构层、保温层材料时，必须在结构层或保温层与女儿墙之间留设温度缝，并用柔性密封材料填嵌。

（二）砂浆强度不符合要求

1. 砂浆强度不合格或不符合设计要求

2. 原因分析

（1）砂浆温度不够，运输途中温度损失较大，砌筑后砌体受冻。

（2）水灰比控制不好，和易性差。

（3）砂浆品种与设计不相符，或掺外加剂后无相应措施。

上述原因将酿成砌筑砂浆强度低，满足不了设计的砌体强度，导致砖砌体的水平裂缝、竖向裂缝。

3. 预防措施

（1）材料：外加剂必须具备产品技术说明和出厂合格证，并经试验配合比合格后方能配置砂浆。冬季砌筑砂浆所用外加剂随着环境温度不同，外加剂的掺量也有所不同，具体应严格按外加剂厂家提供的说明书决定掺量，并注意环境要求。

（2）冬期施工时搅拌砂浆必须提前加热水，确保砂浆上墙前不应低于＋5℃。砂浆运输途中要覆盖保温，运到作业层严禁直接倒在楼、地面上，必须倒入灰槽中并应覆盖保温。

（3）拌制砂浆要有计划，做到随拌随用，防止长时间不用而受冻。

（4）要重视砂浆试件的制作，包括底模及其托模砖的含水率、试件的插捣方式和养护。

（三）用冻结法砌毛石基础，毛石与砂浆没有粘接

1. 事故现象

冬期施工的毛石基础，在来年解冻之后发现砂浆与毛石之间没有粘接牢固，没有形成整块毛石砌体，用手就可以把已砌完的毛石拿下来，基础丧失承受上部荷载的能力。已砌完的毛石之间有错动变位的现象，上部砌体出现裂缝，或产生位移。

2. 原因分析

用冻结法砌筑毛石基础时，砂子没有加热，用凉水搅拌砂浆，毛石一直在露天堆放，与寒冷的室外温度相同，毛石表面和内心都是负温状态。砂浆放到毛石上立即冻结，或在毛石表面形成冰薄膜，使砂浆与毛石之间没有粘接，砌体的抗剪强度降低，影响毛石砌体的整体性。

3. 防治办法

原则上乱毛石砌体是不允许用冻结法施工的，如必须在冬期施工时，应在砂浆内掺入适量的防冻剂。即使采用掺盐砂浆，也不宜在 -20° 以下露天施工毛石砌体。当气温在 -20° 以下时可采用暖棚法施工，毛石应在砌筑前一天搬入暖棚内预热。为防止砂浆与毛石表面温差过大而产生冰膜，施工时此温度差应控制在 20° 以内。

（四）解冻时墙体倒塌：

1. 事故现象

解冻时自由独立的山墙或纵墙倒塌。

2. 原因分析

解冻时寒冷地区风力都较大，由于冬期施工，纵墙的楼板、屋面大梁、屋架等没有安装在砖墙上，使房屋的纵墙、山墙形成了上端是自由端的构件，其计算长度为原设计两倍，在风荷载作用下，容易产生墙体下端强度不足或失去稳定而倒塌。另外由于构造上不合理也是产生倒塌的原因。

3. 防治办法

在工业建筑和民用建筑中，层高较高的墙体当冬期施工不能安装楼板和屋面承重结构时，在解冻之前必须作好临时支撑，避免由于上端是自由端所带来的危害。临时支撑应与设计单位配合设置，目的在于减小墙体计算高度，增强稳定、特别是加强抗风能力。

（五）混凝土构造柱及圈梁受冻

1. 事故现象

砖混结构中抗震构造柱及圈梁混凝土由于措施不当经常出现早期受冻，混凝土表面出现鸡爪纹，影响混凝土耐久性，在北方高寒地区经常出现。

2. 原因分析

（1）因圈梁及构造柱表面系数 M 值偏大，混凝土浇筑后热量很快被砖墙吸收，因此降温较快。

（2）圈梁及构造柱混凝土由于措施不合理（其中包括外加剂选择及保温方法）混凝土未达到受冻临界强度而已受冻。

3. 防治办法

（1）提高混凝土入模温度，一般控制在 20 ~ 25° 之间。

（2）混凝土掺入抗冻性外加剂的效果较好。

第三节　混凝土结构工程的冬期施工

冬季施工由于施工条件及环境不利，是工程质量事故出现的多发季节，尤其是水泥混凝土工程冻害较为多见。且水泥混凝土冻害事故具有隐蔽性、滞后性，大多数在温度上升阶段才暴露出来，严重影响混凝土结构使用和安全。冬季施工的关键问题是如何根据不同温差、不同部位，采取不同的加热、保温等技术措施，确保构筑物在低温环境中的施工质量。

一、起止日期的确定

1. 进入冬季，当室外日平均气温连续 5 天稳定在 5℃以下，则此 5 天的第一天为进入冬季施工的初日；转暖后，室外日平均气温连续 5 天稳定在 5℃以上，则此 5 天的最后一天为冬季施工的终日。

2. 在昼夜温差或同一地方局部温差较大的地区，可以按照最低温度连续出现 5 日左右负温作为进入冬季施工的标志。

二、施工准备

1. 当室外日最低气温低于 0℃时，即采取冬期施工措施，并制定冬季施工方案，包括以下内容：施工程序，施工方法，现场布置，设备、材料、能源、工具的供应计划，安全防火措施，测温制度和质量检查制度等。

2. 与当地气象台站联系，及时接收天气预报，防止寒流突然袭击。

3. 测量施工期间的室外气温，暖棚内气温，混凝土温度。

4. 根据实物工程量提前组织有关机具、外加剂和保温材料进场。

5. 搭建加热保温用的炉灶、管道、暖棚，对各种加热的材料、设备要检查其安全可靠性。

6. 工地的临时供水管道、工程用材料做好保温防冻工作

7. 做好冬季施工混凝土试配工作，提出施工配合比。

三、冬期施工测温

1. 测温范围：大气温度、原材料温度、混凝土出罐温度、入模温度、混凝土入模后初始温度、养护温度、拆模温度等。

2. 测温工具：测温百叶箱、玻璃水银温度计等。

3. 测温孔的布置一般选在温度变化较大、容易散失热量、构件易遭冻结的部位。梁、板的测温孔应与梁、板水平方向垂直留置；梁侧孔每 3m 长设置 1 个，每跨至少 1 个，孔深 1/3 梁高；桥梁每墩柱上、下端各设 1 个测温孔，孔深 10cm，测孔与柱面成 30° 倾斜角；涵洞工程在浇注完的涵身内侧沿涵长方向两侧洞口和中间各设置 1 个测温孔，孔深 10cm；在浇注完的桥台身及侧墙上、下端各设置 1 个测温孔，孔深 10cm；小型预制件必须在暖棚内施工，暖棚内根据面积大小挂设 2 ~ 6 根温度计；小型构件施工现场，在工作面随机挂设温度计 1 根。

4. 测温孔可采用预埋内径 12mm 金属套管制作。

5. 测温时温度计插入测温孔后，堵塞住孔口，留置在孔内 3 ~ 5min，然后迅速从孔中取出，使温度计与视线成水平，仔细读数，同时将测温孔用保温材料按原样覆盖好。

6. 现场测温结束时间：混凝土达到临界强度，且拆模后混凝土表面温度与环境温差 ≤ 15℃、混凝土的降温速度不超过 5℃ /h、测温孔的温度和大气温度接近。

四、冬季施工措施

早期混凝土强度的增长是抵抗冻害的关键。由于受气温的影响，混凝土强度的增长取决于水泥水化反应的结果，当气温低于 5℃时，与常温相比混凝土强度增长缓慢，养护 28d 的强度仅达 60% 左右，这时混凝土凝结时间要比 15℃条件下延长近 3 倍，当温度持续下降低于 0℃以下时，混凝土中的水开始结冰，其体积膨胀约 9%，混凝土内部结构遭到破坏，强度损失。因此冬期施工混凝土，使其受冻前尽快达到混凝土抗冻临界强度是至关重要的。为了给冬期浇注混凝土创造一个正温养护环境，必须采取一系列措施，应从混凝土配合比设计，原材料加热，混凝土拌和、运输、浇注过程的保温，养护期间的防风、供热等方面考虑。

1. 原材料的要求

（1）选用普通硅酸盐水泥，水泥标号不应低于 42.5 号；采取袋装水泥，应事先存放在水泥棚中预热保温；水泥最小用量不应少于 300kg ／ m³，水灰比不宜大于 0.50，不得大于 0.60；掺用防冻剂的混凝土，严禁使用高铝水泥；

（2）所用骨料必须清洁，不得含有冰雪等冻结物及易冻裂的矿物质。在掺用含有钾、钠离子防冻剂的混凝土中，骨料中不得混有活性材料，以免发生碱——骨料反应；

（3）合理选用各种外加剂，其技术指标必须符合相应标准，宜使用无氯盐防冻剂，对非承重结构的混凝土使用氯盐外加剂中应有氯盐阻锈剂这类的保护措施。氯盐掺量不得超过水泥重量的 1%，素混凝土中氯盐掺量不得大于水泥重量的 3%；

（4）一般饮用的自来水及洁净的天然水都可作为拌制混凝土用水。为了减少冻害，应将配合比中的用水量降低至最低限度。办法是：控制坍落度，优先选用高效减水剂；

（5）蓄水池采用泡沫塑料板包裹，顶部覆盖隔热层保温；

（6）砂、石场堆料采用表层覆盖防止雨雪进入，必要时搭建暖棚；

2. 混凝土的拌制

（1）严格按照配合比生产，搅拌前先用热水冲洗搅拌机 10min，搅拌时间为 90 ± 3s（为常温搅拌时间的 1.5 倍）；

（2）搅拌时投料顺序为石→砂→水→搅拌→水泥→外加剂→搅拌；

（3）生产期间，派专职人员负责清除砂石冻块；

（4）随时检测骨料含水量，施工时从拌和水中扣除由骨料及防冻剂溶液中带入的水分；严格控制混凝土的坍落度；

（5）与气象单位保持联系，对预报气温仔细分析取保险值，分别按 0℃、−5℃、−10℃和 −15℃对防冻剂试验，严格控制其掺量；

（6）随时测量原材料温度，水温控制在 40 ~ 70℃，粗集料、细集料温度控制在 10 ~ 40℃，保证水泥不与温度≥ 80℃的水直接接触；混凝土温度不超过 40℃；

（7）混凝土出场温度不低于 10℃；必要时搭建全封闭暖棚拌和施工。

3. 混凝土的运输

（1）拌合物出机后应及时运到浇筑地点，运输工具均包裹隔热帆布或棉被，减少热量的损失；

（2）注意防止混凝土热量散失、表面冻结、混凝土离析、水泥浆流失、坍落度变化，运输工具除保温防风外，还应严密、不漏浆、不吸水。

（3）运输中混凝土降温速度不得超过 5℃ /h，保证混凝土的入模温度不得低于 5℃。严禁使用有冻结现象的混凝土。

4. 混凝土的浇筑

（1）根据材料温度、环境温度、运输方式、运输时间、倒运次数等参数按相应公式计算混凝土拌和物拌和、出机、入模等环节温度，并在混凝土浇筑前要对入模温度进行试验验证。

（2）浇筑混凝土前将模板、钢筋上的冰、雪、污垢清理干净；已浇注混凝土在未被上层混凝土覆盖前不得低于 2℃；混凝土成型开始养护时的温度不得低于 10℃；施工接缝混凝土时，在新混凝土浇筑前应加热使接合面有 5℃以上的温度，浇筑完成后，应采取措施使混凝土接合面继续保持正温，直至新浇筑混凝土获得规定的抗冻强度；

（3）正确的养护能避免混凝土产生不必要的温度收缩裂缝和冻害。在冬施条件下必须采取冬施测温，监测混凝土表面和内部温差不超过 15℃。

混凝土养护根据外界温度可以采用蓄热法、综合蓄热法、综合加温蓄热法等方法。

（4）养护时注意事项：①对于边角等薄弱部位或迎风面，应做好塔接；②测量放线必须掀开保温材料（5℃以上）时，放完线要立即覆盖；③在新浇筑混凝土表面先铺一层塑料薄膜、防止水分散失。再加温；④拆模后混凝土注意保湿保温；⑤保温（加热）养护时间以混凝土强度达到设计强度的 100% 为准。

5. 拆模

留置同条件养护试件，拆模前进行抗压强度检验。当混凝土未达到受冻临界强度均不得拆除保温加热设备。混凝土冷却到 5℃以后，且超过临界强度并满足常温混凝土拆模要求时方可拆模；当混凝土与外界气温相差大于 15℃时，拆除模板后的混凝土表面应加以覆盖，使其缓慢冷却。混凝土温度通过温度计来测定。

6. 试块留制

在浇筑地点随机取样制作试件，每次取样应同时制作不少于 3 组试件。1 组在标准条件下养护至 28d 试压，得强度 f_{28}；1 组与构件在同条件下养护，在混凝土温度降至 0℃时（负温混凝土为温度降至防冻剂的规定温度以下时）试压，用以检查混凝土是否达到抗冻临界温度；1 组与构件在同条件下养护至 14d，然后转入 20℃标准条件下继续养护 21d，在总龄期为 35d 时试压，得强度 $f_{14\text{，}+21}$。如果 $f_{14\text{，}+21} \geqslant f_{28}$，则可证明混凝土未遭冻害，可以将 f_{28} 作为强度评定的依据。

第四节　装饰工程的冬期施工

冬季，气候条件特殊，给室内装修施工带来一些困难，但同样在冬季施工又具有特殊优势。完善的冬季施工体系，是优质工程的最佳保障！

一、装饰工程冬季施工优势

冬季霜冻时间长，温度低，大风、沙尘天气较多，对装修工艺提出了更高的要求，但是冬季施工也有其他季节难以比拟的优势：

1. 温度优势

由于室内在低温环境中连续供暖，所以居内温度均衡，温差较小，使装修材料的物理性能更加稳定，有效减少装修材料的开裂、变形；有利于墙表面腻子的固化，减少粉化、开裂；有利于油漆涂料的水分快速蒸发，成膜效果好。

2. 湿度优势

冬季空气的相对湿度较小，有利于木制品结构的稳定：木制品施工中黏合剂迅速脱水，粘接强度高；有利于墙地砖施工后水分的挥发，有效减少墙地砖瓷面裂纹损坏；有利于木器油漆过程的水砂纸打磨，施工进度快，油漆效果好。

3. 环境优势

由于室内适宜的温度、湿度和良好的通风等因素，有利于甲醛、TVOC 等的挥发，有效减少有毒物质在装修材料中的残留量；有利于各种装修材料气味的迅速挥发。

二、冬季施工标准

（一）冬季施工之施工标准

1. 冬季气温低，抹灰、刮腻子、贴瓷砖等作业面容易受冻，容易出现空鼓等质量问题。因此，对于还没供暖的房间，温度低于5℃时，应暂停水泥砂浆找平抹灰、墙地砖的铺贴施工；低于8℃时，停止油漆涂刷施工。

2. 瓦工用的沙子不能有冰块，根据实际施工需求在室外施工时适当添加防冻剂，搅拌水泥砂浆时，水的温度不能超过80℃，要随用勤调。

3. 室内湿度要保持在25 ~ 40%，低于25%时，应通过放置水盆或地面洒水的方式，人工增加湿度；湿度高于40%时，应加强通风。

4. 室内通风要求：在保证室内温度的前提下要自然通风，但一定要避免强烈的空气对流，采用中央空调供暖施工的现场，应加强新风循环。木器施工未涂刷油漆之前避免通风。

5. 油漆涂刷施工时应加强通风，避免有害气体的聚集，同时避免与墙面打磨等粉尘作业同时进行。

6. 在易产生粉尘的施工过程中，应加强空气湿度、增加清扫次数。

7 依据热胀冷缩的原理，冬季施工要注意留出适当的缝隙。

（1）施工时门缝不宜太小，以免夏天门发紧，不能开关自如；

（2）铺实木地板时，四周要留出5 ~ 8毫米左右的伸缩缝，否则会造成起鼓、悬空现象；

（3）对于因不同材质伸缩系数不同而出现裂缝的情况，施工人员应采取预留缝的办法进行防治，所有木制品接缝控制在1毫米左右，石膏板、硅酸钙板接缝控制在8毫米左右。

（二）冬季施工的材料保护标准

1. 木材、板材码放离开热源800mm，避免因过热导致木材和板材的开裂、变形。

2. 每两张饰面板为一对，面对面逐层平面码放，并用大芯板在上表面加载压力，保证饰面板不卷曲、不变形、不开裂。

3. 无论是墙砖还是地砖，都应该先将材料从室外搬到室内过渡24小时，适应了室内温度以后才能铺贴，以免施工后出现空鼓、脱落的现象。

4. 水性涂料、胶类应存放在温度5℃以上的房间，避免放在阳台，防止冻坏。

5. 油漆和易挥发化学物品应单独存放，远离热源，房间要不间断通风。

6. 水性材料送到现场后应进行检验，一旦发现变质、变性要及时退回库房，禁止使用。

（三）冬季施工的文明施工标准

1. 确定材料码放地，放置灭火器。

2. 确定取水龙头后，将其他水源封闭。

3. 对室内采暖设施，对热水采暖的阀门、跑风、电热采暖的温控器进行封闭、包扎保护。

4. 封堵不用的下水口、通风管道等，并用保护膜包扎牢固。

5. 封闭开关不严密的门窗，每日施工结束后认真关好门窗。

6. 每日由带班工长检查采暖设施是否完好。

（四）冬季施工的采暖保护标准

1. 热水暖气采暖

（1）禁拆任何暖气管件、阀门和附属设施。

（2）禁止在暖气散热器上放置物品。

（3）严禁在暖气管线和散热器上悬挂物品。

（4）施工中应注意保护暖气的管线、附件、散热器，尤其是跑风。

2. 空调系统

（1）严禁拆卸或移动空调设施。

（2）定期清理空调回风口滤网，高粉尘作业时应每日清理，严格按空调使用说明书操作。

（3）空调调速开关应置于中、低风速，并且设立专门保护箱盖。

三、施工安排

（一）人员安排

为确保冬季施工正常进行，组织成立冬施领导小组。领导小组成员包括：项目经理理、各施工单位负责人。

（二）冬施施工项目工程

冬施期间涉及与气温相关的施工项目有：墙面抹灰、涂料、油漆施工；大理石墙、地面施工；墙地砖铺贴。

1. 施工进度计划

（1）冬施期间，结合工程的特点及相关方面的指令指标，做好各分项及整体项目的计划安排。

（2）必须冬施期间完成的分项工程做到合理安排，措施齐全。

2. 冬施准备工作

（1）组织措施

①进行冬季施工的工程项目，在入冬前应组织专人编制冬季施工方案。编制原则是：确保工程质量；经济合理，使增加的费用为最少；所需的热源和材料由可靠的来源，并经两减少能源消耗；确实能缩短工期。冬季施工方案应包括以下内容：施工程序；施工方法；现场布置；设备、材料、能源、工具的供应计划；安全防火措施；测温制度和质量检查制度等。方案确定后，要组织有关人员学习，并向队组进行交底。

②进入冬季施工前，专门组织技术人员业务培训，学习本工作范围内的有关知识，明确职责，经考试合格后，方准上岗工作。

③与当地气象台站保持联系，及时接受天气预报，防止寒流突然袭击。

（2）图纸准备

凡进行冬季施工的工程项目，必须复核施工图纸，查对其是否能适应冬季施工要求。如：能否在冷状态下安全过冬等问题，应通过图纸会审解决。

（3）材料准备

①液体材料、易被冻坏材料，冬施前合理储备，足量存放，综合安排，尽可能避开低温进货。

②现场冬施期间进场的材料二次搬运时做好覆盖保护工作，并及时运到施工现场，码放整齐，远离潮湿及风寒侵袭之地。

③准备好对施工现场进行封堵的材料；检查施工现场，对于需封闭之处做好封堵工作，防止室外寒气侵袭。

④对于易燃易爆的材料设专库存放，并防止足量灭火器

（4）机械准备

室内装饰的机械、工具均不受冬季施工影响，平时使用的工具做到不淋雨雪，妥善保管即可；定期检查临电设施，防止电线硬化破损

（5）现场准备

现场集中供暖，室内温度不宜低于 8 ℃，不应低于 5℃。

准备温度计，每天早晚两次检查，做好测温记录，反馈给施工现场。

（6）技术准备

①工程管理人员应认真熟悉图纸和国标 GJ104–97《建筑冬期施工规程》。

②现场技术员及工长应结合冬施方案对施工队伍进行详细的技术交底，使冬施方案落实到施工班组。

四、主要施工技术措施

1. 抹灰工程

（1）砂浆要随用随搅拌，防止砂浆冻结，室内抹灰的环境温度不低于 5℃。

（2）室内抹灰结束后，在 7d 以内，应保持室内温度不低于 5℃，抹灰层可采用加温措施加速干燥，但要注意通风，排除湿气。

（3）施工要求分层抹灰时，底层灰不得受冻。

（4）施工时，为保证质量及室内的环保，切忌盲目使用添加剂（如防冻剂、早凝剂等）

（5）用临时热源增温时，应当随时检查抹灰层的温度，如干燥过快发生裂纹时，应当进行淋水湿润，使其与各层（底层、面层）能很好地黏结，防止脱落。

（6）地面找平层完工后，切记蓄水养护，养护达到 48 小时后，方能泄水，否则地面易起砂、空鼓、裂缝。

2. 镶贴工程

（1）冬季墙地砖在铺装之前要经过泡水处理，一定要使之水分达到饱和状态。（釉面砖在冬季施工时，宜在 2% 盐水中浸泡 2 小时）

（2）无论是墙砖还是地砖，需从室外搬到室内过渡 24 小时后，待材料温度升高，适应了室内温度时才能铺贴，以免施工后出现空鼓、脱落的现象；砖铺贴之后应及时勾缝。

（3）地面石材及墙、地砖施工

①大理石地面结合层砂浆铺设前应将基底湿润，并在基底上刷一道素水泥浆，随刷随铺设搅拌均匀的干硬性水泥砂浆。此时施工现场温度必须达到要求，防止受冻

②将大理石块放置在干拌料上，用橡皮锤找平，之后将块材拿起，在干拌料上浇适量素水泥浆，同时在大理石背面涂厚度约 1mm 的素水泥膏，然后再放置在干拌料上

③大理石地面施工时，与周边墙面必须留置宽度为 2mm 的缝隙，以利于地面收缩

④大理石面层施工时应注意不得破坏房间内的防水层

⑤墙、地砖铺贴等湿作业冬施期间应保持室内温度高于 5℃，并做好防冻保温措施，以确保砂浆不受冻。

3. 木制品工程

（1）在预防饰面板开裂方面，装饰面板在运到工地后，应用干毛巾擦去浮尘，连续涂刷两遍清漆封底。所有装饰面板都应该平放，最下面垫一张大芯板，上面压一张大芯板，不能立着放，这样就可以防止面板开裂、起翘。

（2）装修中所用木材、木料，需在有采暖设备的室内放置三至五天，以挥发掉由于温度变化而结出的水分。这样做是让木材的含水率接近屋内的水平，可避免装修后出现木质变形。

（3）门、窗安装后的开启缝不宜太小，以免夏天热胀发紧，关不严。

4. 石膏板吊顶、隔墙工程

石膏板之间、石膏板与墙面之间接缝的地方，均应留出约 0.5 厘米的缝隙，用石膏粉填缝，然后双贴牛皮纸或网格布，再刮腻子，可防止石膏板拼接处及交圈开裂。

5. 涂料工程

（1）冬天在墙壁上刮完腻子，一定要等干透后再刷涂料，否则墙体容易“出汗”甚至有大面积开裂现象。在离暖气近的墙面附近，切记腻子不能刮得过厚。

（2）刮完腻子要开窗通风，时间最好选在上午 10 点至下午 4 点之间。这一段时间气温相对高些，可以防止新刮的腻子冻结。等第一遍腻子完全干透后，再刮第二遍腻子。第二遍腻子完全干透后，再用砂纸仔细打磨，然后再刷涂料。

（3）室温应保持均衡，不得突然变化，室内相对湿度不大于 80%，以防室内出现冷凝水现象。施工中如不能利用永久性采暖通风设施，可采用电暖器，局部可使用碘钨灯进行加热。

（4）冬季室内涂料施工，材料不应受冻。最低温度不低于 5℃，同一施工段温差不超过 5 ~ 6℃，一昼夜内环境温度不得低于 3℃。

（5）若遇上大风降温天气，不宜进行油工作业，因为冬季风沙较大，涂料和油漆未干时容易附着尘土，应注意选择无风的天气进行涂刷，保证涂料施涂的环境温度不低于 5 摄氏度，清漆施涂时的环境温度则不低于 8 摄氏度，应严格按照产品说明中的温度施涂。为防止沙粒落在油漆表面要紧闭门窗。

五、施工管理措施

1. 当气温连续五天低于 5℃时，进行冬季施工防护措施。各关键施工区域应安装温、湿度表，每天记录室内温度、湿度变化。

2. 各种洞口需通风的除外，其他均应进行临时封闭，其他作为通道的门、楼梯口用重棉被的方法遮挡，以保持室内温度。

（一）质量保证措施

1）严格按照施工图纸及技术规范的要求进行施工

2）使用的特殊材料，要先进行试验工作，确定出施工工艺参数，并在施工中严格按照工艺参数进行施工

3）各分项工程施工前，施工员应对作业班组进行技术交底，质量交底，明确分项工程质量要求以及操作时应注意的事项

4）在分项工程施工过程中，质检员根据施工与验收规范要求随时检查质量

5）施工过程控制是施工质量控制的关键，主要内容包括：完善工序质量控制，把影响施工质量的因素纳入管理范围，即使检查审核质量统计分析资料和质量控制图表，抓住

关键问题进行处理和解决。

6）在本工程组织施工时，施工人员必须在技术人员交底后做好交底记录，在明确工艺要求、质量要求和操作要求的基础上进行。施工过程中发现问题，应及时向技术人员反馈，经项目技术负责人同意后，方可继续施工。现场管理人员必须加强技术复核及三检制等质量管理制度的执行力度，以使本工程的质量提高到一个较高的水平。

7）工程质量承诺：确保本工程质量达到符合国家相关规范要求。并确保达到北京市安全文明工地标准。

（二）安全措施

（1）施工人员进入施工现场必须佩戴安全帽

（2）施工现场严禁吸烟

（3）电源开关、控制箱等设施要统一布置，加锁保护，严禁私拉乱接电器，拆接电必须找电工，临时接线不得使用裸线

（4）涂料使用后应及时封闭存放，废料应及时清出室内，施工时室内保持良好通风，但不宜有过堂风

（5）高处作业应检查马凳是否牢固

（三）消防措施

（1）消防保卫人员（或班组长兼）为消防安全直接负责人，负责本班组的防火安全日常管理工作，制定措施，接受总包的监督检查。

（2）在施工生产、日常活动等工作中，要认真执行国家、市政府法律及总包的防火规章制度，确保安全。

（3）施工现场所属人员必须遵守施工现场用火管理制度，施工现场严禁吸烟。

（4）使用明火作业前，必须办理动火证，特殊工种如电焊工凭操作证、动火证、消防合格证（三证）进行操作。

（5）施工现场以配备足够的灭火器，并设专人定期检查、维护。

（6）施工现场水源及消火栓应投标记。

（四）成品保护措施

（1）涂料未干前，不应打扫室内地面，严防灰尘等玷污顶面涂料。

（2）工人涂饰时严禁蹬踩已涂好层的部位，防止小油桶碰翻涂料污染墙面。

（3）大理石面层完工后在养护过程中应进行遮盖、遮挡和润湿，正常天气下，大理石地面的养护时间不应少于 7 天，冬期施工应适当延长养护时间。

（4）后续工程在大理石地面面层上施工时，必须进行遮盖、支垫，严禁直接在大理石地面上进行施工。

（5）地面面层施工时应注意不得破坏房间内的防水层。

（6）冬施期间应定时进行通风，但不得出现过堂风，如遇大风天应关闭门窗。

第五节　雨期施工

雨季施工面临雨多、风大等不利环境因素的影响，并能直接危及生产安全，给企业带来无法估量的损失，因此科学合理组织施工，采取安全技术措施，积极应对雨期施工面临的各种危险状况，对提高抗风险能力、保障企业生产安全，具有重大意义。

一、雨期施工总要求

1. 确保信息畅通。由于雨季施工暴风雨等恶劣天气的不确定性和突发性，对破坏程度难以进行预测，需要加强对气象信息的监控管理，及时采取有效的安全措施，加强防范。

2. 防护的全面性。施工现场涉及面较广，包括现场和临时设施的安全防护以及全部人员的安全，因此在制定安全措施时一定要全面细致周到，不可因事小而不为，以留有隐患，带来损失。

3. 科学组织施工。编制施工组织设计时充分考虑雨期施工的特点，将不宜在雨季施工的工程提前或延后安排，搞好工序穿插，提高工效和施工速度，遇到较大的暴风雨天气应停止施工。

4. 快速反应做好防汛抢险救灾应急准备。在雨期施工时，各种防护措施要进一步加固。确保抢险救灾物资人员到位，发生险情立即启动应急预案。

二、雨季施工准备措施

1. 合理安排作息时间。遇较大的暴风雨天气应停止所有的作业人员撤到安全地方。

2. 做好现场排水。

（1）雨季施工现场应处理好危石防止发生滑坡、塌方等灾害。

（2）保证道路畅通，路面根据实际情况分别硬化或加铺沙砾、炉渣或其他材料，并按要求加高起拱。

（3）原材料、成品、半成品的防护。对材料库全面定期检查，及时维修，做到四周排水良好，墙基坚固，不漏雨渗水，钢材等材料存放采取相应的防雨措施，确保材料的质量安全。

（4）严格按防汛要求设置连续、畅通的排水设施和应急物资，如水泵及相关的器材、塑料布、油毡等材料。

三、各重点工程雨季施工安全措施

1. 基础工程

1）土方开挖

（1）条形基础开挖时实行地面截水方法。在开挖基槽周围设挡水坝并挖排水沟排水，以拦截下雨时地表水进入基坑内，做好基坑防护，必要时用草袋护坡以防止流沙、滑坡。

（2）对于基坑开挖，在基坑底部周边设置排水沟及积水井用于降水和排水。

（3）雨期开挖基槽（坑）或管沟时，应注意边坡稳定。必要时可适当放缓边坡度或设置支撑。施工时应加强对边坡和支撑的检查控制；对于已开挖好的基槽（坑）或管沟要设置支撑；正在开挖的以放缓边破为主辅以支撑；雨水影响较大时停止施工。

（4）为防止边坡被雨水冲塌，可在边坡上加钉钢丝网片，并抹上 50mm 细石混凝土；也可用塑料布遮盖边坡。

（5）雨期施工的工作面不宜过大，应逐段、逐片的分期完成，雨量大时，应停止大面积的土方施工；基础挖到标高后，及时验收并浇筑混凝土垫层；如被雨水浸泡后的基础，应做必要的挖方回填等恢复基础承载力的工作；重要的或特殊工程应在雨期前完成任务。

2）回填土

回填土应严格控制含水量。雨后，施工前填土必须经甲方监理检验认可后方可进行回填。当土的含水量大于最优含水量的范围时，必须采取翻松、晾晒、风干等方法使含水量达到要求再回填夯实。必要时采取换土回填、均匀掺入干土或其他吸水材料等措施。回填按规范要求分层回填，每层回填土夯实后必须在监理的监督下取样送试验室检验，检验合格后方可进行下道工序。

2. 混凝土工程

加强气象预测预报的联系工作。安排专职人员收集收听气象信息，及时将信息传递给施工有关人员，尽可能避免在雨天浇筑砼。若因连续浇筑不可避免时，必须采取相关措施加以保护，确保砼质量。

1）配合比控制

雨季施工应严格控制砼配合比的准确性。雨后，致使砂石含水量增大，砼搅拌前必须检测砂石含水量并安排专职计量员根据设计配合比对用水量进行合理调整，使之达到设计要求。

2）砼浇筑前的准备工作

砼浇筑前，必须准备好薄膜、草帘或篷布等防雨用品。砼浇筑过程中偶遇大雨，如必须连续浇注，必须采取防雨措施，采用薄膜等防雨雨具随打随盖，防止雨水进入以浇筑好的砼内，并随时检测砼坍落度及时调整，确保砼质量；否则立即停工，并按要求留好施工缝。如遇到刚浇的砼表面水泥浆被雨水冲走，必须在砼初凝前撒同标号同品种水泥将表面进行重新收光处理。

3）雨后施工

砼浇筑前必须清除模板内的积水。雨后继续施工时，先对接合部位进行技术处理后，再进行浇注。混凝土在雨季施工时，应注意对材料堆场做好排水工作，不得使原材料中掺入泥浆，若有泥浆应加以冲洗。

3. 模板工程

模板堆放应在下部设置垫木，上部采取防雨措施，周围不得有积水。模板支撑处地基应坚实或加好垫板，雨后及时检查支撑是否牢固。模板内积存的雨水，在浇筑混凝土前彻底排除干净。拆模后，模板要及时清理并涂刷模板油，大雨过后应重新刷一遍。

4. 钢筋工程

钢筋应堆放在垫木或石子隔离层上，周围不得有积水，防止钢筋污染锈蚀。锈蚀严重的钢筋使用前要进行除锈，并试验确定是否降级处理。雨天避免钢筋焊接的施工，以免影响施工质量。钢筋作业要搭设防雨棚，焊接接头未冷却之前，严禁雨水冲刷，避免发生脆断。在大、中雨天时，严禁进行焊接施工，在细雨天时，焊接施工现场要搭设简易雨棚遮蔽防护。

钢筋碰焊工作必须在碰焊室内或碰焊棚下进行，且：1）碰焊室顶棚、墙面应使用防火材料；2）室内电源应设箱、上锁；3）碰焊机外壳必须接地良好，碰焊时严禁带电调整电流：

5. 脚手架工程

1）六级以上大风、大雾、雷雨天气必须暂停搭拆脚手架及在脚手架上作业。坡道及作业面必须做好防滑措施。

2）脚手架必须有良好的防雷、避雷装置并有可靠的接地措施。金属脚手架要做好防漏电措施，脚手架与现场施工电缆（线）的交接处应用良好的绝缘介质隔离，并配以必要的漏电保护装置，或者重新布置现场施工电缆（线），避免与金属脚手架的交接。

3）外脚手架地基应平整夯实，立杆设垫板并穿铁靴。不得在未经处理的地面上直接搭设脚手架。

4）脚手架应设置足够的刚性拉结点，依靠建筑结构的整体刚度来加强和确保整个脚手架的稳定性。

5）雷雨大风天过后，需对脚手架基础、拉结点及架体进行全面检查，消除隐患后方可使用脚手架。适当添加与建筑物的连接杆件，这样可增强脚手架的整体性与抗倾覆的能力，增加稳固性。

6）脚手架上的马道等要供人通行的地方应做好防滑与防跌措施，如及时更换表面不定期于光滑的踏板、在通道两边加装防护网等。

7）雨期不宜在脚手架上进行过多施工，工作面不能铺得过大，要控制脚手架上的人员、构件及其他建筑材料的数量，在脚手架上的动作不宜过于激烈。

8）雨季施工用的脚手架要定期进行安全检查，对施工脚手架周围的排水设施要进行认真的清理和修复，确保排水有效、不冲不淹、不陷不沉，发现问题及时处理。

6. 砌体工程

砌体的整体稳定性多取决于砂浆等黏合剂以及砌体材料的含水量，这两项都会在雨期施工时受到较大影响。因此在此段时期施工应掌握以下几个要点：

1）砖在雨期必须集中堆放，不宜浇水。砌墙时要求干湿砖块合理搭配，砖湿度较大时不可上墙。砌筑高度不宜超过 1m；

2）雨期遇大雨必须停工。砌砖收工时应在砖墙顶盖一层干砖，避免大雨冲刷灰浆。大雨过后受雨水冲刷过的新砌墙体应翻砌最上面两匹砖；

3）稳定性较差的窗间墙、独立砖柱，应加设临时支撑或及时浇筑圈梁，以增加墙体稳定性。

4）砌体施工时，内外墙要尽量同时砌筑，并注意转角及丁字墙间的连接要同时跟上。遇台风时，应在与风向相反的方向加临时支撑，以保护墙体的稳定；

5）砌体砂浆的拌和量不宜过多，应以能满足砌筑需要为宜。拌好的砂浆要注意防止雨水的冲刷。

6）雨后继续施工，须复核已完工砌体的垂直度和标高；并检查砌体灰缝，对于受雨水冲刷严重的地方必须采取必要的补救措施。

7. 装饰工程

室内装修最好应在屋面、楼地面工程完成后再做；或采取先做地面，堵严各种孔洞、板缝，防止上层向下漏水。室外抹灰工程应安排在晴天施工，至少应能预计 1–2d 的天气变化情况，对已施工的墙面，应注意防止雨水污染；雨天转入室内作业。安装好的门窗，应有人负责管理，降雨时应及时关闭并应插销，以防止风雨损坏。室内抹灰尽量在做完屋面后进行，至少做完屋面找平层，并铺一层油毡；雨天不宜做罩面油漆。

8. 吊装工程

1）构件堆放地点要平整坚实，周围要做好排水工作，严禁构件堆放区积水、浸泡，防止泥土粘到预埋件上。

2）塔式起重机路基，必须高出自然地面 15cm，严禁雨水浸泡路基。

3）雨后吊装时，应首先检查吊车本身的稳定性，确认吊车本身安全未受到雨水破坏时再做试吊，将构件吊至 1m 左右，往返上下数次稳定后再进行吊装工作。

4）雨天可能会影响起重机司机的视线，若司机没有在雨天进行吊装的经验，停止吊装工作，或请有经验的司机来进行。

5）停止施工时，应将塔吊的吊钩收回靠拢塔身，不得在吊钩上遗留吊索、建筑构件等任何物体，以防止这些重物被风吹动导致塔吊摇晃，严重的会引发塔吊倒塌的事故发生。

6）由于构件表面及吊装绳索被淋湿，导致绳索与构件之间摩擦系数降低，可能发生构件滑落等严重的质量安全事故；此时进行吊装工作应加倍注意，必要时可采取增加绳索与构件表面粗糙度等措施来保护吊装工作的安全进行。

7）雨天吊装应扩大地面的禁行范围，必要时增派人手进行警戒。

8）六级以上风力或暴雨天气停止一切吊装作业。

9. 建筑装饰材料

1）水泥、装饰材料等应尽可能入库堆放，材料库必须设在施工现场地势较高处，做好地面硬化处理。库房周围设置排水沟与场区排水管网连接，避免材料受潮。

2）露天堆放材料堆放地必须选择地势较高处，地面硬化处理，周边设置排水沟。钢筋等材料下必须加设垫板。水泥等材料若露天堆放需覆盖篷布等防雨措施且雨具要密封稳定压实。

10. 机械设备

1）防雨。所有机械棚要搭设固牢，防止倒塌淋雨。机电设备采取防雨、防淹措施，可搭设防雨棚或用防雨布封存，机械安装地点要求略高，四周排水较好。安装接地装置。移动电闸箱的漏电保护装置要可靠灵敏；

2）防雷击。雨季是雷电多发季节，在施工现场为防止雷电袭击造成事故，必须在钢管脚手架、塔式起重机、物料提升机、人货电梯等安装有效的避雷装置，避雷接地电阻不得大于 10Ω。

3）防触电。施工现场用电必须符合三级配电两级保护，三级电箱作重复接地，电阻小于 10Ω；电线电缆合理埋设，不得出现老化或破损的电缆；职工宿舍安置安全电压，遇暴风雨天气，要安排专业电工现场值班检查，必要时立即拉闸断电，所有职工下班前必须将各设备工具电源断开。

11. 临时用电

1）所有各级配电箱必须搭设防雨棚，并做好防电避雷措施。

2）主电缆必须埋地铺设且必须用防水电缆并外套套管。

3）分支电缆必须架设稳固，做好绝缘措施，不得拖地使用，严禁浸入水中。

4）雷雨大风天气需切断电源，过后必须先检修线路完好后方可送电。

四、预防与应急措施

1. 必须经常检查生产、生活用电线路、设备的绝缘情况、漏电保护器的灵敏有效性，接地、绝缘、防雷电阻的测试，并做好记录，发现隐患立即整改；电气设施、设备的完好，做到接地规范良好，并经常进行检查，电焊机要做好接地保护及防雨措施，电焊把线要做到无破损、无漏电，电焊工要使用干燥的绝缘手套；各类电气设备要采取防雨措施，必须保证施工现场的电气开关闸刀、插座、插头的完好，如有破损及时更换，施工完，要做到人走拉闸。雷雨天气禁止电工登杆作业，禁止倒闸操作，雨天抢修电路施工要针对具体情况制定安全措施，使用手持电动工具，要保证有良好的供电线路，且必须有漏电保护器，潮湿作业施工照明用电必须采用安全电压。

2. 各类起重机械要注意检查防雷接地是否安全有效，塔基不准积水；并且设排水措施，轨道式起重机每天作业完毕，将轨钳卡牢，防止遇大雨时滑走；如遇雷雨大风天气或六级以上大风时，不得进行塔吊拆装或吊装作业，操作人员要班前、班后对起重机械进行一次有效的安全检查，做好交接班记录。

3. 脚手架要加扫地杆，搭设在软地基上的脚手架要垫通板，地基要有良好的排水措施，并且要经常检查基础的沉降。基础作业必须按规定放坡，必须设立监护人员，并经常检查沟壁情况，雨前基坑上部多余的弃土应及时清理，减轻坡顶压力，雨后应及时对坑槽边坡和护壁支撑结构进行检查，如发现有松动、裂纹情况，必须采取支撑或加固措施，深基坑超过 5 米必须有设计计算。落地式钢管脚手架底应当高于自然地坪 50cm，夯实整平，留一定的散水坡度，在周围设置排水措施，防止雨水浸泡脚手架，遇到大雨和 6 级以上大风等恶劣天气，应当停止脚手架的搭设和拆除作业，大风、大雨后，要组织人员检查脚手架是否牢固，如有倾斜、下沉、松扣、崩扣和安全网脱落、开绳等现象，要及时进行处理。塔吊及超过一定高度的脚手架应设置避雷针，防止雷击。

4. 加强雨施期间的安全值班制度，雨施前对现场职工进行雨施安全教育，克服麻痹思想。发现险情及时报告，组织好抢险工作。加强雨施期间的现场安全施工检查力度，经常组织电工对现场内的各种配电箱、施工机械、电焊机等进行检查、维修，将施工隐患提前控制住。现场安全员负责检查落实现场的安全防护设施和机械防雨措施，即防雷接地设施的贯彻实施情况，并做好检查记录，发现问题及时上报解决。加强要求施工班组执行对施工人员的班前讲话制度，明确强调雨期施工的安全施工注意事项，提高施工人员的自我安全防范意识。加强检查现场堆料场的防雨、防雷击、排水措施的执行落实情况。将现场制定的预防措施及交底要求，向下认真进行传达、落实，做到管理跟踪到位。

第十一章　建筑工程质量监督管理

第一节　工程质量监督概述

建筑工程质量监督管理的效率对建筑工程质量的好坏有着非常重要的意义，建筑工程质量的好坏不仅仅与建筑企业的声誉和经济效益有着直接的关系，更是直接地影响到人们生命财产的安全。在实际的建筑施工过程中，由于人为因素、环境因素以及施工方法等多种因素的综合影响，建筑工程的施工质量会受到影响。因此，在建筑工程施工过程中，加强对建筑工程的质量监督管理水准是十分重要的。

一、影响建筑工程施工质量的因素

人为因素工作人员作为建筑施工的重要基础，在建筑施工过程中工作人员的操作会对建筑工程的施工质量造成巨大影响。例如，施工人员的专业技术以及思想意识程度，建筑企业管理人员的管理意识以及能力高低等。管理层作为建筑施工企业的高层领导，对于企业的发展前景以及施工人员的管理具有十分重要的意义，现阶段我国许多企业人员对于建筑施工的质量并不重视，反而一味地追求建筑施工的进度，因此造成施工过程中许多工作人员自由散漫，对于已有的施工计划随意更改等。

材料因素材料是建筑施工进行的基础要素之一，建筑材料的质量对于建筑工程施工质量的好坏起着决定性影响。在我国目前的建筑市场中，部分企业在选择材料时会受到劣质材料的影响，甚至部分企业会购买到不合格材料，导致在建筑施工过程中出现安全事故，不仅仅给工作人员带来生命健康的威胁，还会给建筑工程埋下隐藏的安全隐患，一旦发生事故，会对企业自身的形象造成极为不利的后果。

环境因素建筑施工中的环境因素包括自然环境和社会环境两种。自然环境指的是建筑施工区域的地质、气候以及水利等因素；社会环境指的是施工区域的社会治安以及经济发展水平等人文环境，这些不固定的环境因素给工程施工带来了潜在的危险，在一定程度上对建筑工程施工质量造成影响。

二、现阶段我国工程质量监督管理中存在的问题

政府监督管理力度一般现阶段我国建筑施工质量监督管理效率不高的原因之一是因为我国政府在进驻工程质量管理监督方面的力度一般，导致在建筑施工管理监督的过程当中存在许多的问题。例如企业的管理人员的质量管理意识不足，绝大部分企业的管理人员仍然是追求企业建筑施工过程中的进度，对于施工质量监督管理问题下意识的忽略，甚至部分建筑企业的管理人员为了节约企业建筑施工过程中的成本，为企业建筑工程施工造成了大量的质量安全隐患问题。造成这些建筑工程施工质量问题的原因是由于我国建筑企业的市场经济还处于不成熟的初级阶段，在企业建筑施工质量监督管理上缺乏相对完善的法律法规。

监督管理法律不健全建筑施工质量监督管理的相关法律法规不够完善是我国工程质量监督管理效率低下的重要原因之一。表现在实际的建筑施工过程中就是以下几点：建筑工程在进行设计和承包时并没有按照相关规定进行；施工企业将工程层层的转包；建设单位在招标之后将整体工程分解之后分给多个企业，缺少规范的管理。

企业为了追求施工进度而忽略施工质量目前，我国不少建筑企业在进行工程施工时将施工进度作为衡量企业建筑业绩的标准，导致许多企业在建筑施工的过程中，盲目的追求施工进度而忽略施工建筑质量问题。建筑工程的施工进度与施工速度之间应该按照一定的比例追求平衡，在施工过程中一味地追求速度，不管工作人员的技术操作水平，甚至为了追求施工速度将工程施工顺序颠倒，会给施工建筑造成质量安全隐患。

二、建筑工程质量监督管理的建议

完善建筑施工质量监督管理体制，为建筑施工质量监督管理提供有利依据建筑施工质量监督管理体制是进行建筑工程质量建筑质量监督管理的核心基础，也是其理论支持的来源。要想提高建筑施工质量监督管理的效率。要针对建筑工程施工中存在的问题，不断进行建筑工程质量监督管理方式的创新，并不断完善质量监督管理体系，建立企业质量监督管理机构，确保质量监督过程中的准确性和公正性。要提高建筑工程施工质量监督的效率，仅仅完善工程质量监督管理体系是不够的，在完善质量监督管理体系之后，还需要加强在建筑工程施工中的监督管理力度，将传统的每天定时定点的管理方式转变成为随机的抽查模式，加强对施工过程中的巡回检查，确保在检查过程中所看到的是企业建筑施工时的真实质量状况。

提高工作人员的质量管理意识，确保建筑工程质量监督管理制度的落实建筑工程施工是一项十分繁复的工序活动，而在建筑工程施工过程中实施的建筑工程质量管理监督则是一项非常庞大的管理工作，它包含了企业在建筑过程中的方方面面，而工作人员作为建筑工程施工的重要基础，要想保证施工质量监督管理的效率，就要提高全体工作人员的质量管理意识，使得质量管理意识存在每个工作人员的心头，从根源上提高质量监督管理的效

率。在培养并提高工作人员质量监督管理意识的过程中，企业的管理层要先意识到质量监督管理对于企业建筑施工质量的重要意义，并从思想上重视质量监督管理工作，并在日常的施工过程中，将质量监督管理的意识潜移默化地传递给全体的工作人员，使全体工作都具有质量管理监督意识。

建立相关的审查机制，确保建筑工程施工质量建筑工程施工质量审查机制是保证企业建筑施工质量监督管理的准确性和公正性的前提条件，因此在进行施工质量监督管理的过程中，企业应当建立起相对应的审查机制，对质量审查监督机制进行深化改革，运用先进的科学技术手段提高工程质量的监管力度。在实际的监督管理过程中，应当改变现有的监督管理方式，建立起集体监督机制，即企业的每个员工都有权利对建筑施工的质量进行监督，使得质量管理监督体制在监督过程中得到落实，并且在每个施工现场配备的监督人员都应当持有相关的专业证书，保证监督管理工作的质量。在对施工过程中的违规行为进行处罚的过程当中，监督人员应当加强工程质量的事前监督，提高监督工作的预见性、可控性和服务性。在工程质量出现问题的时候，监督人员应当及时地出现在问题地点，并对引发建筑质量的问题进行分析处理，对工程质量问题进行处理，保证建筑施工的质量。

建筑工程质量监督管理是保证建筑工程质量的核心技术，现阶段我国建筑行业市场竞争是十分激烈，企业要想占据日益激烈的竞争市场的制高点，就需要保证企业建筑工程的质量，这也是建筑企业可持续发展的前提条件。在了保证企业建筑施工建设的质量，提高建筑工程质量管理监督的效率，企业要现阶段建筑工程中存在的问题，不断对质量监督管理方式进行创新，并完善建筑工程质量监督管理体制，从根源上为建筑施工质量监督管理提供保障。在实施过程中，严格规范工作人员的行为，从实际上保证施工建筑的质量，为企业的发展提供更为有利的条件。

第二节　建设工程质量检测见证取样

一、见证取样制度

为保证试件能代表母体的质量状况和取样的真实性，制止出具只对试件（来样）负责的检测报告，保证建设工程质量检测工作的科学性、公正性和准确性，以确保建设工程质量。根据建设部建建 [2000]211 号文《关于印发（房屋建筑工程和市政基础设施工程实行见证取样和送检的规定）的通知》的要求，在建设工程质量检测中实行见证取样和送样制度，即在建设单位或监理单位人员见证下，由施工人员在现场取样，送至试验室进行试验。

二、见证取样送样的程序

1. 建设单位应向工程受监质监站和工程检测单位递交“见证单位和见证人员授权书”。授权书应写明本工程现场委托的见证单位和见证人员姓名，以便质监机构和检测单位检查核对。

2. 施工企业取样人员在现场进行原材料取样和试块制作时，见证人员必须在旁见证。

3. 见证人员应对试样进行监护，并和施工企业取样人员一起将试样送至检测单位或采取有效的封样措施送样。

4. 检测单位在接受委托检验任务时，须由送检单位填写委托单，见证人员应在检验委托单上签名。

5. 检测单位应在检验报告单备注栏中注明见证单位和见证人员姓名，发生试样不合格情况，首先要通知工程受监质监站和见证单位。

三、见证人员的基本要求

1. 必须具备见证人员资格：

（1）见证人员应是本工程建设单位或监理单位人员。

（2）必须具备初级以上技术职称或具有建筑施工专业知识。

（3）经培训考核合格，取得“见证人员证书”。

2. 必须具有建设单位的见证人书面授权书。

3. 必须向质监站和检测单位递交见证人书面授权书。

四、见证人员的职责

1. 取样时，见证人员必须在现场进行见证。

2. 见证人员必须对试样进行监护。

3. 见证人员必须和施工人员一起将试样送至检测单位。

4. 有专用送样工具的工地，见证人员必须亲自封样。

5. 见证人员必须在检验委托单上签字，并出示“见证人员证书”。

6. 见证人员对试样的代表性和真实性负有法定责任。

五、见证取样送样的管理

各地建设行政主管部门是建设工程质量检测见证取样工作的主管部门。建设工程质量监督总站负责对见证取样工作的组织和管理。建设工程质量检测中心负责具体实施。

各检测机构试验室对无见证人员签名的检验委托单及无见证人员伴送的试件一律拒收；未注明见证单位和见证人员的检验报告无效，不得作为质量保证资料和竣工验收资料，由质监站指定法定检测单位重新检测。

六、主要材料取样规则

1. 水泥

（1）取样方法

1）同一生产厂家、同一等级、同一品种、同一批号且连续进场的水泥，袋装不超过200t为一检验批，散装不超过500t为一检验批，每批抽样不少于一次。

2）当在使用中对水泥质量有怀疑或水泥出厂超过三个月（快硬硅酸盐水泥超过一个月）时，应进行复验，并按复验结果使用。

（2）取样规则

1）水泥委托检验样必须以每一个出厂水泥编号为一个取样单位，不得有两个以上的出厂编号混合取样。

2）水泥试样必须在同一编号不同部位处等量采集，取样点至少在20点以上，经混合均匀后用防潮容器包装，重量不少于12kg。

3）委托单位必须逐项填写检验委托单，如水泥生产厂名、商标、水泥品种、强度等级、出厂编号或出厂日期、工程名称，全套物理检验项目等。用于装饰的水泥应进行安定性的检验。

4）水泥出厂日期超过三个月应在使用前作复验。

5）进口水泥一律按上述要求进行。

2. 骨料

（1）在料堆上取样时，取样部位应均匀分布。取样前先将取样部位表层铲除。然后对于砂子由各部位抽取大致相等的8份，组成一组样品。对于石子由各部位抽取大致相等的15份（在料堆的顶部、中部和底部各由均匀分布的五个不同部位取得）组成一组样品。

（2）若检验不合格时，应重新取样。对不合格项，进行加倍复验。若仍有一个试样不能满足标准要求，应按不合格品处理。

3. 钢筋

（1）取样方法

1）热轧光圆钢筋、余热处理钢筋每批由重量不大于60t的同一牌号、同一炉罐号、同一规格、同一交货状态的钢筋组成。

2）热轧带肋钢筋、低碳钢热轧圆盘条每批由重量不大于60t的同一牌号、同一炉罐号、同一规格的钢筋组成。

3）碳素结构钢每批由重量不大于60t的同一牌号、同一炉罐号、同一等级、同一品种、同一尺寸、同一交货状态的钢筋组成。

4）冷轧带肋钢筋每批由同一牌号、同一外形、同一规格、同一生产工艺和同一交货状态的钢筋组成，每批不大于60t。

（2）取样数量

钢筋的试样数量根据其供货形式的不同而不同。

1）直条钢筋：每批直条钢筋应做 2 个拉伸试验、2 个弯曲试验。用《碳素结构钢》（GB / T700—1988）验收的直条钢筋每批应做 1 个拉伸试验、1 个弯曲试验。

2）盘条钢筋：每批盘条钢筋应做 1 个拉伸试验、2 个弯曲试验。

3）冷轧带肋钢筋：逐盘或逐捆做 1 个拉伸试验，牌号 CRB550 每批做 2 个弯曲试验，牌号 CRB650 及其以上每批做 2 个反复弯曲试验。

（3）取样方法

拉伸和弯曲试验的试样可在每批材料中任选两根钢筋切取。钢筋试样不需作任何加工。

4. 墙体材料

（1）烧结普通砖、烧结多孔砖、粉煤灰砖

1）每一生产厂家的砖到现场后，必须对其强度等级进行复验。抽检数量按烧结普通砖 15 万块、多孔砖 5 万块、灰砂砖及粉煤灰砖 l0 万块各为一验收批，抽检数量为 l 组。

2）强度检验试样每组为 15 块。

（2）普通混凝土小型空心砌块

1）每一生产厂家的小砌块到现场后，必须对其强度等级进行复验。每 1 万块小砌块至少应抽检一组。用于多层以上建筑基础和底层的小砌块抽检数量应不少于 2 组。

2）强度检验试样每组为 5 块。

5. 防水材料

2）同一品种、牌号、规格的卷材，抽验数量为大于 1000 卷抽取 5 卷；500 ~ 1000 卷抽取 4 卷；100 ~ 499 卷抽取 3 卷；小于 100 卷抽取 2 卷。

（2）防水涂料

1）同一规格、品种、牌号的防水涂料，每 10t 为一批，不足 10t 者按一批进行抽检。取 2kg 样品，密封编号后送至有关部门检测。

2）双组份聚氨酯中甲组份 5t 为一批，不足 5t 也按一批计；乙组份按产品重量配比相应增加批量。

甲、乙组份样品总量为 2kg，封样编号后送至有关部门检测。

（3）建筑密封材料

1）单组份产品以同一等级、同一类型的 3000 支为一批，不足 3000 支也作一批。

2）双组份产品以同一等级、同一类型的 lt 为一批，不足 lt 按一批进行抽检；乙组份按产品重量比相应增加批量。样品密封编号送至有关部门检验。

6. 混凝土

（1）现场搅拌混凝土

1）用于检查结构构件混凝土强度的试件，应在混凝土的浇筑地点随机抽取。

2）每拌制 100 盘且不超过 100m³ 的同配合比的混凝土，取样不得少于一次。

3）每工作班拌制的同一配合比的混凝土不足 100 盘时，取样不得少于一次。

4）当一次连续浇筑超过 1000m³ 时，同一配合比的混凝土每 200m³ 取样不得少于一次。

5）每一楼层、同一配合比的混凝土，取样不得少于一次。

6）每次取样应至少留置一组（一组为 3 个立方体试件）标准养护试件，同条件养护试件的留置组数，应根据实际需要确定，并符合下列要求：

（2）预拌（商品）混凝土

4）用于交货检验的混凝土强度试样，每 100m³。相同配合比的混凝土取样不得少于一次；一个工作班拌制的相同配合比的混凝土不足 100m³。时，取样也不得少于一次；当在一个分项工程中连续供应相同配合比的混凝土量大于 1000m³ 时，其交货检验的试样，每 200m³ 混凝土取样不得少于一次。

5）对于预拌混凝土拌合物的质量，每车应目测检查；混凝土坍落度检验的试样，每 100m³ 相同配合比的混凝土取样检验不得少于一次，当一个工作班相同配合比的混凝土不足 100m³ 时也不得少于一次。

（3）防水混凝土

1）试件应在混凝土的浇筑地点制作。

2）连续浇筑混凝土每 500m³ 应留置一组标准养护抗渗试件（一组为 6 个抗渗试件），且每项工程不得少于两组。采用预拌混凝土的抗渗试件，留置组数应视结构的规模和要求而定。

3）混凝土在浇筑地点的坍落度，每工作班至少检查两次。

（4）建筑地面工程水泥混凝土

1）检验水泥混凝土强度试块的组数，每一层（或检验批）建筑地面工程不应小于 1 组。当每一层（或检验批）建筑地面工程面积大于 1000 ㎡时，每增加 1000 ㎡应增做 1 组试块；小于 1000 ㎡按 1000 ㎡计算。

2）当改变配合比时，应相应地制作试块组数。

7. 建筑砂浆

（1）砌体工程砂浆

1）在砂浆搅拌机出料口随机取样制作砂浆试块，同盘砂浆只应制作一组（一组为 6 个 70.7mm × 70.7mm × 70.7mm 立方体试件）标准养护试件。

2）不超过 250m³ 砌体的同一类型、同一强度等级的砌筑砂浆，每台搅拌机应至少抽检一次。

（2）建筑地面工程水泥砂浆

1）检验水泥砂浆强度试块的组数，每一层（或检验批）建筑地面工程不应小于 1 组。当每一层（或检验批）建筑地面工程面积大于 1000 ㎡时，每增加 1000 ㎡应增做 1 组试块；

小于 1000 ㎡按 1000 ㎡计算。

2）当改变配合比时，应相应地制作试块组数。

第三节　地基与基础工程

主要执行标准：《建筑工程施工质量验收统一标准》（GB50300-2001）、《建筑地基基础工程施工质量验收规范》（GB50202-2002）、《砌体工程施工质量验收规范》（GB50203-2002）、《混凝土结构工程施工质量验收规范》（GB50204-2002）、《建筑工程冬期施工规程》（JGJ 104-97）

一、天然地基验槽

1. 施工质量监督要点

（1）土方开挖的顺序、方法必须与设计工况相一致，并遵循“开槽支撑，先撑后挖，分层开挖，严禁超挖”的原则。

（2）基坑（槽）、管沟的挖土应分层进行。

（3）基坑（槽）、管沟开挖至设计标高后，应对坑底进行保护，经验槽合格后，方可进行垫层施工。

（4）基槽开挖后，应检验下列内容：

1）核对基坑的位置、平面尺寸、坑底标高；

2）核对基坑土质和地下水情况。

（5）验槽记录由勘察、设计、监理（建设单位项目专业技术负责人）、施工等单位的有关人员参加签证，有明确结论意见。

土方开挖工程质量检验标准（mm）

轻型动力触探检验深度及间距表（m）

2. 工程技术资料检查

（1）工程定位测量及复测记录；

（2）基槽放线测量及复测记录；

（3）土方开挖等工程质量验收记录；

（4）地基钎探记录；

（5）地基验槽记录；

（6）工序的报验及审批；

（7）监理的平行检验记录。

3. 常见质量问题

（1）基底超挖；

（2）基底未保护，基坑泡水或基土被扰动；

（3）地基未做钎探或钎探深度、间距不符合规范要求；

（4）勘察、设计人员未在地基验槽记录上签字。

二、地基处理

1. 施工质量监督要点

（1）竣工后的结果（地基强度或承载力）必须达到设计要求的标准；

（2）灰土地基：

1）材料及配合比应符合设计要求，灰土应搅拌均匀；

2）施工过程中应检查分层铺设的厚度、分段施工时上下两层的搭接长度、夯实时加水量、夯压遍数、压实系数。

（3）砂和砂土地基：

1）原材料质量、配合比应符合设计要求，砂、石应搅拌均匀；

2）施工过程中必须检查分层厚度、分段施工时搭接部分的压实情况、加水量、压实遍数、压实系数。

填土施工时的分层厚度及压实遍数

2. 工程技术资料检查

（1）原材料质量证明文件（出厂合格证及复验报告）；

（2）原材料进场验收记录；

（3）地基承载力检测报告；

（4）原材料试验配比报告；

（5）土壤试验报告；

（6）土壤击实试验报告；

（7）隐蔽工程验收记录；

（8）工程质量验收记录；

（9）原材料、工序的报验及审批；

（10）材料、试块（件）的见证取样记录；

（11）监理的旁站记录及平行检验记录。

3. 常见质量问题

（1）原材料复验批量不足，配合比不准确；

（2）施工分层厚度不符合要求；

（3）检测项目或数量不足。

三、灌注桩钢筋笼绑扎

1. 施工质量监督要点

混凝土灌注桩钢筋笼质量检验标准

2. 工程技术资料检查

（1）原材料质量证明文件（出厂合格证及复验报告）；

（2）原材料进场验收记录；

（3）钢材连接试验报告；

（4）工程质量验收记录；

（5）原材料、工序的报验及审批；

（6）材料、试块（件）的见证取样记录；

（7）监理的旁站记录及平行检验记录。

3. 常见质量问题

钢筋笼制作质量低劣，实测指标不符合规范要求。

四、桩基桩位复查

1. 施工质量监督要点

（1）打（压）入桩（预制混凝土方桩、先张法预应力管桩、钢桩）的桩位偏差，必须符合规定。斜桩倾斜度的偏差不得大于倾斜角正切值的 15%（倾斜角系桩的纵向中心线与铅垂线间夹角）；

预制桩（钢桩）桩位的允许偏差（mm）

（2）灌注桩的桩位偏差必须符合规定，桩顶标高至少要比设计标高高出 0.5m，桩底清孔质量按不同的成桩工艺有不同的要求，应按本章的各节要求执行。每浇柱 $50m^3$ 必须有 1 组试件，小于 $50m^3$ 的桩，每根桩必须有 1 组试件。

灌注桩的平面位置和垂直度的允许偏差

2. 工程技术资料检查

（1）原材料质量证明文件（出厂合格证及复验报告）；

（2）原材料进场验收记录；

（3）工程质量验收记录；

（4）原材料、工序的报验及审批；

（5）监理的旁站记录及平行检验记录。

3、常见质量问题

桩位偏差过大。

五、桩体检测

1. 工程技术资料检查

（1）原材料质量证明文件（出厂合格证及复验报告）；

（2）原材料进场验收记录；

（3）钢材连接试验报告；

（4）单桩承载力和桩身完整性检测报告；

（5）工程质量验收记录；

（6）原材料、工序的报验及审批；

（7）材料、试块（件）的见证取样记录；

（8）监理的旁站记录及平行检验记录。

桩身完整性分类

六、基础验收

1. 施工质量监督要点

（1）砌体的外观质量

1）砖砌体组砌方法应正确，上、下错缝，内外搭砌，砖柱不得采用包心砌法；

2）承重墙体严禁使用断裂小砌块；

3）小砌块墙体应对孔错缝搭砌，搭接长度不应小于90mm。墙体的个别部位不能满足上述要求时，应在灰缝中设置拉结钢筋或钢筋网片，但竖向通缝仍不得超过两皮小砌块；

4）构造柱与墙体的连接处应砌成马牙槎，马牙槎应先退后进，预留的拉结钢筋应位置正确，施工中不得任意弯折。

（2）混凝土的外观质量

1）现浇结构的外观质量不应有严重缺陷；

2）现浇结构的外观质量不宜有一般缺陷；

3）现浇结构不应有影响结构性能和使用功能的尺寸偏差；

4）混凝土设备基础不应有影响结构性能和设备安装的尺寸偏差。

现浇结构外观质量缺陷

现浇结构尺寸允许偏差和检验方法

混凝土设备基础尺寸允许偏差和检验方法

（3）分部工程质量验收：

分部工程应由总监理工程师（建设单位项目负责人）组织施工单位项目负责人和技术、质量负责人等进行验收；地基与基础、主体结构分部工程的勘察、设计单位工程项目负责人和施工单位技术、质量部门负责人也应参加相关分部工程验收。

2. 工程技术资料检查

（1）原材料质量证明文件（出厂合格证及复验报告）；

（2）半成品如预制桩、钢桩、钢筋笼等产品合格证书；

（3）原材料进场验收记录；

（4）钢材连接试验报告；

（5）焊工操作人员上岗证；

（6）工程定位测量及复测记录；

（7）基槽及各层放线测量及复测记录；

（8）单桩承载力和桩身完整性检测报告；

（9）混凝土及砂浆配合比通知单；

（10）混凝土开盘鉴定记录；

（11）混凝土、砂浆试块抗压强度报告；

（12）砌体 / 混凝土检验批验收认可通知；

（13）桩基、地基处理地基承载力等检测报告；

（14）隐蔽工程验收记录；

（15）地基验槽记录；

（16）工程质量验收记录；

（17）原材料、工序的报验及审批；

（18）材料、试块（件）的见证取样记录；

（19）监理的旁站记录及平行检验记录。

第四节　主体工程

主要执行标准：《建筑工程施工质量验收统一标准》（GB50300-2001）、《砌体工程施工质量验收规范》（GB50203-2002）、《混凝土结构工程施工质量验收规范》（GB50204-2002）、《建筑地面工程施工质量验收规范》（GB50209-2002）、《建筑装饰装修工程质量验收规范》（GB50210-2001）、《建筑工程冬期施工规程》（JGJ 104-97）

一、钢筋绑扎

1. 施工质量监督要点

（1）原材料

钢筋应平直、无损伤，表面不得有裂纹、油污、颗粒状或片状老锈。

（2）钢筋加工

1）受力钢筋的弯钩和弯折应符合下列规定：a.HPB235 级钢筋末端应作 180° 弯钩，其弯弧内直径不应小于钢筋直径的 2.5 倍，弯钩的弯后平直部分长度不应小于钢筋直径的 3 倍；b. 当设计要求钢筋末端需作 135° 弯钩时，HRB335 级、HRB400 级钢筋的弯弧内直径不应小于钢筋直径的 4 倍，弯钩的弯后平直部分长度应符合设计要求；c. 钢筋作不大于 90° 的弯折时，弯折处的弯弧内直径不应小于钢筋直径的 5 倍。

2）除焊接封闭环式箍筋外，箍筋的末端应作弯钩，弯钩形式应符合设计要求；当设计无具体要求时，应符合下列规定：

A. 箍筋弯钩的弯弧内直径应不小于受力钢筋直径；

B. 箍筋弯钩的弯折角度：对一般结构，不应小于 90° ；对有抗震等要求的结构，应为 135° ；

C. 箍筋弯后平直部分长度：对一般结构，不宜小于箍筋直径的 5 倍；对有抗震等要求的结构，不应小于箍筋直径的 10 倍。

3）钢筋加工的形状、尺寸应符合设计要求，其偏差应符合规定。

钢筋加工的允许偏差

（3）钢筋连接

1)钢筋的接头宜设置在受力较小处。同一纵向受力钢筋不宜设置两个或两个以上接头。接头末端至钢筋弯起点的距离不应小于钢筋直径的 10 倍。

2)当受力钢筋采用机构连接接头或焊接接头时，设置在同一构件内的接头宜相互错开。同一连接区段内，纵向受力钢筋的接头面积百分率应符合设计要求；当设计无具体要求时，应符合下列规定：a. 在受拉区不宜大于 50%；b. 接头不宜设置在有抗震设防要求的框架梁端、柱端的箍筋加密区；当无法避开时，对等强度高质量机械连接接头，不应大于 50%；c. 直接承受动力荷载的结构构件中，不宜采用焊接接头；当采用机构连接接头时，不应大于 50%。

3）同一构件中相邻纵向受力钢筋的绑扎搭接接头宜相互错开。绑扎搭接接头中钢筋的横向净距不应小于钢筋直径，且不应小于 25mm。同一连接区段内，纵向受拉钢筋搭接接头面积百分率应符合设计要求；当设计无具体要求时，应符合下列规定：a. 对梁类、板类及墙类构件，不宜大于 25%；b. 对柱类构件，不宜大于 50%；c. 当工程中确有必要增大接头面积百分率时，对梁类构件，不应大于 50%；对其他构件，可根据实际情况放宽。纵向受力钢筋绑扎搭接接头的最小搭接长度应符合规范规定。

纵向受拉钢筋的最小搭接长度

4）在梁、柱类构件的纵向受力钢筋搭接长度范围内，应按设计要求配置箍筋。当设计无具体要求时，应符合下列规定：a. 箍筋直径不应小于搭接钢筋较大直径的 0.25 倍；b. 受拉搭接区段的箍筋间距不应大于搭接钢筋较小直径的 5 倍，且不应大于 100mm；c. 受压搭接区段的箍筋间距不应大于搭接钢筋较小直径的 10 倍，且不应大于 200mm；d. 当柱中纵向受力钢筋直径大于 25mm 时，应在搭接接头两个端面外 100mm 范围内各设置两个箍筋，其间距宜为 50mm。

（4）钢筋安装

钢筋安装位置的偏差应符合规定。

钢筋安装位置的允许偏差和检验方法

2. 工程技术资料检查

（1）原材料质量证明文件（出厂合格证及复验报告）；

（2）原材料进场验收记录；

（3）钢材连接试验报告；

（4）焊工操作人员上岗证；

（5）隐蔽工程验收记录；

（6）工程质量验收记录；

（7）原材料、工序的报验及审批；

（8）材料、试块（件）的见证取样记录；

（9）监理的旁站记录及平行检验记录。

3. 常见质量问题

（1）钢筋加工成型尺寸不准，箍筋弯钩形式不正确；

（2）钢筋焊接接头焊接质量不符合要求，机械连接接头外观质量不合格，未检查拧紧力矩；

（3）钢筋骨架外形尺寸不准、变形，绑扎网片斜扭，绑扎接头松脱；

（4）受力钢筋错位，弯钩方向不正确，同一连接区段接头百分率超标；

（5）主副筋位置放反；

（6）箍筋间距不一致，弯钩同向，绑扎结点松扣；

（7）弯起钢筋方向错误，弯起点位置、弯起角度不准确；

（8）钢筋遗漏；

（9）钢筋代换无变更手续。

二、混凝土浇筑

1. 施工质量监督要点

（1）原材料

1）水泥的外包装及现场堆放；

a）在工业与民用建筑中，配制普通混凝土所用的说你，一般采用硅酸盐水泥（P·I、P·Ⅱ），普通硅酸盐水泥（P·O）、矿渣硅酸盐水泥（P·S）、火山灰质硅酸盐水泥（P·P）和粉煤灰硅酸盐水泥（P·F）。

b）水泥袋上应清楚标明：工厂名称、生产许可证编号、品牌名称、代号、包装年、月、日和编号。水泥包装标志中水泥品种、标号、工厂名称和出厂编号不全的也属于不合格品。散装时应提交与袋装相同的内容卡片。

c）水泥在运输和贮存时不得受潮和混入杂物，不同品种和标号的水泥应分别贮存，不得混杂。

d）水泥的复验

同一生产厂家、同一等级、同一品种、同一批号且连续进场的水泥，袋装不超过 200t 为一检验批，散装不超过 500t 为一检验批，每批抽样不少于一次。

当在使用中对水泥质量有怀疑或水泥出厂超过三个月（快硬硅酸盐水泥超过一个月）时，应进行复验，并按复验结果使用。

2）骨料中是否含有杂物；

3）含水率是否明显异常。

（2）模板安装

1）接缝不应漏浆；模板内不应有积水；

2）浇注前，模板内的杂物应清理干净；

现浇结构模板安装的允许偏差及检验方法

（3）预埋件、预留孔洞的留置

固定在模板上的预埋件、预留孔和预留洞不得遗漏，且应安装牢固。

预埋件和预留孔洞的允许偏差

（4）钢筋保护层厚度

钢筋保护层厚度检验时，纵向受力钢筋保护层厚度的允许偏差，对梁类构件为＋10mm，－ 7mm；对板类构件为＋ 8mm，－ 5mm。

（5）混凝土试块的留置

1）用于检查结构构件混凝土强度的试件，应在浇注地点随机抽取。

2）每次取样应至少留置一组标准养护试件，同条件养护试件的留置组数应根据实际需要确定。

3）对混凝土结构工程中的各混凝土强度等级，均应留置同条件养护试件。

4）同条件养护试件应在达到等效养护龄期时进行强度试验。

5）对混凝土强度的检验，应以在混凝土浇筑地点制备并与结构实体同条件养护的试件强度为依据。

（6）混凝土的养护

混凝土浇筑完毕后，应按施工技术方案及时采取有效的养护措施：

A. 应在浇注完毕后的 12h 以内对混凝土加以覆盖并保湿养护；

B. 混凝土浇水养护的时间：对采用硅酸盐水泥、普通硅酸盐水泥或矿渣硅酸盐水泥拌制的混凝土，不得少于 7d；对掺用缓凝型外加剂或有抗渗要求的混凝土，不得少于 14d；

C. 浇水次数应能保持混凝土处于湿润状态；混凝土养护用水应与拌制用水相同；

D. 采用塑料布覆盖养护的混凝土，其敞露的全部表面应覆盖严密，并应保持塑料布内有凝结水；

E. 混凝土强度达到 1.2N/m ㎡前，不得在其上踩踏或安装模板及支架。

注：1、当日平均气温低于 5℃时，不得浇水。

（7）混凝土的外观质量

1）现浇结构的外观质量不应有严重缺陷；

2）现浇结构的外观质量不宜有一般缺陷；

3）现浇结构不应有影响结构性能和使用功能的尺寸偏差；

4）混凝土设备基础不应有影响结构性能和设备安装的尺寸偏差。

2. 工程技术资料检查

（1）原材料质量证明文件（出厂合格证及复验报告）；

（2）原材料进场验收记录；

（3）混凝土配合比通知单；

（4）混凝土开盘鉴定记录；

（5）混凝土试块抗压强度报告；

（6）砌体 / 混凝土检验批验收认可通知；

（7）隐蔽工程验收记录；

（8）工程质量验收记录；

（9）原材料、工序的报验及审批；

（10）材料、试块（件）的见证取样记录；

（11）监理的旁站记录及平行检验记录。

3. 常见质量问题

（1）原材料复验组批不规范，检测项目不全；

（2）混凝土拌制质量差，投料计量不准确，和易性差；

（3）混凝土试件养护不规范；

（4）混凝土存在露筋、蜂窝、孔洞、夹渣、裂缝、麻面、缺棱掉角等外观质量缺陷；

（5）混凝土构件轴线、标高及外形尺寸偏差超标。

三、主体砌筑

1. 施工质量监督要点

（1）原材料

1）砂浆用砂不得含有有害杂质，含泥量应满足规范要求；

2）砌筑砖砌体时，砖应提前 1 ~ 2d 浇水湿润；

3）施工时所用的小砌块的产品龄期不应小于 28d。

（2）砌体组砌

1）砌体的转角处和交接处应同时砌筑。当不能同时砌筑时，应按规定留槎、接槎。

2）240mm 厚承重墙的每层墙的最上一皮砖，砖砌体的阶台水平面上及挑出层，应整砖丁砌。

3）多孔砖的孔洞应垂直于受压面砌筑。

4）竖向灰缝不得出现透明缝、瞎缝和假缝。

5）砖砌体的转角处和交接处应同时砌筑，严禁无可靠措施的内外墙分砌施工。对不能同时砌筑而又必须留置的临时间断处应砌成斜槎，斜槎水平投影长度不应小于高度的 2/3。

6）非抗震设防及抗震设防烈度为 6 度、7 度地区的临时间断处，当不能留斜槎时，除转角处外，可留直槎，但直槎必须做成凸槎。留直槎处应加设拉结钢筋，拉结钢筋的数量为每 120mm 墙厚放置 1ϕ6 拉结钢筋（120mm 厚墙放置 2ϕ6 拉结钢筋），间距沿墙高不应超过 500mm；埋入长度从留槎处算起每边均不应小于 500mm，对抗震设防烈度 6 度、7 度的地区，不应小于 1000mm；末端应有 90° 弯钩。

7）砖砌体组砌方法应正确，上、下错缝，内外搭砌，砖柱不得采用包心砌法。

8）砖砌体的灰缝应横平竖直，厚薄均匀。水平灰缝厚度宜为 10mm，但不应小于 8mm，也不应大于 12mm。

9）承重墙体严禁使用断裂小砌块。

10）小砌块墙体应对孔错缝搭砌，搭接长度不应小于 90mm。墙体的个别部位不能满足上述要求时，应在灰缝中设置拉结钢筋或钢筋网片，但竖向通缝仍不得超过两皮小砌块。

11）小砌块应底面朝上反砌于墙上。

12）构造柱与墙体的连接处应砌成马牙槎，马牙槎应先退后进，预留的拉结钢筋应位置正确，施工中不得任意弯折。

（3）临时施工洞口

在墙上留置临时施工洞口，其侧边离交接处墙面不应小于 500mm，洞口净宽度不应超过 1m。

（4）脚手眼的设置

不得在下列墙体或部位设置脚手眼：a.120mm 厚墙、料石清水墙和独立柱；b. 过梁上与过梁成 60° 角的三角形范围及过梁净跨度 1/2 的高度范围内；c. 宽度小于 1m 的窗间墙；d. 砌体门窗洞口两侧 200mm（石砌体为 300mm）和转角处 450mm（石砌体为 600mm）范围内；e. 梁或梁垫下及其左右 500mm 范围内；f. 设计不允许设置脚手眼的部位。

（5）洞口、管道及沟槽的预留或预埋

设计要求的洞口、管道、沟槽应于砌筑时正确留出或预埋，未经设计同意，不得打凿墙体和墙体上开凿水平沟槽。宽度超过 300mm 的洞口上部，应设置过梁。

（6）砂浆试块的留置

冬期施工砂浆试块的留置，除应按常温规定要求外，尚应增留不少于 1 组与砌体同条件养护的试块，测试检验 28d 强度。

2. 工程技术资料检查

（1）原材料质量证明文件（出厂合格证及复验报告）；

（2）原材料进场验收记录；

（3）砂浆配合比通知单；

（4）砂浆试块抗压强度报告；

（5）砌体 / 混凝土检验批验收认可通知；

（6）隐蔽工程验收记录；

（7）工程质量验收记录；

（8）原材料、工序的报验及审批；

（9）材料、试块（件）的见证取样记录；

（10）监理的旁站记录及平行检验记录。

3. 常见质量问题

（1）砌筑砂浆拌制质量差，和易性差；

（2）砌体组砌混乱，砂浆不饱满；

（3）砌体留槎形式不符合规定；

（4）配筋砌体钢筋未按设计或规范要求放置；

（5）轴线位移；

（6）梁、板支承长度不足；

（7）构造柱马牙槎留置不正确；

（8）预留洞口未按规定放置过梁；

（9）在已砌筑好的砌体表面开凿洞口、线槽、管槽。

四、主体验收

1. 施工质量监督要点

（1）结构观感质量；

1）砌体的外观质量；

2）混凝土的外观质量。

（2）分部工程质量验收的程序和组织。

分部工程应由总监理工程师（建设单位项目负责人）组织施工单位项目负责人和技术、质量负责人等进行验收；地基与基础、主体结构分部工程的勘察、设计单位工程项目负责人和施工单位技术、质量部门负责人也应参加相关分部工程验收。

2. 工程技术资料检查

（1）原材料质量证明文件（出厂合格证及复验报告）；

（2）原材料进场验收记录；

（3）钢材连接试验报告；

（4）焊工操作人员上岗证；

（5）工程定位测量及复测记录；

（6）混凝土及砂浆配合比通知单；

（7）混凝土开盘鉴定记录；

（8）混凝土、砂浆试块抗压强度报告；

（9）砌体 / 混凝土检验批验收认可通知；

（10）隐蔽工程验收记录；

（11）工程质量验收记录；

（12）原材料、工序的报验及审批；

（13）材料、试块（件）的见证取样记录；

（14）监理的旁站记录及平行检验记录。

结　语

随着建筑市场的不断发展，竞争形势也日渐激烈，建筑企业必须要重视自身管理效率的提升，才能有效地增强竞争力。工程施工管理是建筑企业管理中的一项重要内容，其对工程施工质量和企业效益都有着十分重要的影响，因此在新时期，必须要充分重视工程施工管理，从多个方面采取有效的优化策略，促进工程施工管理效率的提升，从而实现建筑企业经济效益和社会效益的持续增长。

参考文献

[1] 朱长全 . 建筑施工技术与质量管理要素 [M]. 沈阳：沈阳出版社，2016.

[2] 王曼君，陈桂棋 . 建筑施工企业质量管理和质量保证 [M]. 北京：中国建筑工业出版社，1994

[3] 陈铁华，陈凤英 . 建筑施工企业全面质量管理及应用实例 [M]. 北京：中国建筑工业出版社，2001.

[4] 郭念 . 建筑工程质量与安全管理 [M]. 武汉：武汉大学出版社，2018.

[5] 杨树峰 . 建筑工程质量与安全管理 [M]. 北京：北京理工大学出版社，2018.

[6] 巫英士，朱红梅，王仪萍 . 建筑工程质量管理与检测 [M]. 北京: 北京理工大学出版社，2017.

[7] 崔德芹，彭军志，殷飞 . 建筑工程质量与安全管理 [M]. 长春：吉林大学出版社，2015.

[8] 向亚卿，王琼，姚祖军 . 建筑工程质量与安全管理 [M]. 重庆：重庆大学出版社，2015.

[9] 程桢 . 建筑工程质量管理与质量控制 [M]. 北京：中国计量出版社，2012.

[10] 陈翔 . 建筑工程质量与安全管理 [M]. 北京：北京理工大学出版社，2009.

[11] 庞长锋 . 建筑工程质量管理 [M]. 天津：天津科学技术出版社，1992.

[12] 史美东，卢扬 . 建筑工程质量检验与安全管理 [M]. 郑州：黄河水利出版社，2010.

[13] 庞长锋，刘秋生，彭永楠 . 建筑工程质量管理 第 2 版 [M]. 天津：天津科学技术出版社，1996.

[14] 郝永池 . 建筑工程质量与安全管理 [M]. 北京：北京理工大学出版社，2017.

[15] 巫士英，朱红梅，王仪萍 . 建筑工程质量管理与检测 [M]. 北京：北京理工大学出版社，2016.